英国小学生最喜爱的科普图书

气压和水压
Air and Water Pressure

(英)理查·斯皮尔伯利 著

王国文 周洁 译

哈尔滨工业大学出版社
HARBIN INSTITUTE OF TECHNOLOGY PRESS

版权专有 侵权必究

图书在版编目（CIP）数据

气压和水压/(英)斯皮尔伯利著；王国文，周洁译.—哈尔滨：哈尔滨工业大学出版社，2011.3
(疯狂的力)
ISBN 978-7-5603-3231-4

Ⅰ.①气… Ⅱ.①斯…②王…③周… Ⅲ.①大气压-普及读物②水压力-普及读物 Ⅳ.①P424-49②TV131.1-49

中国版本图书馆CIP数据核字(2011)第038402号

黑版贸审字08-2011-0014号
Fantastic Forces: Air and Water Pressure by Richard Spilsbury
©Capstone Global Library Limited 2007
The moral right of the proprietor has been asserted.
汉语版由Capstone Global Library Limited授权哈尔滨工业大学出版社在中国大陆地区独家出版发行

责任编辑	孙　杰　田　秋
美术设计	杨立丽
出版发行	哈尔滨工业大学出版社
社　　址	哈尔滨市南岗区复华四道街10号 邮编150006
传　　真	0451-86414749
网　　址	http://hitpress.hit.edu.cn
印　　刷	黑龙江龙江传媒有限责任公司
开　　本	787×1092mm 1/16 印张 2 字数 50 千字
版　　次	2011年4月第1版 2011年4月第1次印刷
书　　号	ISBN 978-7-5603-3231-4
印　　数	1-4000 册
定　　价	12.80 元

(如因印装质量问题影响阅读,我社负责调换)

Air and Water Pressure

目录

什么是压力? ……………………………… 4

什么是气压? ……………………………… 8

什么时候大气压会发生变化? …………… 11

人类是如何利用气压的? ………………… 14

什么是水压? ……………………………… 18

大海有压力吗? …………………………… 21

为什么有的物体浮在水面,有的物体沉入水底? ………………………………… 23

人类是如何利用水压的? ………………… 26

开启智慧之门的人 ………………………… 28

令人惊奇的事实 …………………………… 29

词汇表 ……………………………………… 30

想知道得更多吗? ………………………… 32

有关气压和水压的实验和演示

为了帮助读者更好地理解气压和水压的原理,本书介绍了几个有关气压和水压的实验和演示。每个实验或演示都包括实验所需的仪器和实验步骤两部分。注意:实验过程中可能会接触比较锋利的仪器,小朋友需在大人的指导下进行。

你所需要的材料

利用家里的常用物品就可以完成本书中大部分的实验和演示。记住,一定要准备好纸笔来记录实验结果。

在本书的词汇表中给出了那些以**黑体**字形式出现的词语的解释。

FANTASTIC FORCES

什么是压力?

当你按门铃时,手指的**压力(pressure)**使门铃通电响铃。压迫物体的**力(force)**称为压力。

力分为拉力和推力。我们看不到力,但能看到力是如何作用在物体上的。有的力能改变物体的形状和大小。比如,用力拉橡皮筋的两端,它会伸长;饮料罐受到挤压就会变瘪。

有些力能改变物体的运动速度。比如,网球运动员发球时把球缓缓抛向空中,随后用球拍重击网球,使球快速越过球网。还有些力能改变物体的运动方向。弹子游戏里玻璃球彼此碰撞后就改变了运动方向。

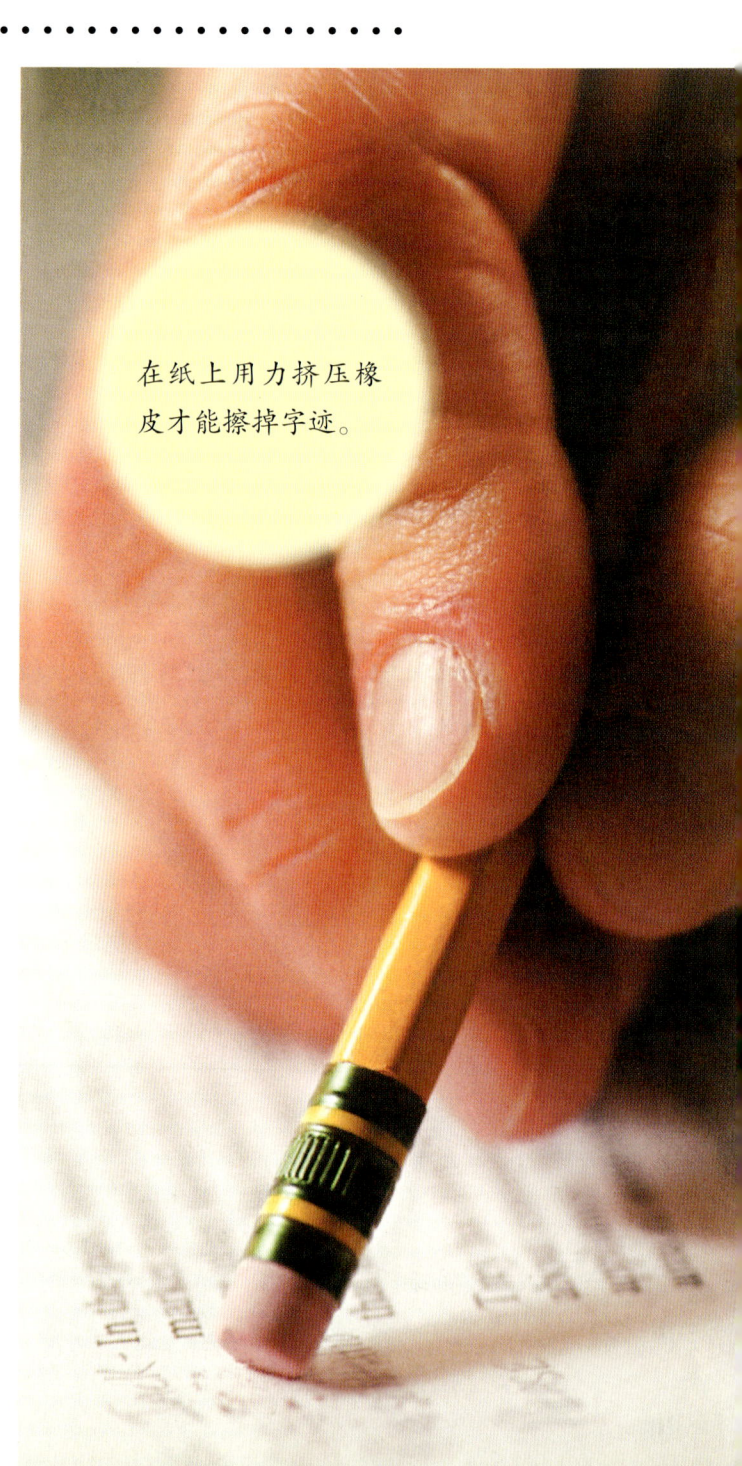

在纸上用力挤压橡皮才能擦掉字迹。

Air and Water Pressure

球拍的拍弦击打网球后，网球内的弹力组织也受到了击打，于是网球弹开。

单位面积上受到的压力称为压强。受力面积越小，压强就越大。用手指用力按一块软木板，木板上最多只会留下凹痕。假如在这块软木板上用同样的力按一枚大头针，你会发现，很容易地就能把大头针按进软木板里。这是因为施加给软木板的力并不是落在你的指头上，而是集中在大头针细细的尖上。大头针尖端处的压强要比你的指头下面的压强大很多。

FANTASTIC FORCES

报废的汽车被压力机压成小块。压力机在很小的面积上施加很大的力,从而产生很大的压强。

如何测量压强?

我们通过计算某一面积上所受的压力的大小来测量压强。力的单位是**牛顿(newton)**。一牛顿的力相当于托起一个苹果所用的力。物体单位面积上受到的压力的大小叫做压强,压强的单位是帕斯卡,简称帕。

第7页的表格是一个滑冰者脚穿冰鞋和不穿冰鞋时,冰面所受到的压强的对比。由于滑冰者在冰面上不管把冰鞋穿在脚上还是拿在手里,他的**质量(mass)**始终没有变,所以冰面受到的压力的大小是一样的,但是作用在冰面上的压强却改变了。

Air and Water Pressure

这是因为冰面的受力面积发生了改变。一只刀刃的面积小于两只刀刃的面积，因此一只冰刀承受的压强远大于两只冰刀上的压强。受力面积越小，压强越大。

	质量（千克）	压力（牛顿）	受力面积平方米（平方英尺）	压强（帕斯卡）
滑冰者手持冰鞋站在冰面上	65	650	0.05(0.5)	12,800
滑冰者双脚穿着冰鞋站在冰面上	65	650	0.0004(0.004)	1,625,000
滑冰者单脚穿着冰鞋站在冰面上	65	650	0.0002(0.002)	3,250,000

图片中的人在雪地上行走却没有陷下去，这是因为他的重量分配在两只面积较大的雪鞋上，雪面受到的压强减小。

FANTASTIC FORCES

什么是气压？

地球上的物质分为**固体(solid)**、**液体(liquid)**或**气体(gas)**。空气是多种气体的混合物。大气中的气体是由无数的**小颗粒(particle)**组成的，我们称之为**分子(molecule)**。

空气中的分子像皮球一样彼此碰撞，并和周围的物体表面发生碰撞，这就产生了**气压(air pressure)**。

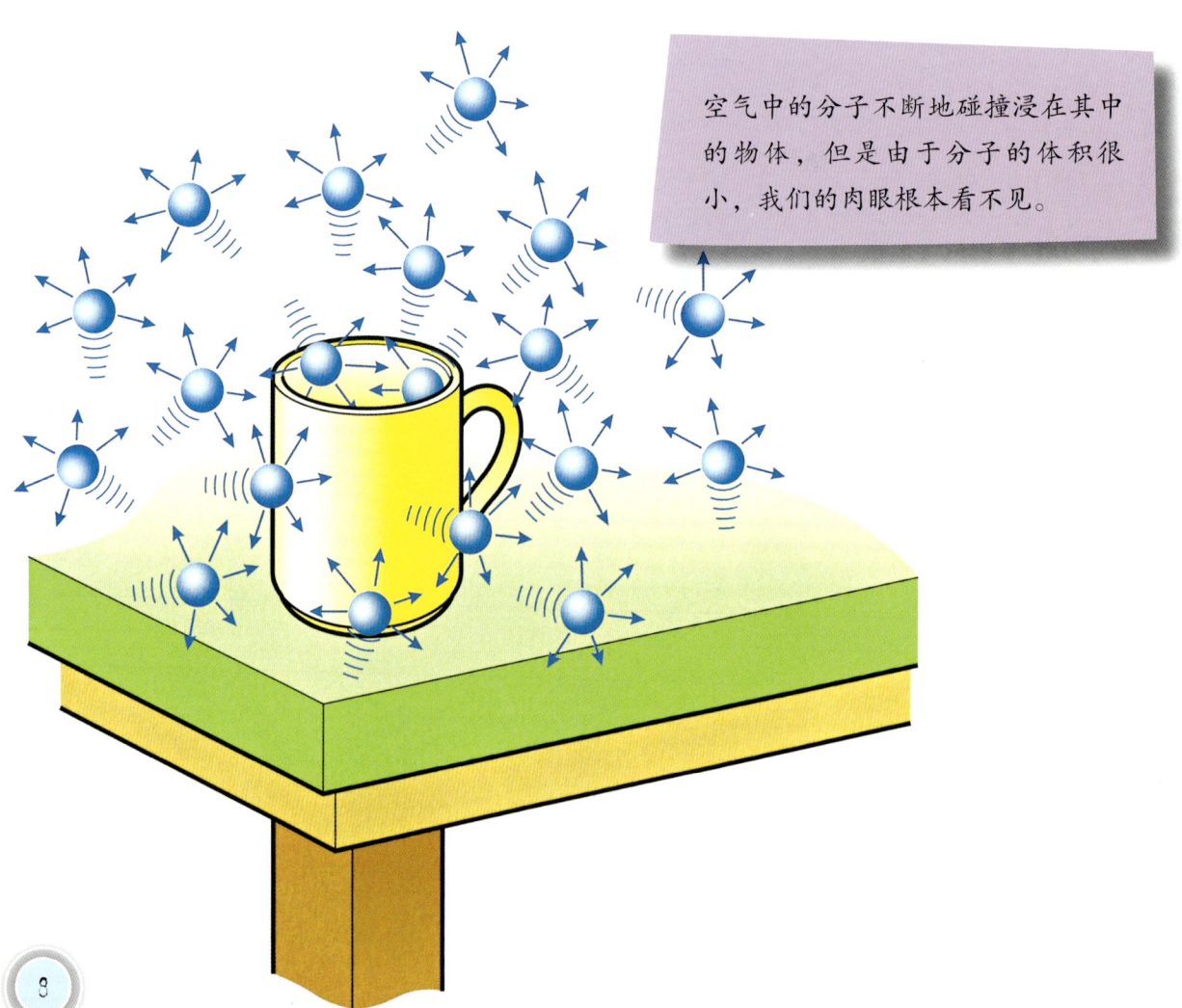

空气中的分子不断地碰撞浸在其中的物体，但是由于分子的体积很小，我们的肉眼根本看不见。

Air and Water Pressure

地球周围的大气层约有560公里厚。我们看到的天空中的云就是大气层的一部分。

什么是大气压？

地球表面和太空之间有一层空气叫做**大气层**(atmosphere)，它包含了数以千吨的空气分子。聚集在地球周围的大气分子受到地球**重力**(gravity)的作用，地球上的一切物体都会受到大气作用于它的压强，我们把这个**压强**(pressure)称为**大气压**(atmospheric pressure)。

大气压会不会把人压扁？

由于人的身体里也有空气，所以大气压不会把人压扁。空气遍布人的全身，如**肺**(lung)、**细胞**(cell)之间以及耳朵里。身体里的空气产生向外的压力，这种向外的压力抵消了大气对身体作用的向内的压力。

FANTASTIC FORCES

演示：空气的重量

演示目的：验证空气是有重量的，一个充气的气球要比一个瘪的气球重。

演示材料：两只完全一样的气球，一根100cm长的木棍或格尺，一段绳子，一根针。

演示步骤：
1. 将两只气球吹满气。
2. 将充满气的气球口扎紧。
3. 将两只气球分别系在木棍的两端。
4. 把绳子系在木棍中央，将木棍悬挂起来，此时木棍处于平衡状态，这是因为两个气球中空气的重量是一样的。
5. 现在用针小心地将一只气球扎破，观察一下会发生什么情况？

原理解释：当木棍一端的气球被扎破后，木棍便向另一端倾斜，这是由于空气从扎破的气球里跑出来，木棍的这一端就会变轻，而另一端的气球因为充满空气而显得更重了。

Air and Water Pressure

什么时候大气压会发生变化？

假设地上有一摞书，从地板一直摞到天花板。如果你是最底下的那本书，那么你受到的**压力(force)**将比中间位置的书受到的压力大。**大气压(atmospheric pressure)**也是这个道理。它随着与地球表面距离的改变而改变。

在地球上

不论是在陆地还是在**海平面(sea level)**上，人都会受到来自各个方向的**大气(atmosphere)**的压力。这个时候的大气压很高。但在**海拔(altitude)**更高的山上，大气变少，这时候的大气压会低一些。

在太空中

如果你离开地球，穿越大气层进入到太空中，这里几乎没有空气，空气**分子(molecule)**非常稀疏，大气压接近为零。我们把没有气压的地方叫做**真空(vacuum)**。

> **你知道吗？**
>
> 高海拔地带的空气分子非常分散，空气稀薄，气压低。在这里，为了能够从稀薄的空气里获取更多的**氧气(oxygen)**，你必须加快呼吸频率。

由于空气稀薄，呼吸困难，大多数登山爱好者在攀登高山时都要携带氧气面罩。

气压高时天气晴朗，气压低时天气多变，可能会有风雨出现。

气压对天气有什么影响？

太阳使地球表面的空气不均匀地受热。暖空气的分子比冷空气的运动速度快，碰撞强，这就导致了暖空气不像冷空气那么稠密，因此暖空气比冷空气要轻。在体积相同的情况下，轻的物质就没有重的物质的密度大。

暖空气的密度低，逐渐上升到大气层的上层，留下了空气分子少、气压低的低压区。当冷空气向低压区补充时，空气流动形成了风，风带动雨云进入低压层，于是开始下雨。而不断下降的密度大的冷空气又会形成高气压。当风把云吹走后，空气才会变得比较干燥。我们利用一种叫做**气压计(barometer)**的仪器来测量空气的压力并预测天气的变化。

Air and Water Pressure

科学小实验：制作一个简易的气压计

问题：大气压对水位有什么影响？

假设：当空气中的气压升高时，玻璃杯内的水面就会受到向下的压力，使得水瓶内的水位升高。当空气中的气压降低时，玻璃杯内的水面受到的压力减小，因此水瓶内的水位下降。

实验材料：透明的玻璃杯或水罐，透明的小空瓶，记号笔。

实验步骤：
1. 将玻璃杯注入一半的水。
2. 把空瓶倒着插入玻璃杯中。向玻璃杯里灌水，使水面达到瓶身最粗的地方。
3. 在玻璃杯上用记号笔划出一条线，标注水位的高度。
4. 几天后再次观察玻璃杯，水位有什么变化吗？

结论：从这个水位气压计里我们可以看到气压的变化。气压升高时，玻璃杯内的水受到的压力增大，水瓶内的水位升高。气压降低时，水瓶内的水位也会相应下降。

FANTASTIC FORCES

人类是如何利用气压的？

气压(air pressure)的存在使得体育比赛变得更加好看！我们以篮球为例，在**充气(inflated)**的篮球里有大量的空气**分子(molecule)**剧烈地运动，气体分子的相互碰撞使篮球内的气压升高。地面对球的撞击力使球发生变形，球内气压升高，使球从地上反弹回来。球内的气压越大，它的反弹高度就会越高。

轮胎和安全气囊

你骑过轮胎瘪了的自行车吗？当自行车压到石头时，你会感到很颠簸。这是石头施加在轮胎上的力造成的。把轮胎充满气后，气压把石头施加的力分布在轮胎内的各个部位，你就不会感到那么颠簸了。

重型卡车通常不会陷在泥里，因为气压将卡车的重量分配在多个大轮胎上。

Air and Water Pressure

用吸管喝饮料时是怎样利用气压原理的呢？吸饮料时，嘴里的气压下降，空气要想平衡口中的气压必须通过吸管。由于吸管浸在饮料当中，所以饮料在空气的推动下就顺着吸管进入到你的嘴里了。

汽车发生碰撞时，安全气囊迅速充气膨胀，增加了乘客与汽车内部结构的接触面积。这样就能减少汽车的冲击力给乘客身体上造成的**压力(pressure)**。受力面积越大，物体受到的压强就越小。

呼气和吸气

拔下自行车轮胎上的气门芯时，你会听到跑出来的高压气体发出的嘶嘶声。这些气体很快融入到外面较低的大气压中，不同气压的气体总是倾向于相互混合，达到压力平衡。我们的呼吸就是依靠这个原理。吸气时**肺(lung)**部扩张，空气分子充满你的肺部，肺内气压下降，因此空气通过你的口鼻进入了肺。呼气时肺部缩小，肺内气压大于大气压，气体便被呼出体外。

FANTASTIC FORCES

吸尘器

真空式吸尘器内部的电动抽风机能将机器内部的空气吸走，使机器内部形成**真空(vacuum)**。这时外界的高压气体要想进入机器必须通过一根管子。当外部气体顺着管子被吸进机器时，地面的灰尘就跟着进来了。

玩具飞镖顶端的吸盘能吸附在光滑的物体表面上。在这个表面上用力地挤压吸盘，可以将吸盘内的空气挤出，形成真空，这时外面的气压大，就把吸盘和物体的表面紧紧地挤压在一起了。

你知道吗？

奥托·冯·格利克在17世纪为人们展示了大气压的威力。他把两个金属半球对接起来并抽出其中的空气，然后他将两个马队分别拴在两个半球上，让它们向相反的方向奋力紧拉，**大气的压力(atmospheric pressure)**仍将两个半球紧紧压在一起，很难分开。

由于有了气压，我们利用真空吸尘器可以去除家里的灰尘。

Air and Water Pressure

跳伞

地球上的所有物质都受到地球向下的**引力(gravity)**。跳伞运动员跳出机舱后要打开降落伞，以便安全着陆。降落伞的形状有如一个倒扣的碗，下落时降落伞将大量的空气分子罩在伞下，空气分子和降落伞相互挤压，形成了**空气阻力(air resistance)**，空气阻力能减缓跳伞运动员的下降速度。

空中漂浮

要想在空中漂浮，我们必须设法让空气向上的阻力和地球向下的引力相平衡。热气球正是利用巨型气囊内的暖空气才能在空中漂浮。气球内的暖空气的密度比外面大气的密度稀薄，于是气球升入空中。当气球中的空气逐渐冷却时，驾驶员可以通过点燃燃烧器来重新加热空气。

在热气球大赛现场，驾驶员加热气球内的空气时，你能听到燃烧器发出的轰鸣声。

FANTASTIC FORCES

什么是水压？

躺在浴缸里，你能感受到水在轻轻挤压你的身体。和空气一样，水也是由**分子(molecule)**构成的。水分子比空气分子排列得更紧密。这就是为什么我们能看见并感知水的存在，却看不见空气的原因。**水压(water pressure)**就是物体表面受到的水分子的压力。

借助一根橡胶软管我们可以很容易地观察到水压的作用。充水前橡胶管松弛平软，打开水龙头后变得坚硬饱满。水压到处挤压着橡胶管的管壁。充气堡充气后就能站起来也是这个原理。

消防员利用水压原理在安全的距离外把加压后的水射向起火点。

Air and Water Pressure

水从各个方向上对潜水员产生挤压作用。它也将防水镜紧紧压向潜水员的面部。

改变水压

当你刚跳进游泳池时你感觉不到水的压力。但如果你戴上防水镜开始潜水，或者把头往水里扎时，你就会感觉到防水镜对眼睛的挤压。这是因为水压和水深成正比。潜得越深，水分子带来的压力就越大。水的重量使水分子之间更加紧密，水压也就越强。

嗡嗡做响的耳朵

当你在水下做吞咽动作时，你会感到你的耳朵嗡嗡做响。当你耳内的压力发生了变化，空气就会流过你的耳朵，产生声响。

FANTASTIC FORCES

科学小实验：
喷射的水壶

问题：水压会随着水深的变化而变化吗？

假设：由于水壶底部的压力最强，因此从最下面的孔喷出的水射程最远。

实验材料：1升装的空牛奶桶，一个深盘子，一枚大钉子，胶带。

实验步骤：

1. 用钉子小心地在桶的前面从上到下扎出一排分布均匀的洞。小朋友要在大人的协助下完成此步骤。
2. 用长胶带封住桶孔，将水注满牛奶桶。
3. 把牛奶桶放到盘子上，撕下胶带。

结论：由于水压与水的深度成正比，因此牛奶桶最下面的孔喷出来的水射程最远。越接近桶的底部，水压就越大，较大的压力使水从桶孔喷射而出。

大海有压力吗？

地球表面有超过四分之三的面积被海水覆盖，大多数地方的海水都有1000米深。海水最深的地方有11000多米。**海平面**(sea level)以下的海水的深度相当于珠穆朗玛峰的高度，这个深度的**海水水压**(water pressure)比海平面的水压大1000倍。

深海潜水

随着下潜深度的增加，强大的水压会伤害你的身体，甚至能压碎你的骨骼。潜水员在水下潜水时要带上几罐氧气供呼吸用。当潜到距水面30米以下的深度时，由于**肺**(lung)受到海水的挤压，潜水员就会开始感到呼吸困难。

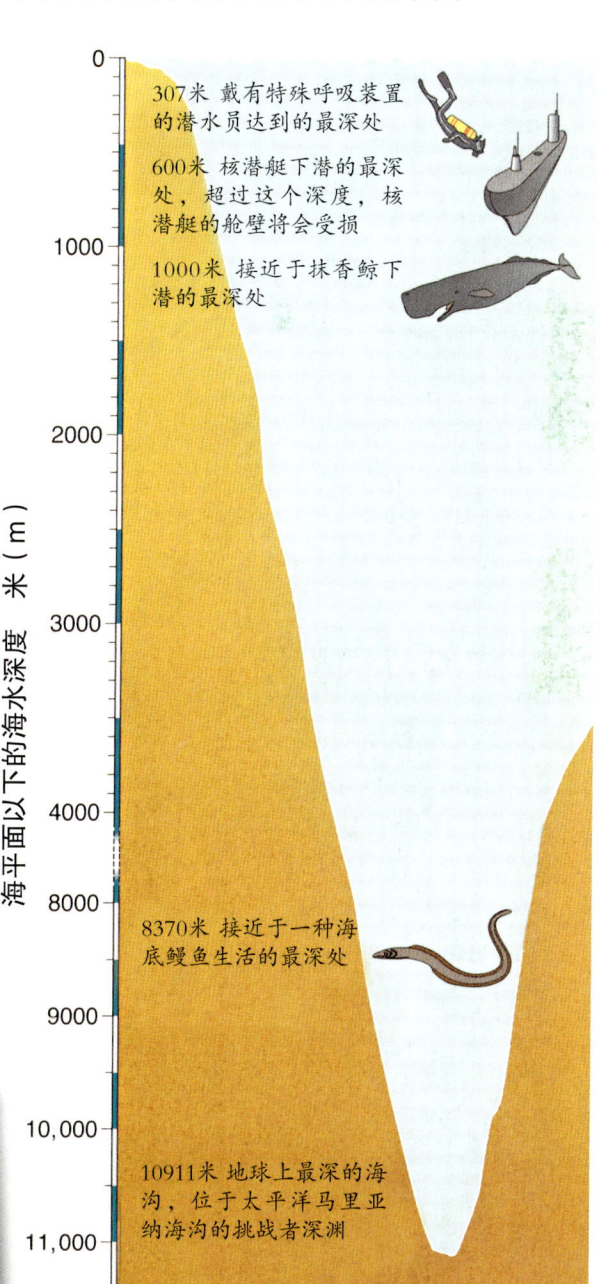

307米 戴有特殊呼吸装置的潜水员达到的最深处

600米 核潜艇下潜的最深处，超过这个深度，核潜艇的舱壁将会受损

1000米 接近于抹香鲸下潜的最深处

海平面以下的海水深度 米（m）

8370米 接近于一种海底鳗鱼生活的最深处

10911米 地球上最深的海沟，位于太平洋马里亚纳海沟的挑战者深渊

海平面的水压相当于**大气压**(atmospheric pressure)，海水每向下100米，水压就会比大气压大10倍。

FANTASTIC FORCES

只要保护好自己不受水下的高强**水压(water pressures)**的伤害,人类完全可以下潜得更深。人类可以利用特制的潜水服潜水,或乘坐潜水艇,或乘坐安有加固门的潜水舱到深海考察。但是有很多的海洋生物可以潜到人类能承受的水压极限100倍的深海里。比如抹香鲸能潜到水下1000多米的深海,这是因为它们体内的血液富含氧,即使巨大的水压把它们的肺挤扁,它们也能呼吸自如。

表面受损

很多动物常年生活在深海里,一旦浮到水面它们就不能存活。例如巨型章鱼,当它游到水压较小的水面时,它的器官就会膨胀受损。就算能捕获到这些生物,当我们看到它们时,它们也已经死亡了。

与大多数海洋生物相比,这种深海琵琶鱼只能在更深的海水里存活,它在水面上无法生存。

Air and Water Pressure

为什么有的物体浮在水面，有的物体沉入水底？

掉到水里的硬币马上就会下沉，但是一艘比硬币重得多的巨轮却能浮在水面上。这要归功于**浮力(buoyancy)**。

浮力的工作原理是什么呢？

浮力意味着一个物体漂浮的状态。它取决于两个**力(force)**的大小：**重力(gravity)**和**上推力(upthrust)**。重力是吸引物体向下的力，而上推力则是使物体向上的托举力。

上推力是水对物体向上的托举力。水对物体的上推力相当于它所**排开(displace)**的水的重量。物体体积越大，它所排开的水就越多，水对它的挤压也就越强。一艘巨轮远比一枚硬币排开的水量多。因此巨轮受到的水的上推力使它漂浮在水面上。

任何一艘船，如果它受到的上推力大于它自身向下的重力，它就会浮在水面上。

潜水艇利用充气的**沉浮箱(ballast tank)**来控制水下的漂浮高度。下沉时,沉浮箱里的空气就会被替换成较重的海水。

如何调节浮力的大小

所有船只必须浮在水面适当的高度。如果高度过高,船只就会被海上的风浪吹走。油轮是海上运输原油的巨型船舶,原油卸下以后,油轮变轻,船员需将海水灌入倾空的油舱,这样油轮才不至于太轻。在水下工作的潜水员需穿上增重带,他们可以通过增加或减少重量来控制浮力。

你知道吗?

诺克·耐维斯号是世界上最大的油轮。它有161个网球场那么大,比1359个喷气式客机还要重。这艘超级油轮装满油时能下沉到水下26米。空载时,由于受到的浮力太大,诺克·耐维斯号很难保持在水中稳定不动。

Air and Water Pressure

科学小实验：
会潜水的油笔帽

问题：物体的浮力是否能改变？

假设：要想增大或减小物体的浮力，可以通过改变物体内的**气压(air pressure)**来实现。

实验材料：一个笔帽，一小块橡皮泥，一个装满水的细高玻璃杯，带螺旋瓶盖的透明塑料瓶。

实验步骤：
1. 如果笔帽上有小洞，用一小块橡皮泥把它塞住。
2. 把橡皮泥粘在笔帽的末端。
3. 把笔帽末端朝下放入水杯里。可适当增减橡皮泥使笔帽的上端浮出水面，你可以把笔帽当做一艘潜水艇。
4. 慢慢地将塑料瓶注满水。注意不要产生气泡。
5. 把你的潜水艇放进塑料瓶里，盖上瓶盖。
6. 挤压塑料瓶，看看潜水艇会出现什么样的情况？松开手，现在又会出现什么样的情况？

结论：挤压塑料瓶时，瓶内的**水压(water pressure)**升高，水浸入潜水艇，瓶内空气被压缩到较小的空间，潜水艇下沉。松开手后，潜水艇内的空气膨胀，水被排开，随着浮力增加，潜水艇上升。

FANTASTIC FORCES

人类是如何利用水压的？

请想一下，水枪、喷泉和动力清洗机之间有没有什么共同点？是的，它们的共同点就是它们都将水从水嘴里喷射出来。从水嘴里射出来的水的压力是很强的。这种高压水被应用在很多的领域。

加压

电动水泵能把**水库(reservoir)**里的水运送到千家万户。水泵把水通过管道输送到房顶的蓄水罐里，然后在**重力(gravity)**的作用下沿着管道流到各家的水龙头。

水枪里的水通过一个很小的水嘴喷射出来，水压很高，压力越大，水的射程就越远。

Air and Water Pressure

强力水枪

在强力水枪的内部,抽进来的水储存在一个球囊里,球囊装满水后,弹性囊壁就会挤压里面的水,导致球囊内**水压(water pressure)**增大,当你扣动扳机时,水就会喷射而出。

水活塞

水压可以使机器运转。**千斤顶(jack)**是一种起重设备,能托起像汽车那么重的物体。它有一粗一细两个缸,同时连接到一根管子上。缸和管子里都装满了水,每一个缸里有一个叫做**活塞(piston)**的东西。

通过上下挤压活塞,水被压到缸和管子里,因此水压也就增大了。

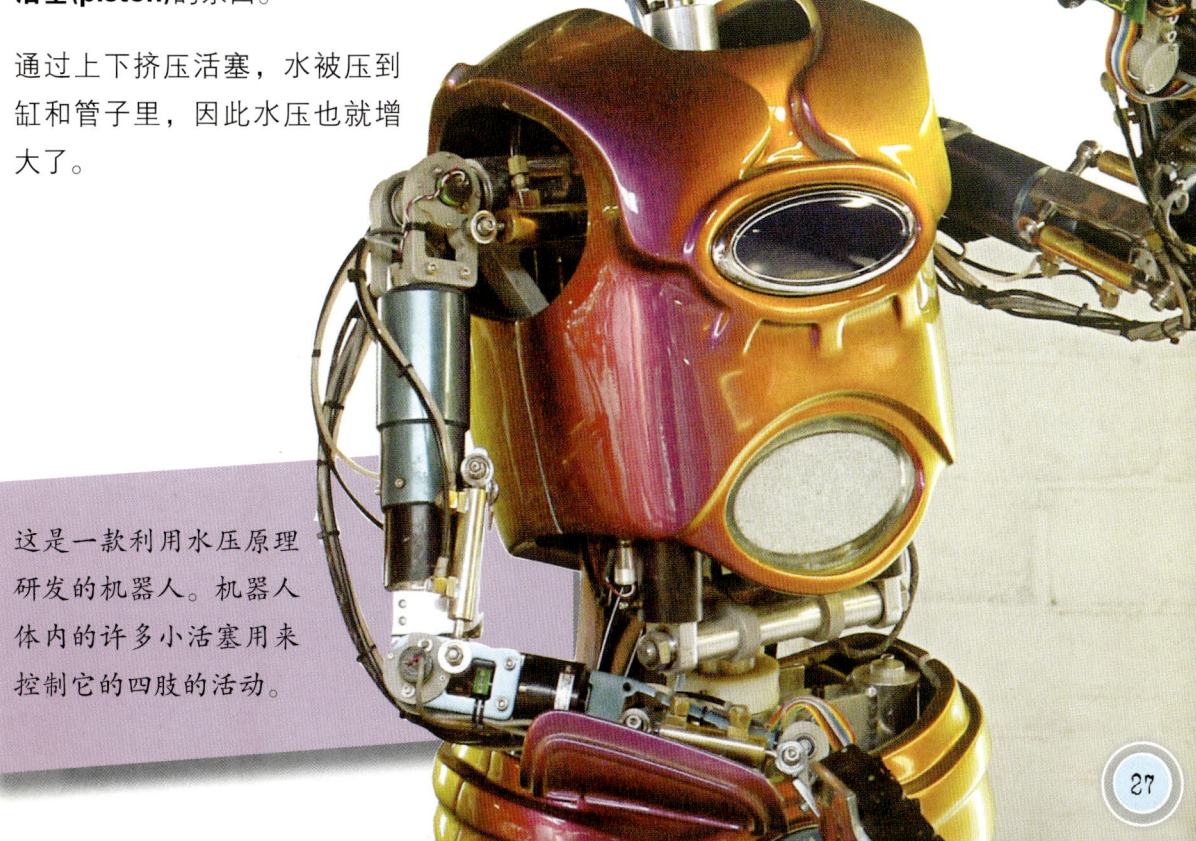

这是一款利用水压原理研发的机器人。机器人体内的许多小活塞用来控制它的四肢的活动。

FANTASTIC FORCES

开启智慧之门的人

阿基米德（约公元前287—212）

阿基米德是古希腊的数学家。当时的国王请阿基米德来检验他的一顶皇冠是否是纯金制成的。阿基米德知道如果这顶纯金皇冠里面掺入了廉价的金属，皇冠的重量就会发生变化，因此假皇冠的排水量和同等重量的纯金的**排水(displace)**量不同。阿基米德是在一次洗澡时发现了这个道理的。他坐进澡盆时看到水往外溢，通过测量排出的水量能够算出他的**体积(volume)**。阿基米德跳出澡盆大声喊着："尤里卡！"(Eureka,意思是"我知道了")在两个分别放有皇冠和同等重量的纯金的水盆中，放皇冠的盆里溢出来的水比另一个盆多，这说明皇冠里掺入了其他金属。

汤姆斯·纽科门（1663—1729）

纽科门是英国的一位工程师，他发明了一种泵。这种泵利用**大气压(atmospheric pressure)**推动**活塞(piston)**来抽水。这项发明一直被用于地下深矿的排水，由于可以防止井下透水，从而挽救了许多矿工的生命。

奥古斯特·皮卡德（1884—1962）

皮卡德是一名发明家和探险家。1931年，他搭乘热气球升到15800米的**大气(atmosphere)**中，创造了当时的世界纪录。他曾钻进一个特制的金属球体里成功地完成了人类对低气压的挑战，尽管这种低气压很有可能对他造成伤害。1947年，为了挑战高**水压(water pressure)**下人类能否存活，皮卡德制造了一个类似的金属球。

Air and Water Pressure

令人惊奇的事实

● 最低的大气压

你听说过飓风有风眼吗？风眼是飓风中心的平静区域。2005年，科学家们通过观测飓风威尔玛，发现风眼处的**气压(air pressure)** 比人类记录的任何飓风的压力还要低五分之一左右。

● 各种各样的载重线

载重线是船舶在海上安全行驶的负载量的标志，用来防止船舶过重或过轻。在负载量不变的情况下，船舶从海水驶入淡水水域时应使用载重线的上缘。这是因为淡水的密度小，船舶的下沉较深。

● 强力喷射泵

航天飞机的燃料是**液态(liquid)** 氢。航天飞机的发动机需要产生极大的能量才能使飞机升空，因此发动机内的泵必须能快速地喷射燃料。这些泵的喷射能力之强足以将一桶燃料射到57公里远的空中！

● 的里雅斯特号

潜入海底最深的潜水器要数的里雅斯特号，这艘深潜器在空气中重达13公吨(14.3吨)，但由于**浮力(buoyancy)** 的作用在海水上仅重8公吨(8.8吨)。驾驶员住在直径为2米的金属球舱内。舱壁的厚度为12.7厘米(5英寸)，以承受水下10000多米深的强大的水压。

● 在空中航行的船

气垫船通过气垫在水面或地面上行驶。大功率的鼓风机将空气压入船底下，形成的高气压使船体脱离行驶的水面(或地面)。

FANTASTIC FORCES

词汇表

air pressure   air molecules bouncing against each other and other objects
气压   由大量的空气分子彼此撞击，并和周围物体的碰撞产生

air resistance   pushing force of air against a moving object
空气阻力   空气对运动的物体造成的阻力

altitude   height above sea level
海拔   海平面之上的高度

atmosphere   air surrounding Earth
大气   环绕在地球周围的气体

atmospheric pressure   pressure of the atmosphere on Earth's surface
大气压   地球表面大气的压力

ballast tank   compartment in a ship or submarine that is filled with seawater to control buoyancy
沉浮箱   轮船或潜水艇内用于控制浮力的盛装海水的箱子

barometer   instrument for measuring atmospheric pressure
气压计   用来测量气压的仪器

buoyancy   ability of an object to float in air or water
浮力   物体在空气或水上漂浮力

cell   basic building block of all living things
细胞   构成所有生物的单位

displace   push aside. Any floating object displaces an equal weight of water.
排水   任何漂浮的物体都能排开一定重量的水。

force   push or pull that makes an object move, speed up, change direction, or slow down
力   物体之间的相互作用，可以使物体运动、加速、变向或减速

gas   substance with widely spaced molecules that can expand to fill the space it is in
气体   分子能扩散并充满它所在空间的物质

gravity   force that pulls all objects towards the centre of Earth
重力   物体受到的指向地心的力

inflated   filled with air
充气   用空气充满

jack   machine that lifts a heavy weight. It is powered by a water piston.
千斤顶   利用水泵活塞原理托起重物的机器

liquid   substance that flows and always has the same volume
液体   体积不变的流动的物质

Air and Water Pressure

lung 肺	organs in the body used to breathe oxygen from air 呼吸氧气的身体器官
mass 质量	amount of matter that an object contains. Mass causes objects to have weight. 物体所含物质的多少。物体有了质量后才有重量。
molecule 分子	tiny amount of a substance 物质的最小颗粒
newton 牛顿	unit that measures a force. One newton is the force needed to lift an apple. 力的测量单位，一牛顿的力相当于托起一个苹果所用的力。
oxygen 氧气	gas in air that we breathe in 我们吸入的空气中的一种组分
particle 粒子	a very small piece of material 物质的极微小的组分
piston 活塞	plunger in a cylinder that moves up and down 汽缸内能上下运动的柱塞
pressure 压力	force pressing against something 垂直作用在物体上的力
reservoir 水库	large artificial lake 大型的人工湖
sea level 海平面	average height of the surface of the oceans 海面的平均高度
solid 固体	substance of definite shape and volume made up of closely packed molecules 分子排列紧凑，有固定形状和体积的物体
upthrust 上推力	force that pushes up. It acts in the opposite direction to gravity. 和重力方向相反的向上的推力。
vacuum 真空	space with no air or air pressure 没有空气或气压的空间
volume 体积	space occupied by something 物体所占据的空间
water pressure 水压	pushing force of water molecules on objects 水分子对物体的挤压

FANTASTIC FORCES

想知道得更多吗?

要了解相关知识请参阅以下图书:

《雨树溶溶》(第1辑),哈尔滨工业大学出版社,2008
  《过山车》
  《下潜 下潜》
  《包围下的城堡》
  《老师没有教过的10个试验》
《雨树溶溶》(第2辑),哈尔滨工业大学出版社,2009
  《空中勇士》
  《神奇的磁力》
  《挑战极限运动》

《下潜 下潜》
你知道潜水艇为什么能够下潜?潜水艇中的船员是如何在水下生活和工作的吗?本书通过讲述浮力的知识来告诉你答案。

《空中勇士》
你知道第一代的战斗机是怎样设计和制造的吗?为什么现在的战斗机越来越坚固,飞行速度也越来越快了?想知道其中的奥秘就请阅读《空中勇士》一书吧。

疯狂的力
FANTASTIC FORCES

气压和水压
Air and Water Pressure

- 为什么我没有被大气压挤扁?
- 热气球为什么会漂在空中?
- 为什么我的耳朵在水里嗡嗡做响?

此系列书籍中,我们加入了:
- 各种图示,清楚地诠释了物理学中的概念
- 简易可行的实验和日常实例,主题贴近生活
- 有重要发现的科学家介绍

本系列图书包括:
《速度和加速度》
《气压和水压》
《摩擦力和阻力》
《重力》

作者简介
理查·斯皮尔伯利是一位经验丰富的非小说类少儿文学作家。他专门研究科学论题,已撰写了有关动物和自然力的多部书籍。

责任编辑:孙 杰 田 秋
美术设计:杨立丽

ISBN 978-7-5603-3231-4

定价:12.80元

1+X 职业技术培训教材

第3版

企业人力资源管理师

（四级）

人力资源社会保障部教材办公室
中国就业培训技术指导中心上海分中心　组织编写
上海市职业技能鉴定中心

中国劳动社会保障出版社

图书在版编目（CIP）数据

企业人力资源管理师：四级 / 人力资源社会保障部教材办公室等组织编写. -- 3 版. --北京：中国劳动社会保障出版社，2020

1+X 职业技术培训教材

ISBN 978-7-5167-4343-0

Ⅰ. ①企⋯　Ⅱ. ①人⋯　Ⅲ. ①企业管理 – 人力资源管理 – 职业培训 – 教材　Ⅳ. ① F272.92

中国版本图书馆 CIP 数据核字（2020）第 018967 号

中国劳动社会保障出版社出版发行

（北京市惠新东街 1 号　邮政编码：100029）

*

三河市华骏印务包装有限公司印刷装订　新华书店经销
787 毫米 × 1092 毫米　16 开本　18.75 印张　331 千字
2020 年 4 月第 3 版　2023 年 9 月第 6 次印刷
定价：58.00 元

营销中心电话：400-606-6496
出版社网址：http://www.class.com.cn

版权专有　　侵权必究

如有印装差错，请与本社联系调换：(010) 81211666
我社将与版权执法机关配合，大力打击盗印、销售和使用盗版图书活动，敬请广大读者协助举报，经查实将给予举报者奖励。
举报电话：(010) 64954652

 职业技术培训教材

企业人力资源管理

（四级）

编审委员会

主　任　朱庆敏
副主任　顾卫东　任余礼
委　员（按姓氏笔画排序）
　　　　马一明　王　振　乔　聪　肖文高　何培亚　宋
　　　　金志伟　周学东　徐伟中　郭庆松　唐宁玉　唐
　　　　陶　静

编审人员

总 主 编　王　振
副总主编　任余礼
主　编　王海玲　陈国政　张燕娣　刘　荣
编　者（按姓氏笔画排序）
　　　　王良志　许为民　吴文艳　张燕娣　陈　坤　陈国
主　审　马一明　唐炎华

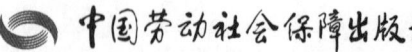

内容简介

本教材由人力资源社会保障部教材办公室、中国就业培训技术指导中心上海分中心、上海市职业技能鉴定中心依据上海企业人力资源管理师（四级）职业技能鉴定细目组织编写。教材从强化培养操作技能，掌握实用技术的角度出发，较好地体现了当前最新的实用知识与操作技术，对于提高从业人员基本素质，掌握企业人力资源管理师核心知识与技能有直接的帮助和指导作用。

本教材在编写中根据本职业的工作特点，以能力培养为根本出发点，采用模块化的编写方式。全书共分为六篇：第一篇为人力资源规划，内容包括人力资源规划概述、组织与组织结构、工作分析基础；第二篇为招聘与配置，内容包括人员招聘概述、招聘初选、校园招聘；第三篇为培训与开发，内容包括培训与开发概述、培训实施、新员工入职培训；第四篇为绩效管理，内容包括绩效管理概述、绩效信息管理、绩效评估；第五篇为薪酬管理，内容包括薪酬管理概述、员工福利与社会保障、薪酬管理信息核算与分析；第六篇为劳动关系管理，内容包括劳动法律制度、劳动合同法、职业安全卫生。

本教材可作为企业人力资源管理师（四级）的技能培训与鉴定考核教材，也可供全国中高等职业技术院校相关专业师生参考使用，以及相关职业从业人员培训使用。

改版说明

企业人力资源管理师第2版教材自2014年出版以来，受到广大学员和从业者的欢迎，在企业人力资源管理师职业技能培训和鉴定过程中发挥了巨大作用。随着行业的发展和相关政策法规的调整，企业人力资源管理师需要掌握的职业技能有了新的变化，职业技能培训和鉴定要求也进行了相应提升。因此，人力资源社会保障部教材办公室、中国就业培训技术指导中心上海分中心、上海市职业技能鉴定中心组织有关方面的专家和技术人员，依据新版企业人力资源管理师职业技能鉴定细目对教材进行改版，使之更好地适应社会的发展和行业的需要，更好地为从业人员和广大读者服务。

本次改版以《国家职业技能标准——企业人力资源管理师（2019年版）》为指导，同时参考人力资源管理理论的最新发展和国内人力资源管理实践，将企业人力资源管理师四个等级教材进行了明确的定位：一级教材定位于战略决策（决策力），面向企业人力资源总监或者高级管理人员；二级教材定位于组织策划（组织力），面向企业人力资源经理和部门管理人员；三级教材定位于具体执行（执行力），面向企业人力资源主管或者部门基础管理人员；四级教材定位于应知应会（学习力），面向企业中刚开始从事人力资源工作的基层员工和其他对人力资源管理感兴趣的人员。

本次教材改版思路如下：第一，在各等级间调整章节内容，使各等级教材的层次感更加分明，同时将分散在各等级教材中的同类知识点和技能点进行合并；第二，根据人力资源管理理论的最新发展，更新了陈旧或实践中使用不多的知识点和技能点，如增加战略人力资源管理的核心理念、虚拟现实和数字化工具在人力资源管理领域的最新实践、新兴薪酬形式、灵活用工、雇主品牌等内容，适当压缩培训结果评估、薪酬绩效等知识点和技能点；第三，调整各模块内容，使六大模块的篇幅更加均衡，避免个别模块内容过于冗长；第四，根据上述内容的修订，修改、删除和增补案例，调整的依据包括案例涉及的理论基础发生变化、案例涉及的企业组织发生变化、案例涉及的法律规范和外部环境发生变化、案例不能涵盖新增的知识点和技能点等。

由于时间紧迫，改版较为仓促，教材中难免存在不足和问题，欢迎读者和业内同仁批评指正。

前 言

职业培训制度的积极推进,为广大劳动者系统地学习相关职业的知识和技能,提高就业能力、工作能力和职业转换能力提供了可能,同时也为企业选择适应生产需要的合格劳动者提供了依据。

随着我国科学技术的飞速发展和产业结构的不断调整,各种新兴职业应运而生,传统职业中也越来越多、越来越快地融进了各种新知识、新技术和新工艺。因此,加快培养合格的、适应现代化建设要求的高技能人才就显得尤为迫切。近年来,上海市在加快高技能人才建设方面进行了有益的探索,积累了丰富而宝贵的经验。为优化人力资源结构、加快高技能人才队伍建设,上海市人力资源和社会保障局在提升职业标准、完善技能鉴定方面做了积极的探索和尝试,推出了1+X培训与鉴定模式。1+X中的1代表国家职业标准,X是为适应经济发展的需要,对职业的部分知识和技能要求进行的扩充和更新。随着经济发展和技术进步,X将不断被赋予新的内涵,不断得到深化和提升。

上海市1+X培训与鉴定模式,得到了人力资源社会保障部的支持和肯定。为配合1+X培训与鉴定的需要,人力资源社会保障部教材办公室、中国就业培训技术指导中心上海分中心、上海市职业技能鉴定中心联合组织有关方面的专家、技术人员共同编写了职业技术培训系列教材。

职业技术培训教材严格按照1+X鉴定考核细目进行编写,教材内容充分反映了当前从事职业活动所需要的核心知识与技能,较好地体现了适用性、先进性与前瞻性。聘请编写1+X鉴定考核细目的专家,以及相关行业的专家参与教材的编审工作,保证了教材内容的科学性及与鉴定考核细目以及题库的紧密衔接。

职业技术培训教材突出了适应职业技能培训的特色,使读者通过学习与培训,不仅有助于通过鉴定考核,而且能够有针对性地进行系统学习,真正掌握本职业的核心技术与操作技能,从而实现从懂得了什么到会做什么的飞跃。

职业技术培训教材立足于国家职业标准,也可为全国其他省市开展新职业、新技术职业培训和鉴定考核,以及高技能人才培养提供借鉴或参考。

新教材的编写是一项探索性工作,由于时间紧迫,不足之处在所难免,欢迎各使用单位及个人对教材提出宝贵意见和建议,以便教材修订时补充更正。

人力资源社会保障部教材办公室
中国就业培训技术指导中心上海分中心
上海市职业技能鉴定中心

目 录

第一篇 人力资源规划

第一章 人力资源规划概述 … 3
第一节 人力资源管理概述 … 4
第二节 人力资源规划基础知识 … 11
第三节 人力资源管理信息系统 … 16

第二章 组织与组织结构 … 21
第一节 组织 … 22
第二节 组织结构 … 25

第三章 工作分析基础 … 30
第一节 工作分析概述 … 31
第二节 工作分析的基本方法 … 34

第二篇 招聘与配置

第四章 人员招聘概述 … 47
第一节 人员招聘的概念、意义与基本原则 … 48
第二节 人员招聘的基本流程 … 51
第三节 招聘需求信息 … 53

第五章 招聘初选 … 60
第一节 人员初选 … 61
第二节 简历与应聘申请表甄选 … 62
第三节 面试 … 66
第四节 背景调查 … 77

第六章　校园招聘　82
第一节　校园招聘的概念与特点　83
第二节　校园招聘的主要方式　84
第三节　校园招聘的实施　85

第三篇　培训与开发

第七章　培训与开发概述　95
第一节　培训与开发基础　96
第二节　培训体系　102
第三节　培训的基本流程　105

第八章　培训实施　112
第一节　培训实施各阶段的工作　113
第二节　培训方法与应用　121

第九章　新员工入职培训　131
第一节　新员工入职培训概述　132
第二节　新员工入职培训的流程　137

第四篇　绩效管理

第十章　绩效管理概述　147
第一节　绩效与绩效管理　148
第二节　绩效管理流程　151

第十一章　绩效信息管理　155
第一节　绩效信息收集　156
第二节　绩效信息整理　161

第十二章　绩效评估　165
第一节　绩效评估概述　166
第二节　绩效评估实施　170

目 录

第五篇　薪酬管理

第十三章　薪酬管理概述 …… 183
第一节　薪酬概述 …… 184
第二节　薪酬管理概述 …… 188
第三节　全面薪酬 …… 193

第十四章　员工福利与社会保障 …… 199
第一节　员工福利 …… 200
第二节　社会保障 …… 203

第十五章　薪酬管理信息核算与分析 …… 218
第一节　薪酬信息核算 …… 219
第二节　薪酬信息统计 …… 226

第六篇　劳动关系管理

第十六章　劳动法律制度 …… 237
第一节　劳动法及其规定 …… 238
第二节　劳动关系与劳动法律关系 …… 242
第三节　劳动法律 …… 247

第十七章　劳动合同法 …… 252
第一节　劳动合同概述 …… 252
第二节　劳动合同的解除与终止 …… 260
第三节　劳动合同的管理 …… 265

第十八章　职业安全卫生 …… 268
第一节　职业安全卫生概述 …… 269
第二节　劳动安全卫生技术规程 …… 271
第三节　劳动保护管理制度 …… 273
第四节　职业病防治管理制度 …… 276
第五节　女职工和未成年工特殊劳动保护 …… 279

参考文献 …… 283

第一篇
人力资源规划

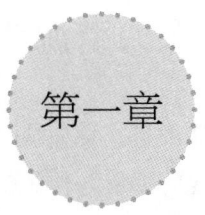

第一章

人力资源规划概述

 引导案例

7年前的K集团是一家名不见经传的小型来料加工厂，现在已经发展成为国内著名的机械设备制造商。企业发展到一定规模后，人员的合理聘用尤为重要。总经理提出，自2018年开始，企业各部门要根据营业收入、利润、产量对员工定编，人员短缺的部门要招聘，人员超编的部门要换岗或裁员，新员工的招聘在年初进行。

7月份，M分公司两名工程师和三名技师一起跳槽，导致生产线全面瘫痪。K集团总经理要求人力资源部门经理邱峰限期招聘合适的人员，恢复生产。邱峰马不停蹄地奔波于各地人力资源市场，最后招到一名退休工程师和两名技术工人，勉强使生产线运转起来。邱峰刚回到办公室，其下属员工小张就急匆匆地向他报告，今年为几个分公司招聘的十几个大学毕业生都被退回来了。邱峰立即打电话给年初喊缺人最凶的H分公司李经理，不料李经理却说，年初任务重、人员短缺，现在任务不重了，人也不缺了。邱峰来到会议室，看到一屋子被退回来的大学毕业生，气得说不出话来。

企业要想稳定发展，不断壮大，必须依靠稳定的员工队伍和优质的人才加盟。但是很多企业对于人员短缺或超编现象，仅限于被动应付，却不知道如何主动出击、解决问题。

案例思考

1. K集团碰到了什么问题？邱峰应该怎样从根本上着手解决？
2. 人力资源规划在企业发展中具有什么样的作用？

第一节　人力资源管理概述

美国知名管理学者托马斯·彼得斯说过，企业或事业唯一真正的资源是人，管理就是充分开发人力资源，以做好工作。现代管理学与传统管理学的一个显著区别在于是否承认人力资源在经济发展中的关键作用。在人类所拥有的一切资源中，人力资源是第一资源。从企业诞生的那一刻起，人力资源管理就存在了，它是企业发展的动力源泉，是企业可持续发展的根本保障。随着企业的不断发展和壮大，人力资源管理的内涵正不断丰富和深化，其重要性也愈发明显。激烈的市场竞争压力、新一代劳动者素质与价值观的变化、日新月异的技术变革，以及全球经济一体化的加速、全球人才竞争的加剧，使人才战略逐步上升到国家战略的层面，这让大多数的企业充分认识到传统的人事管理越来越难以适应新形势的变化。为了应对快速变化的市场形势，提升企业核心竞争力，越来越多的企业把人力资源管理提升到企业的战略层面。

一、人力资源的基本概念、构成与分类

1. 人力资源的基本概念

资源是"资财的来源"（《辞海》）。在经济学上，资源是为了创造物质财富而投入生产活动中的一切要素。资源包括自然资源、资本资源、信息资源和人力资源。人力资源是生产活动中最活跃的因素，由于该资源特殊的重要性，它被经济学家称为第一资源。

人力资源是指能够推动国民经济和社会发展的、具有智力劳动和体力劳动能力的人们的总和。经过多年研究，芝加哥大学教授、诺贝尔经济学奖获得者西奥多·舒尔茨在20世纪50年代末60年代初提出了人力资本理论，他用这种理论成功解决了古典经济学家长期以来未曾解决的经济增长源泉的难题，解开了当代富裕之谜。当代经济学家普遍接受了舒尔茨的观点。经济学家认为，土地、厂房、机器、资金等已经不再是国家、地区和企业致富的源泉，唯独人力资源才是企业和国家发展的根本。

2. 人力资源的构成

人力资源包括数量和质量两个方面。人力资源数量又分为绝对数量和相对数量两种。人力资源质量是指人力资源所具有的体力、智力、知识和技能水平，以及劳动者的劳动态度。

3. 人力资源的分类

根据企业的类型和性质，可将企业人力资源进行相应的分类。例如，将企业人力资源分为：非熟练工、熟练工、技工、职员、专业管理人员、工程技术人员、主管人员。对人力资源分类有以下益处：以企业可供开发利用的人力资源客观状况作为统计对象，其数据可以更准确地显示企业、地区及国家的经济实力潜力；它清楚地显示了各类人员的职业特点，能更好地为制定宏观与微观人力资源政策服务；它可以更直观地反映企业的组织和技术方面的变化。

二、人力资源管理的内涵与意义

1. 人力资源管理的内涵

人力资源管理是指根据企业发展战略的要求，有计划地对人力资源进行合理配置，通过对员工的招聘、培训、使用、考核、激励、调整等一系列过程，调动员工的积极性，发挥员工的潜能，为企业创造价值，给企业带来效益，确保企业战略目标的实现，是企业一系列人力资源政策及相应的管理活动，即企业运用现代管理方法，对人力资源的获取（选人）、开发（育人）、保持（留人）和利用（用人）等方面进行的计划、组织、指挥、控制和协调等一系列活动，最终实现企业发展目标的一种管理行为。这些活动主要包括企业人力资源规划、员工招募与配置、培训与开发、绩效管理、薪酬管理、劳动关系管理等。

2. 人力资源管理的意义

人力资源管理在企业中的意义日益突出，主要表现在以下两个方面。

第一，应对全球经济一体化和市场经济时代的不确定性给企业带来的冲击。企业所处的外部环境变化迅速，许多因素对企业的影响非常大，会直接影响企业的人力资源管理。例如，社会保障制度的建立影响企业的人工成本，劳动法的实施规范企业的用工制度，对工资总额的控制或者工资指导线的颁布影响企业的薪酬政策等；科学技术的迅猛发展导致劳动生产率大幅上升，互联网技术的广泛应用对劳动力素质提出了更高的要求；企业间对优秀人才争夺的加剧导致优秀人才稀缺及劳动力价格上涨。

第二，应对企业内部结构、管理方式的变化给企业带来的冲击。企业内部人力资源本身就处于不断变化中，退休、离职等会导致员工数量的减少，从外部市场招聘人员会导致员工数量的增加，员工流入、晋升、流出等会影响员工结构的变化。企业人力资源管理必须促使企业人力资源的数量和结构向符合企业发展需要的方向稳步渐进地调整，而且要促使员工队伍的年龄、学历、能力结构达到最优状态，产生最大的竞争力。

总而言之，企业面临的环境越来越复杂多变，企业人力资源管理面临的不确定性越来越大,企业需要加强和提升人力资源管理。

三、现代人力资源管理与传统人事管理的区别

传统人事管理主要集中于企业的人事管理,即按照国家劳动人事政策和上级主管部门发布的劳动人事管理规定、制度对职工进行管理,人事部门基本上没有对人事制度的调整权限。人事部门在企业中的地位不突出,等同于一般的行政管理部门,它更多地关注企业事务性的管理工作,其的形式和目的是"控制人",并不关注个人绩效,人在企业中没有被当作重要的资源。

现代人力资源管理则更加注重人在企业中的作用,把人作为重要的生产资源来看待。人力资源部门转变成为企业经营性、研发性等部门服务的机构,成为推动企业变革的重要力量。人力资源部门从后台走向前台,成为业务部门不可缺少的参谋与战略合作伙伴。现代人力资源管理重视人,在管理上以人为中心,员工的数量、质量和需求直接关系企业发展的成败。现代人力资源管理与传统人事管理最根本的区别在于前者较后者更具有战略性、整体性和未来性,另一个重要区别是前者将人力资源视为企业的第一资源,更注重对人力资源的开发,因而更具有主动性。

两者在许多方面都存在不同,两者的区别见表1-1。

表1-1　　　　　　现代人力资源管理与传统人事管理的区别

项目	现代人力资源管理	传统人事管理
观念	视员工为有价值的重要资源	视员工为成本负担
目的	满足员工自我发展的需要,保障企业长远利益的实现	保障企业短期目标的实现
模式	以人为中心	以事为中心
视野	广阔性、远期性	狭窄性、短期性
性质	战略性、策略性	战术性、业务性
深度	主动,注重开发	被动,注重管控
功能	系统、整合	单一、分散
内容	丰富	简单
地位	决策层	执行层
工作方式	参与、透明	控制
与其他部门的关系	和谐、合作	对立、抵触
本部门与员工的关系	帮助、服务	管理、控制
对待员工的态度	尊重、民主	命令、独裁
角色	挑战、变化	例行、记载
部门属性	生产、效益部门	非生产、非效益部门

四、人力资源管理职业的发展

随着社会经济和企业管理的发展，人力资源部门成为企业重要的战略部门，人力资源管理职业进入了人们视线，越来越多的人力资源从业者开始关注自身的职业发展与职业生涯规划。

总体来说，人力资源管理职业的发展前景非常广阔，职业生涯的道路也越来越宽，人力资源从业者有可能成为企业的高层管理者，在企业发展中起举足轻重的作用。

虽然人力资源职业前景广阔，但作为任何一个具体的社会人，遇到职业发展的"瓶颈"也是正常的。因此，在入行之初或在工作了一段时间以后，对自己的职业发展之路进行合理的规划就显得相当重要。

1. 影响人力资源职业发展的个人因素

一是自身的兴趣爱好。了解自己的职业兴趣，找到自己喜欢的发展方向。兴趣是最好的老师，是成功的内在驱动力，只有喜欢所从事的职业，才会全身心投入，经得起各种考验与挑战。人力资源管理是富有挑战性的工作，只有热爱工作内容，才能承受各种压力，才会慢慢感受到其中的乐趣。如果根本不喜欢自己从事的职业，不可能在工作中有所建树。

二是自身的性格。性格在很大程度上会影响职业选择。就人力资源而言，若具有"外圆内方，刚柔并济"的个性特质会使自己在职场上游刃有余。"外圆"是指善于人为地创造和谐的人际氛围，有亲和力，同时能及时发现并主动化解企业内部的人际矛盾，为企业创造良好的人文环境。"内方"指的是心中能坚持原则和方向，能坚持"一个中心（企业利益）、两个基本点（企业制度、业务流程）"。同时，不同工作模块和发展方向所需的性格特征有所不同，做薪酬福利的要安静、细心、谨慎，做招聘的要外向亲和、能说会道，做员工关系的要亲和、热心、友善、乐于助人，做绩效的要能写会算、擅长沟通谈判。每个人的工作性格都有一定的可塑性，是可以在工作中修炼完善的。

三是自身的工作能力。职业能力是从事某一职业所必须具备的学识与技术，是干好某一职业的基本条件，缺乏职业能力必然导致"心虚气短"。不同的岗位有不同的胜任力模型，出色的人力资源从业者除了要具备人力资源专业技能和通用管理能力（如沟通能力、组织协调能力等），还需要具备系统思考能力、资源整合能力、开拓创新能力、营销推广能力等。基于目前的能力特长选择适合自己的职业发展方向会更有优势。

四是自身的职业心态。心态决定成败，如果想求突破求发展，可以选择自己舒适区之外的工作内容，丰富自己的经验。如果把人力资源工作作为自己热爱的事业，在为企业创造价值、帮助员工成长的过程中实现自己的价值，能够感受到人力资源工作带来的成就与快乐。

2. 人力资源管理职业的发展方向

一是一直在人力资源部门发展。可以从人力资源岗位直线发展，逐步晋升，直线发展的晋升路径一般为：人力资源专员—人力资源主管—人力资源经理—人力资源总监—常务副总—总经理等。初入职场，都会从人力资源专员做起，处理档案整理、入离调转等；人力资源主管负责培训、薪酬、招聘等项目；人力资源经理负责人力资源整个部门的运作；人力资源总监负责配合公司完成战略目标的制定与实施，有时甚至会上升成为公司的业务伙伴。也可以在不同人力资源部门发展，从总部某一模块到子公司的人力资源全盘，也可以由单一模块到小组织的人力资源业务伙伴。招聘、培训、薪酬福利、劳动关系等模块都可以深耕细作，从单一模块深入发展，逐步晋升。

二是跨部门跨岗位发展。从人力资源部门到业务部门或其他管理部门，在意识到人力资源管理工作发展出现"瓶颈"时，不妨换个思路，轮岗或是转部门。人力资源从业者比较了解各个岗位的工作内容，可以进入到公司其他业务部门，从事一些管理工作。当然，要实现这个转型的前提是具备业务部门或其他管理部门所需要的专业知识与技能。

三是向人力资源的外延职业发展。可以考虑咨询、猎头、培训、人力资源服务外包业务等。随着人力资源管理咨询公司的增多，人力资源从业者以企业工作经验为依托，可转向咨询行业，精通薪酬福利、绩效、员工关系模块的人员比较适合从事咨询。以人员招聘与配置见长的人力资源从业者可转向猎头，越专业的人，人脉圈子越高端，资源也越好。有深厚培训功底的人力资源从业者可转向培训，做培训师要有一定的资历背景，还有个人品牌，这些就要靠日常工作的积累。各个工作模块都可以考虑在专业深度发展的基础上，朝着通才的方向发展，也就是说，可以在专业领域有所建树后进入专业的人才服务机构、培训公司、管理咨询公司工作，用自己的专长为更多的人及单位服务以实现自己的专业价值，或在条件具备时自主创办该类公司，推进人力资源产业化发展。

四是向人力资源专家发展。随着年龄的增长，越来越多的人力资源从业者考虑自己的职业发展，如何成为一个人力资源专家，为自己规划一条专业方向的发展道路受到普遍关注。成为专家就要提升自己的能力，包括理论水平和实践经验，努力进取，提高自己的专业技术水平，打造个人的职业竞争能力，要通过实践积累经验，成为专业领域的"高手"。

五、人力资源管理的职能

1. 获取职能
根据企业目标确定的员工条件，通过规划、招聘、考试、测评、选拔，获取企业所需人员。获取职能包括工作分析、人力资源规划、招聘、选拔等活动。

2. 整合职能
通过企业文化、信息沟通、人际关系和谐、矛盾冲突化解等有效整合，使企业内部个体的目标、行为、态度趋向企业的要求和理念，使之形成高度的合作与协调，发挥集体优势，提高企业的生产力和效益。

3. 保持职能
通过薪酬、考核、晋升等一系列管理活动，保持员工的积极性、主动性、创造性，维护劳动者的合法权益，保证员工在工作场所的安全、健康、舒适，提高员工满意度。保持职能包括两个方面的活动：一是保持员工的工作积极性，如公平的报酬、有效的沟通与参与、融洽的劳资关系等；二是保持良好的工作环境。

4. 评估职能
对员工工作成果、劳动态度、技能水平等做出全面考核、鉴定和评估，为做出相应的奖惩、升降等决策提供依据。评估职能包括工作评估、绩效评估、满意度调查等，其中绩效评估是核心，它是奖惩、晋升等决策的依据。

5. 发展职能
通过员工培训、工作内容丰富化、职业生涯规划与开发，促进员工知识、技能和其他方面素质的提高，使其劳动能力得到增强和发挥，最大限度地实现其个人价值和对企业的贡献，达到员工个人和企业共同发展的目的。

六、人力资源从业者的职业素质要求

1. 扎实的人力资源专业知识
要对人力资源管理的各个模块都有一定的了解，在实际工作中能够综合运用各个模块的知识处理相关问题，能够从人力资源管理的各个方面考虑问题，而不是只从自身所负责的工作领域去思考问题。对人力资源管理的发展、变化、目的有深刻的了解，对各类专业模型和管理手段有大致的了解，能够熟练应用现代化的管理工具。

2. 丰富的其他相关专业知识
企业在选择人力资源从业者时，一般比较注重其所掌握的专业知识，但是人力资源从

业者要参与企业的战略决策，要与高层管理者、其他业务部门沟通，仅仅具备人力资源方面的专业知识是远远不够的，还必须掌握其他相关知识，这样才能符合新时期对一个合格的人力资源从业者的要求，才能成为企业发展的战略合作伙伴、企业人力资源管理领域的技术专家。其他相关知识包括组织行为学、心理学、经济学、统计学、市场营销学、财务管理学、生产管理学、战略学、法律等。

3. 基本的工作能力

人力资源从业者除了具备合理的知识结构、先进的人力资源管理理念，还应具备基本的工作能力，包括写作能力、组织能力、表达能力、观察能力、应变能力、沟通能力。

（1）写作能力。写作是人力资源从业者的基本任务，写作能力是人力资源从业者的基本功，日常工作涉及写作的有编制计划、制定规章、发布公告等。

（2）组织能力。组织能力是指在从事人力资源管理活动过程中计划、组织、安排、协调等方面的活动能力，日常工作要有计划性、周密性、协调性。

（3）表达能力。表达能力是指把自己的思想、情感、想法、意图等用语言、文字、图形、表情、动作等清晰明确地表达出来，并善于让他人理解、体会和掌握的能力。

（4）观察能力。观察能力是指运用人力资源管理理论，对周围的人和事予以审视、分析、判断、处置的能力。对人的管理繁杂而琐碎，要从纷繁问题中找出主要问题，并提出解决方案。

（5）应变能力。应变能力是指遇到突如其来的事或问题，不惊慌失措，而是保持镇静，迅速寻找对策，予以处置的能力。应变能力不是被动的能力，而是主动的能力，也就是说要根据突如其来的事件，找出解决问题或变通的办法，使工作不受突发性事件的影响。应变能力是经验的总结和积累，如果对各种可能出现的情况都有所考虑，那么一旦出现问题，就比较容易解决。

（6）沟通能力。沟通能力是个人素质的重要体现，关系着一个人的知识、能力和品德。人力资源从业者的沟通包括与企业领导之间的沟通、与企业其他部门之间的沟通以及与员工之间的沟通。人力资源部门必须和其他部门的人员处理好关系，在业务上充分合作，实现业务上的通畅。如作为薪酬管理者，在做工资时，要与其他部门沟通协调好，及时收取绩效工资反馈结果，还要把工作方案与财务部门做好对接，以保证工资及时发放。在招聘面试过程中，面试官良好的沟通能力是应聘者认可公司的第一步，提升公司对应聘者的吸引力，吸引应聘者进入公司也可以通过沟通来实现。在处理员工离职或者员工与公司的矛盾时，良好的沟通能力有助于化解矛盾，解决问题。

4. 正确的职业价值观

（1）良好的品格修养。要具有正确的人生观和全心全意为员工服务的精神，时刻以企业利益为重，不为个人或小团队谋私利；有先进的理论素养和正确的世界观，坚持理论联系实际；坚定不移地贯彻执行国家的法律法规，敢于同危害国家利益的行为做斗争；事业心强，有朝气、有胆识，勇于探索，锐意改革；思想解放，实事求是，尊重知识，尊重人才；有优良的思想作风和严格的组织纪律，谦虚谨慎，公道正派，作风民主，平易近人。

（2）良好的职业道德素养。爱岗敬业，热爱自己的职业；关爱员工，敬重领导；责任心强，认真做好工作中的每一件事，人力资源管理工作事无巨细，事事重要，事事都是责任；业务精益求精，时时、事事寻求合理化；具有探索、创新、团结、协调、服从、自律、健康等现代意识；树立诚信观念，诚信是做人做事之本；保守企业机密，人力资源从业者掌握着公司的许多机密，如薪酬水平等，因此必须具备良好的职业操守，杜绝违反职业道德的行为。

（3）良好的心理素质。在管理过程中要有一定的承受力，不能因为受到误解、遇到棘手的问题而影响工作，产生负面情绪，从而做出错误的判断和决定。

第二节　人力资源规划基础知识

一、人力资源规划的概念与内容

1. 人力资源规划的概念

人力资源规划是企业根据其发展战略及内外部具体环境的情况，以科学规范的方法，进行人力资源需求和供给的分析预测，编制相应的吸引、使用、激励方案，为企业的发展提供所需要的员工，以完成企业战略目标的过程。人力资源规划的实质是促进企业实现其目标，因此它必须具有战略性、前瞻性和目标性，要体现企业的发展要求。人力资源规划最显著的特点是把员工看作资源，这与传统的只涉及员工招聘与解雇的人事计划完全不同。

人力资源规划和企业工作分析是企业其他人力资源管理工作的基础，招聘遣散、人岗匹配、绩效管理、薪酬福利、劳动关系、培训开发、员工发展、员工能力评估等工作都必须以人力资源规划和企业工作分析为依据和前提，人力资源规划起直接而具体的指导作用，企业工作分析则为这些工作的施行提供基础资料和基本要求，如图1-1所示。

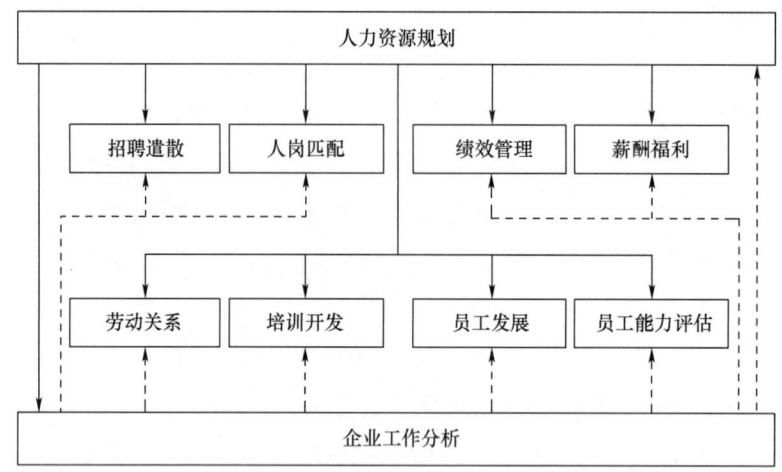

图 1-1　人力资源规划在人力资源管理中的地位

人力资源规划在人力资源战略中的地位，如图 1-2 所示。由企业的人力资源战略出发，提出对人力资源培养能力、人力资源需求、人力资源供给的要求，企业根据这些要求制订人力资源规划。人力资源规划由人力资源管理计划、人力资源开发计划、人力资源规划实施构成。这些工作的顺利完成可以帮助企业实现持续竞争优势。人力资源规划是企业发展和员工职业生涯发展的初始载体，通过人力资源规划，达成企业与员工共同发展的理想状态。

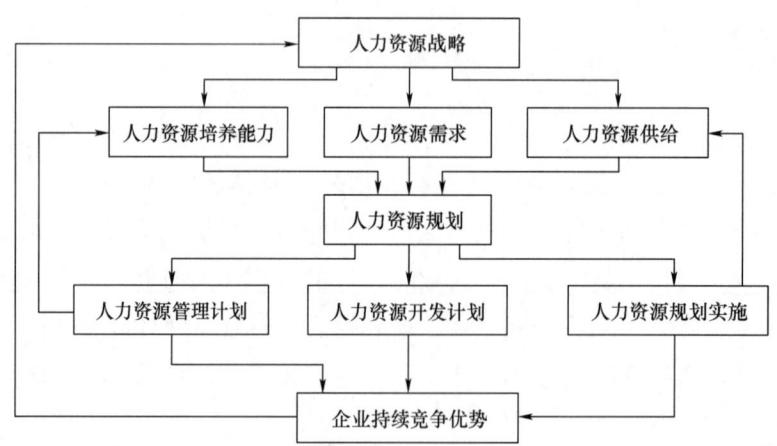

图 1-2　人力资源规划在人力资源战略中的地位

一般来说，按照人力资源规划的时限划分，人力资源规划分为长期规划、中期规划和短期规划，但对具体的时限却没有统一标准。例如，有的企业将短期规划定为 3~6 个月，中期规划定为 6 个月~2 年，长期规划定为 2~5 年。具体的规划时限应根据企业的性质、规模来定。

2.人力资源规划的内容

（1）人力资源总体规划。人力资源总体规划主要是指在计划期内的总目标、总政策、实施步骤和总预算安排，它是连接人力资源战略和人力资源具体行动的桥梁。

（2）人力资源业务计划。人力资源业务计划包括人员补充计划、人员使用计划、人才接替和提升计划、教育培训计划、薪资激励计划、劳动关系计划等。这些业务计划是总体计划的展开和具体化，每一项业务计划都由目标、政策、步骤、预算等构成，详见表1-2。这些业务计划的结果应能保证人力资源总体规划目标的实现。

表1-2　　　　　　　　　　人力资源规划内容一览表

计划类别		目标	政策	步骤	预算
总体规划		总目标（绩效、人力资源总体素质、员工满意度等）	基本政策（扩大、收缩、保持稳定等）	总体步骤（按年安排、降低人力资源成本等）	总预算
业务计划	人员补充计划	补充人员类型、数量，优化人才结构，改善绩效	人员标准、人员来源、起点待遇	拟定标准、广告宣传、测试、录用	招聘、挑选费用
	人员使用计划	优化人才结构，改善绩效，调整岗位轮换幅度	任职条件、岗位轮换范围及时间	—	按使用规模、类别及人员状况决定的工资、福利预算
	人才接替和提升计划	保持后备人才数量，优化人才结构，提升绩效	选拔标准、资格、试用期、晋升比例、未提升人员的安置等	—	职务变动引起的薪酬变化
	教育培训计划	提高人员素质，改善绩效，丰富培训类型，提供新人力资源，转变消极态度和不良作风	培训时间的保证，培训效果的保证	—	教育培训总投入、脱产损失
	薪资激励计划	降低人才流失、提升士气、改进绩效等	激励重点、工资政策、激励政策、反馈	—	增加工资、奖金额
	劳动关系计划	减少非期望离职率，改进干群关系，减少投诉率及不满	参与管理、加强沟通	—	诉讼费用

二、人力资源信息的收集

人力资源信息是指与人力资源本体和各项人力资源工作相关的信息，是人力资源队伍及其管理活动本质特征和运动规律的表现和记录。人力资源信息是人力资源部门开展工作的前提和依据，能否收集和提供准确、及时、完整的信息关系到整个人力资源规划的成败。从某种意义上说，人力资源规划工作就是人力资源信息的输入和输出过程，面对纷繁复杂的信息，有必要将这一过程规范化，以符合人力资源规划工作的要求。

1. 人力资源信息的来源

信息收集前，一定要清楚信息的来源（简称信源）。信源是信息的生成之源，即提供信息的根源。信源的可靠与否直接关系到人力资源信息的可靠程度。人力资源的信源可分为以下几种。

（1）文档信源。这类信源是以文档形式保存的经过加工、处理、存储和分析的人力资源信息，如人员档案、年度考核表、岗位说明书等。这类信源由于已经进行过加工处理，所以内容较为准确，可信度高，是经过验证的具有保存和参考价值的信源。但这类信源具有明显的时间滞后性特征，时效性较差。

（2）数据库信源。这类信源是经过专业人员加工、整理、丰富、分析的具有一定价值的信息，保存在不同类别的数据库中，供专业用户进行信息查询和筛选，如学历学位证书、身份证、驾驶证等。这类数据库中的信源内容新、价值高、分类清晰、共享性强，是首选的信源。

（3）权威机构信源。这类信源是由从事研究和管理等活动的主体单位来完成的。主体单位包括各级国家机关、信息中心、行业协会、人才市场等。这些机构掌握大量专业信源，信源大多比较可靠，权威性很强。

（4）网络信源。随着计算机技术的发展，计算机网络已深入各行各业，网络上的信息包罗万象，数量多，选择余地大，但真假难辨，需要多角度有针对性地区分、识别和选择。

通常来说，选择范围越广，渠道越多，收集到的信息量就越大，彼此之间相互佐证，信息就越可靠。应尽可能选取官方和熟悉的信源，保证人力资源信息的真实性。

2. 人力资源信息收集的步骤

人力资源信息收集要符合准确性、及时性和系统性原则，在这些原则指导下，可按以下步骤进行信息收集。

（1）确定收集目的。确定人力资源信息收集目的是进一步确定收集对象、时间、范围、调查提纲和实施计划的前提。人力资源信息收集要明确围绕规划的需要，确定收集信息指标的多寡、信息要求的精度等。在收集信息时，可将信息分几个层次（如主要信息和次要信息），有目的地进行收集。

（2）确定收集对象。人力资源信息收集对象是指人力资源规划的对象，也就是所要开展调查的对象。例如，要取得某企业技术人员的信息资料，那么该企业就是信息收集的对象，而该企业的各个部门就是具体的被调查部门。

（3）拟定调查提纲，明确调查内容。人力资源信息收集的调查提纲是指调查项目和内容，这项工作准备充分可使收集信息的过程清晰，工作井井有条。如果条件允许，也可找专家来协助拟定调查提纲，确定调查内容。

（4）确定实施计划。人力资源信息收集的实施计划包括组织计划和进度计划。组织计划是从组织上保证人力资源信息收集工作顺利开展的重要依据，而进度计划则是从时间进度上保证调查工作正常开展的重要依据。

3. 人力资源信息收集的方法

工欲善其事，必先利其器。方法是达到目的的手段，科学的方法可让信息收集工作产生事半功倍的效果。根据不同的环境和目的选择不同的方法，同时要注意方法的灵活运用和技术创新，不要过于拘泥于固有的模式。人力资源信息收集的方法主要有普查法、重点调查法、典型调查法、抽样调查法等。

（1）普查法。普查法是获取人力资源全面信息时所采用的调查方法。如果企业规模较小，就可以直接从其日常人力资源管理统计资料中获取信息。如果企业规模较大，就需要建立统一的调查机构，制订周密的调查方案，包括安排调查工作人员、调查登记、汇总复核和上报。在进行人力资源普查时要做到"五统一"，即统一调查时点、统一调查期限、统一调查项目、统一调查方法和统一调查步骤。由于普查法可以根据需要设计调查项目，因此信息了解更加全面、详细，这对进行科学的人力资源规划十分有利。但是由于普查法成本高、涉及面广、工作量大、时间性强，不宜经常采用。

（2）重点调查法。如果人力资源规划对象在某些部门较为集中，或者某类人力资源是本次人力资源规划的重点，就可以采用重点调查法，即对人力资源规划对象集中的部门或规划中的重点人力资源进行相关信息收集，以降低收集成本。在进行重点调查时要明确重点调查对象。

（3）典型调查法。典型调查法是从全部调查对象中选择一批具有代表性的典型进行周密而系统的调查，以获取第一手信息的调查方法。由于该调查方法调查范围小，花费人力、物力少，收效快，获取的信息详细可靠，是常用的调查方法之一。

（4）抽样调查法。抽样调查法是按照随机抽样原则抽取部分调查对象进行调查，以调查结果来推断总体状况的调查方法。由于抽样调查建立在科学、严谨的概率论和数理统计理论基础之上，排除了人为主观因素的干扰，并通过对样本数量的控制来控制抽样调查的误差，所以抽样调查可以在节约人力、物力和时间的情况下，获取一定的样本调查资料用于对整体的推断。

当收集到所需要的人力资源信息以后，就要根据人力资源规划的任务和目的对大量繁杂的信息进行分类和汇总，理清头绪，找出人力资源发展的内在规律和本质。同时，根据需要对信息进行再加工，得出其内在的发展规律，使其真正成为人力资源规划的基础数据。

第三节　人力资源管理信息系统

一、人力资源管理信息系统的概念

人力资源管理信息系统是指由具有内部联系的多个模块组成的，能够用来收集、处理、储存和发布人力资源管理信息的系统，该系统能够为人力资源管理活动的开展提供决策、协调、控制、分析、可视化等方面的支持。

人力资源管理信息系统提供的信息必须及时、准确、简明、完整、针对性强。

二、人力资源管理信息系统的发展

1. 人力资源管理信息系统的发展历程

20世纪60年代末，第一代人力资源管理信息系统诞生。受当时软、硬件条件和企业管理需求的局限，系统的用户极其少，系统更多的是作为一种计算工资的工具，既不包含人力资源基本信息，也不包含人员岗位调整、人员基本信息变更等历史信息，且不具备报表自动生成和工资数据分析功能。20世纪70年代末，第二代人力资源管理信息系统的诞生弥补了第一代系统的主要缺点，将人力资源基本信息和人员岗位调整、人员基本信息变更等历史信息纳入了管理信息系统，同时还具备了劳资报表生成和薪酬数据分析功能，但未能从人力资源管理的角度系统地考虑企业需求,而且其人力资源基本信息也不够有效和全面。20 世纪 90 年代末,人力资源管理信息系统全面升级,各项功能得到了完善。随着市场竞争的日益激烈,企业责任感和员工忠诚度已成为关系现代企业兴衰的重要因素,人才资源成为现代企业重要的战略资源之一,现代企业管理对人力资源管理信息系统有了更多、更深层次的需求。第三代人力资源管理信息系统更多地从人力资源的专业角度出发,用集成式数据库将所有与人力资源相关的数据(如招聘、人员基本信息、职业规划、绩效评估、培训)统一管理,形成集成信息源。体验感良好的用户界面、强大的报表生成及数据分析功能、智能信息共享功能让人力资源从业者摆脱烦琐的日常程序性工作,集中精力从企业战略管理的角度来考虑企业人力资源规划和相关政策。

2. 人力资源管理信息系统的发展趋势

人力资源管理信息系统的发展历程其实就是对信息技术发展的应用过程,将信息技术的各类手段和技术充分运用到人力资源管理中,促进人力资源管理信息化,提升人力资源管理效率。特别是大数据、人工智能的出现,数字化人力资源管理成为人力资源管理的新手段。

基于云的应用程序和人力资源规划解决方案帮助企业人力资源从业者节省了大量工作时间,同时减少了很多人为处理工作所造成的差错,大大提高了工作效率。人力资源管理流程自动化及基于云的人力资源管理解决方案将成为人力资源管理的新趋势。

 **相关链接**

人力资源管理流程自动化的好处

一是互联网不受时间、地点限制,可在任意时间、地点轻松访问人力资源规划工具,这一趋势使那些希望为专业人员提供一定工作灵活性的公司受益。

二是灵活的可扩展性。系统可以随着公司的发展进行改进,如可以添加新应用程序、增加或减少存储容量、设置新表单、设置自动化流程等。

三是消除纸张杂乱和浪费。通过信息化和无纸化解决了纸张杂乱和浪费的问题,降低成本,提高工作效率。

四是更高级别的信息安全性。需要一定的授权才能接触到人力资源管理信息,并且查看信息后留有痕迹，能够防止信息数据（特别是企业敏感信息数据）的外泄。

五是与公司其他解决方案和软件程序高效集成（如与薪资计算软件集成），没有高昂的维护费用，无须额外的安装成本或购买昂贵的硬件。

三、人力资源管理信息系统的功能层次与应用

1. 人力资源管理信息系统的功能层次

一套典型的人力资源管理信息系统从功能结构上可分为基础数据层、业务处理层和决策支持层。

（1）基础数据层。基础数据层包含的是变动很小的静态数据，主要有两大类。一类是员工个人属性数据，又称为员工个人信息，包括员工个人基本信息、员工工作分配信息、家庭和社会关系、合同和档案信息、员工各种证件和证书信息等；另一类是单位数据，如组织结构、岗位设置、工资级别、管理制度等。基础数据是整个系统正常运转的基础。

（2）业务处理层。业务处理层对应于人力资源管理具体业务流程，在日常管理工作中不断产生与积累新数据，如薪资数据、绩效评估数据、培训数据、考勤数据等。这些数据将成为企业掌握人力资源状况、提高人力资源管理水平及提供决策支持的依据。

（3）决策支持层。决策支持层建立在基础数据与大量业务数据组成的人力资源数据库基础上，通过对数据的统计和分析，就能快速获得所需信息，如工资状况、员工考核情况等。这不仅能够提高人力资源管理效率，而且便于企业高层从总体上把握人力资源情况。

2. 人力资源管理信息系统的应用

随着网络技术的发展，信息系统在招聘、培训、薪酬福利、绩效评估、员工沟通、员工档案信息统计管理等方面得到了广泛的应用。

（1）招聘。和传统的招聘相比，网络招聘手续简便，行动迅速，受众目标性强，提高了反馈、处理和录用的速度。网络招聘的影响力不断延伸，企业应该充分利用网络技术，加快与专业人力资源网站合作的步伐，大大提高工作效率。例如，在专业招聘网站，企业只需输入岗位要求，很快就能得到符合要求的人才信息，并且还可得到人才测评、专业测试等在线招聘管理服务。

（2）培训。现代企业的竞争是人才的竞争，各大企业除采用各种吸引人才的措施外，也十分注重员工培训。企业员工培训可以邀请专家授课，也可以让员工脱产外出学习，但

这两种方法成本较高，无法在企业内大范围开展。对于大范围的员工培训，在线培训更为适用，其形式丰富多样，课程齐全，能够满足企业的不同需要。在线培训可以实现跨地区、跨国联网，可以获得更多、更新的信息。网络资源极其丰富，鼓励员工充分利用网络资源，加强岗位培训，成为许多公司的长期战略之一。远程教育系统可以让人力资源部门选择性价比最高的培训公司实施培训，在线培训使学习成为实时、全时的过程。在线培训降低了培训费用和时间。

（3）薪酬福利。网络使薪酬福利的计划、统计、计算、更改、发放更灵活，信息沟通更方便。为了适应时代的要求，企业需要不断创新，进行网络化薪酬福利管理，如将薪酬、福利制度等公布在内部局域网，员工可在一定期限（如一年或更长时间）内进行选择，然后由人力资源部门进行信息统计分析并做出各项计划、决策等。

（4）绩效评估。员工考核及述职可在网络中实现，在线评估系统实时录入所有员工的评估资料，并出具各种分析报告，为企业管理者及时提供决策依据。通过网络，主管能够及时掌握各地、各部门员工的工作情况。

（5）员工沟通。网络使员工沟通更直接、广泛、有效。企业可以在公司内部局域网建立员工个人主页，也可以设置论坛、聊天室、建议区、公告栏、公司各管理部门的邮箱等，企业管理者也可以随时了解员工的困难、员工对企业的建议等。有效的员工沟通可以避免互相推诿、缺乏团队精神等问题。

（6）员工档案信息统计管理。人力资源管理是信息量大、信息交互繁杂的一项工作。人力资源管理的业务广而多，涉及人员基本信息、档案管理、职务任免、薪资管理、调动、退休等业务，并且与各种业务之间的信息共享、信息关联程度高。随着网络技术的普及，人事信息综合网络的有效构建，人力资源部门的工作效率得到了极大提高。

学习案例

江苏某电气集团由两大集团本着优势互补、资源共享的原则于2003年1月重组而成。通过整合资源，公司相继建成了集团管控架构下的十多个专业子公司、一个研发中心和遍布全国的营销网络。经过五年的发展，企业规模不断壮大，经济总量持续攀升，综合实力明显增强，股东权益、职工收入、社会贡献协调增长，企业得到了长足发展，已经发展成为以成套输配电、电能传输为主业，电力电子和自动化为辅业，集新能源、环保和船舶配套为一体的综合性企业集团。

2008年，集团成功实施了厂区的整体搬迁，实现了集团发展史上的第二次创业。2009年是进入新发展期的第一年，集团意识到战略规划对未来发展的重要指导意义，委托某大学战略规划项目组为其制订2010—2015年战略规划。

项目组在人力资源管理诊断的基础上，制订了五年人力资源规划。原人力资源管理存在的三大核心问题是：现有人员与企业发展所需人员相匹配问题（人员结构性失衡，缺乏预警机制）；制度建立与管理执行相统一问题（制度缺失，执行力弱）；员工职业发展与企业发展相适应问题（未关注员工与企业长远和谐发展）。针对这三大问题，制订了三大人力资源子规划：人力资源获取规划（组织重构，人才库建立，招聘吸引）；人力资源保留规划（绩效评估，薪酬管理）；人力资源发展规划（职业生涯规划，培训与开发，长期激励）。为了支持人力资源战略规划的实现，同时建议集团人力资源部门战略重组，着重从岗位重构、职责重定、人员重选三个方面展开。

人力资源规划总目标是为整个集团的顺利运行及战略实现提供保障，提升人力资源利用效率，保证人力资本持续增值，达到员工与企业共同和谐发展。为了支持总目标的实现，三大人力资源规划也设立了相应的分目标：人力资源获取规划的目标是"能岗匹配，人尽其才"；人力资源保留规划的目标是"体制改革，激发活力"；人力资源发展规划的目标是"提升素质，和谐共赢"。

讨论题

1. 该电气集团进入第二次创业，此时制订战略规划有何重要意义？
2. 人力资源规划过程中有哪些需要注意的问题？

本章思考题

1. 简述人力资源管理职业的发展方向。
2. 简述人力资源管理的职能。
3. 简述人力资源规划的内容。
4. 简述人力资源管理信息系统的应用。

第二章

组织与组织结构

 引导案例

某公司成立了新的分公司,发布了"关于成立工程维护分公司的通知"。

关于成立工程维护分公司的通知

各部门:

根据公司业务发展需要,经公司研究,决定在工程部、维护中心、市场部、电信运维部的基础上,成立工程维护分公司。现将有关事宜通知如下。

一、分公司业务范围

负责公司通信工程施工、通信设备维护、网吧维护、宽带营销,以及相关业务市场拓展、客户关系维护。四部门所有员工整体划入分公司。

二、分公司领导组成

张迈兼任工程维护分公司总经理(二岗),全面负责分公司工作。

聘任李玉为分公司副总经理(三岗),主要负责:分公司日常工作管理,分公司预算、规划管理,分公司人员管理,工程业务项目立项、进度、质量、技术管理,采购评估管理。分管业务流程制定及分公司业务流程优化,分管电信运维部。

聘任王清为分公司副总经理(三岗),主要负责:分公司工程维护业务市场调研,市场拓展计划制订、分解、实施和评估,合同、资料管理,工程、维护项目实施过程中的协调工作、客户关系维系,招投标、合同履行、收款,分公司设备设施管理。分管项目经理办公室和资料管理办公室，分管业务流程制定。

聘任赵理为分公司副总经理（三岗），主要负责：业务流程制定，分公司驻地办事处及维护中心运营管理。

聘任苏枚为分公司项目管理办公室和资料管理办公室主任。

聘任钱坤为分公司电信运维部经理。

案例思考

1. 工程维护分公司采取的是哪种类型的组织结构？
2. 工程维护分公司所采取的组织结构有哪些优缺点？

第一节　组　织

一、组织的本质

组织的含义为：组织是由人的活动或效力（即人的行为）构成的系统；组织是一个系统，是按一定的方法进行调整的人的活动和行为的相互关系；组织是动态发展的，当系统中的一个部分同其他部分的关系发生变化时，整体的系统也会发生变化；组织是协作系统的组成部分，但在通常情况下，两者糅合在一起时，界限不太明确。

从严格意义上说，协作系统由四个部分构成，即组织、物质子系统、人员子系统和社会子系统。协作系统如图 2-1 所示。

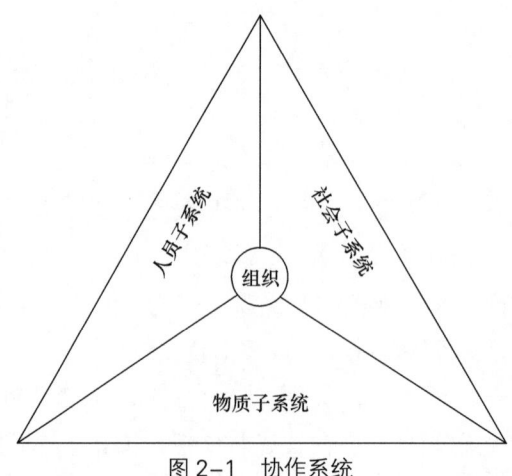

图 2-1　协作系统

在协作系统（如企业、行政机构、学校、医院等）中，组织是其中的一个组成部分，是一个子系统，但起核心作用。物质子系统是机械设备、材料等物质手段的系统，如企业中的生产系统。人员子系统是指由管理者和员工组成的人的集团，如企业中的人事系统。社会子系统是指一个协作系统同其他协作系统交换效用的系统，即交换系统，如企业中的采购系统和市场系统。协作系统以组织为核心，把物质子系统、人员子系统、社会子系统联结成复合的整体。组织同其他子系统以及整个协作系统之间是没有明确界限的，物质子系统、人员子系统和社会子系统是通过组织的活动而被联结起来并受到管理的，在这些子系统的内部也都有各种各样的组织或管理系统。协作系统归根结底是指组织本身。

根据组织的定义，组织的本质表现为进行协作活动的人组成的系统。在这个系统中，存在个人目标和组织目标，员工个人目标和正式组织目标往往是不一致的。因此，需要用"效力"和"效率"这两条原则将它们联结起来。"效力原则"和"效率原则"的关系如下：当正式组织运行正常、取得成功时，它的目标就能实现，这个正式组织是"有效力"的；反之，如果这个组织运行不正常、没有实现目标，它就是"没有效力"的，这个组织将崩溃瓦解。因此，组织的"效力"是组织存在的必要条件。组织的"效率"则不同，它是指组织中成员个人目标的实现程度。如果组织成员的个人目标得到满足，他们将为组织做出贡献。满足的程度越大，他们为组织所做的贡献也越大，他们就会认为这个组织是有效率的；反之，他们就不会支持甚至退出这个组织。

归根结底，一个组织的效率尺度就是它生存的能力，也就是它继续为其成员提供使他们的个人需要得到满足的诱导，以便集体目标得以实现的能力。如果一个组织是无效率的，它就不可能是有效力的，因而也就不可能长期存在。

二、组织的基本要素

1. 协作意愿

协作意愿是组织成员愿意为组织的目标做出贡献的意志。没有协作意愿，就无法把每个人的努力集合起来，也无法使每个人的努力持之以恒。

在一个组织中，每个成员协作意愿的强度是有差别的，而且这种差别几乎是没有限度的，有的非常强烈，有的非常微弱，有的甚至是消极的。另外，每个成员协作意愿的强度也是不固定的，经常会发生变化。这导致组织总体的协作意愿不稳定。在研究中还发现，正式组织的规模越大，其成员的协作意愿越弱。反之，正式组织的规模越小，其成员的协作意愿越强。组织成员协作意愿的强度与组织的规模成反比。

2. 共同目标

共同目标是协作系统的第二个基本要素,是协作意愿的必要前提。如果没有共同目标,组织成员就不知道组织要求他们干什么,不知道从协作的结果中他们能得到什么,这样就无法产生协作意愿。所以,共同目标对于组织来说是不可缺少的要素。

(1)一个组织的目标必须被组织成员所接受,否则不会产生协作活动。因此,目标被接受和协作意愿的产生几乎是同时发生的。

(2)每个组织成员都具有双重人格,即组织人格和个人人格。组织人格是指个人为了实现组织的共同目标而实施的合乎理性行动的一面。个人人格是指个人为了实现个人目标而实施的行动的一面。对于组织成员来说,组织的共同目标是外在的、非个人的、客观的目标,而个人目标是内在的、个人的、主观的目标。个人之所以对组织共同的目标做出贡献,并不是因为组织的共同目标就是个人目标,而是因为个人觉得实现了组织的共同目标有利于实现其个人目标。

(3)组织成员对组织共同目标的理解,有协作性理解和个人性理解的区别。协作性理解是指组织成员脱离个人立场、站在组织整体利益的立场上客观地理解组织的共同目标。个人性理解是指组织成员站在个人立场上主观地理解组织的共同目标。这两种理解往往会发生矛盾。当组织的目标单一、具体时,这两种理解很少发生矛盾;但当组织目标复杂、抽象时,这两种理解往往会发生矛盾。因此,组织中管理人员的重要任务就是要消除组织成员对组织目标不同理解的矛盾,使组织目标与个人目标一致。

(4)组织的共同目标必须随着环境的变化而改变,这样才能保证组织适应环境的变化,继续生存,不断发展。

3. 信息沟通

组织的一端是共同目标,另一端是参与组织的具有协作意愿的成员,只有通过信息沟通把这两端连接起来,才能成为有机的整体。为了让组织成员了解共同目标,必须把这个目标传达给每个成员。为了使组织成员有协作的意愿,能够合理行动,也必须有良好的信息沟通。组织中的信息沟通遵循以下几个原则。

(1)信息沟通的渠道要被组织成员所了解,最重要的是使信息沟通的渠道惯例化,即尽可能固定化。

(2)组织中每个成员要有一个信息沟通的明确的正式渠道,也就是说,每个人必须同组织有明确的正式联系。

（3）信息沟通的路线必须尽可能直接或便捷。

（4）一个组织的结构一旦建立，就必须经常运用完整的信息沟通路线，以免产生矛盾和误解。

（5）信息沟通中的各级管理人员必须称职，具有综合的工作能力。

（6）当组织在执行职能时，信息沟通的路线不能中断。

（7）每一个信息都必须是权威的。人事信息沟通的人员必须是公认的占据有关"权力"位置的人员，这个位置包含有关信息联系的类型，即在其职权范围内的信息，而这个信息又的确是由这个机构发出的、经过授权的信息。

在一个信息成为权威信息的过程中，协作意愿、共同目标、信息沟通这三个要素会由于组织的不同、条件和位置的不同而发生变化。

第二节　组织结构

一、组织结构的概念

组织结构是表明组织各部分排列顺序、空间位置、聚散状态、联系方式以及各要素之间相互关系的一种模式，是整个管理系统的"框架"，对工作任务进行分工、分组和协调合作。组织结构是组织的全体成员为实现组织目标，在管理工作中进行分工协作，在职、责、权方面所形成的结构体系。组织结构是组织在职、责、权方面的动态结构体系，其本质是为实现组织的战略目标而采取的一种分工协作体系，组织结构必须随着组织的重大战略调整而调整。

企业组织结构设置包括：单位、部门和岗位的设置，不是把一个企业组织分成几个部分，而是企业作为一个服务于特定目标的组织，必须由相应的部分构成，它不是由整体到部分进行分割，而是整体为了达到特定目标，必须有不同的部分。这种关系不能倒置。

二、组织结构的类型

环境的复杂化和多样性导致企业的成长过程（也就是内部组织的演化过程），相应的组织结构也是多样的。企业内部组织结构的类型分为直线型、职能型、直线－职能型、事业部型、矩阵型等。

1. 直线型

早期企业组织结构类型往往是直线型（见图2-2），它要求企业各层级从上到下实行一长制的垂直管理，没有专业分工，不设置职能部门。这种组织结构形式简单、职责分明，但管理人员要通晓各种知识和技能，因此，适用于产品简单、规模较小、技术工艺单一的企业。

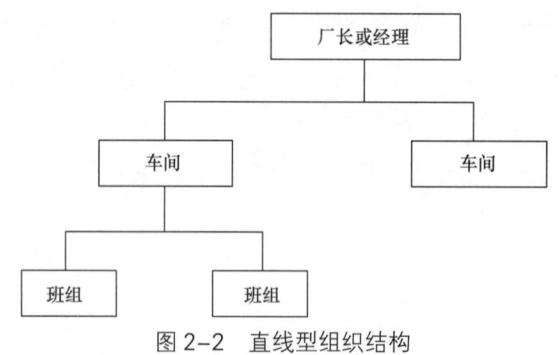

图2-2　直线型组织结构

2. 职能型

职能型组织结构（见图2-3）首先由泰勒提出，按管理职能实行专业分工管理的原则设立机构，各职能机构承担不同的职责，并对下级机构实行专业管理。职能型组织结构合乎社会分工协作的原则，有利于提高专业化管理水平，但由于实行多头领导，会导致下级无所适从。

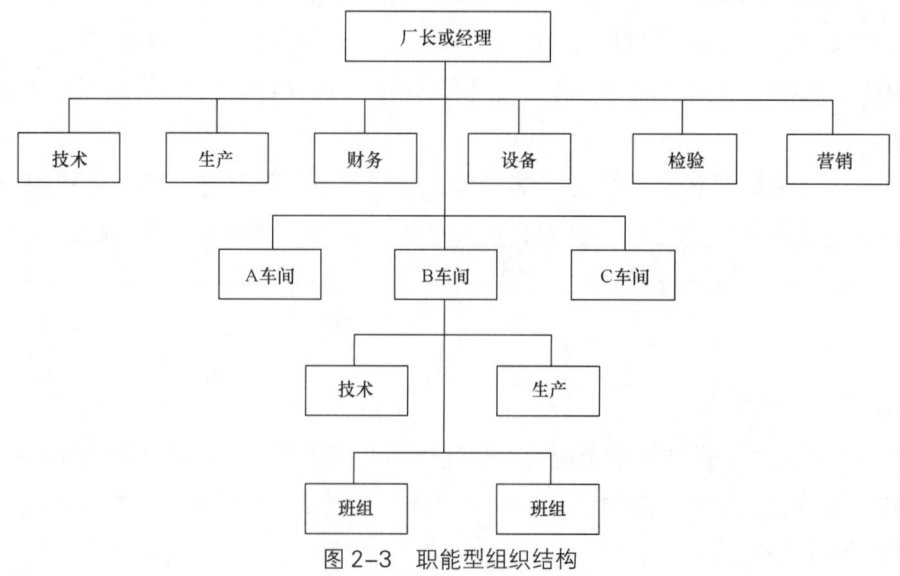

图2-3　职能型组织结构

3. 直线-职能型

直线-职能型组织结构（见图2-4）吸收了上述两种类型的优点，既发挥了职能部门专业管理的作用，又避免了多头指挥同一个下级。但不同的职能部门之间缺乏信息交流，意见不统一，往往缺乏全局观念，高层协调工作量大。

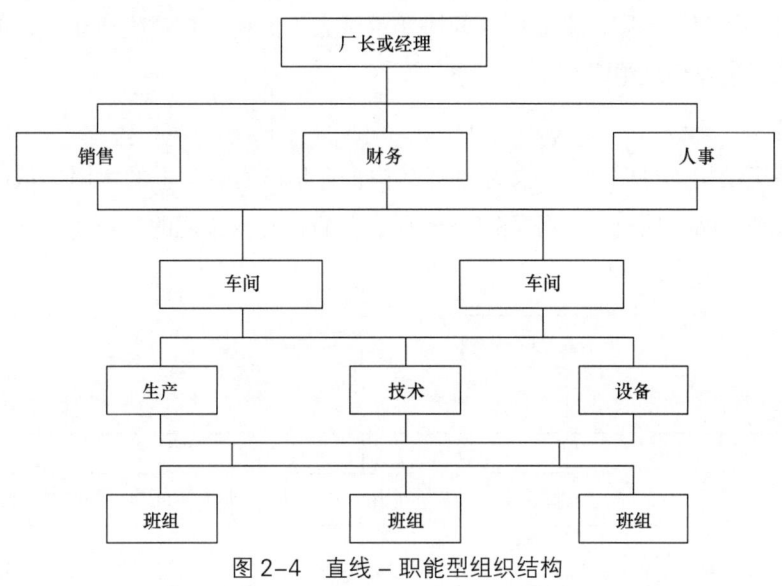

图 2-4 直线-职能型组织结构

4. 事业部型

事业部型组织结构（见图2-5）是企业对具有独立产品和市场、独立责任和利益的部门实行独立核算、分权管理的组织结构类型。事业部型组织结构由美国通用汽车公司的斯隆于20世纪20年代创立，现常见于一些大中型企业。

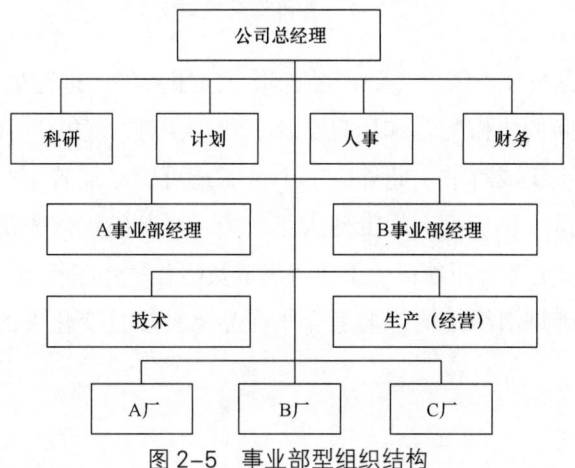

图 2-5 事业部型组织结构

事业部型组织结构适用于跨行业产品类别、跨地区生产经营的公司，公司一级一般只保留战略决策、财务预算控制、人事监督等大权，而事业部负责产品制造与销售，并实行独立核算、自负盈亏，从而使企业高层领导摆脱日常事务，集中精力考虑企业经营和长远发展的大事，各事业部自主性强，工作积极性高，有利于人才脱颖而出。但公司职能部门与事业部之间经常会有矛盾，事业部之间协作难度大，流程型材料生产企业（如钢铁、化工等企业）常采用事业部型组织结构。

5. 矩阵型

矩阵型组织结构（见图 2-6）又称目标结构，它是借用数学上的术语，从职能部门指派若干成员介入到产品、项目、服务等需要分别成立的临时或长期的项目（工作）组中而组成的结构。

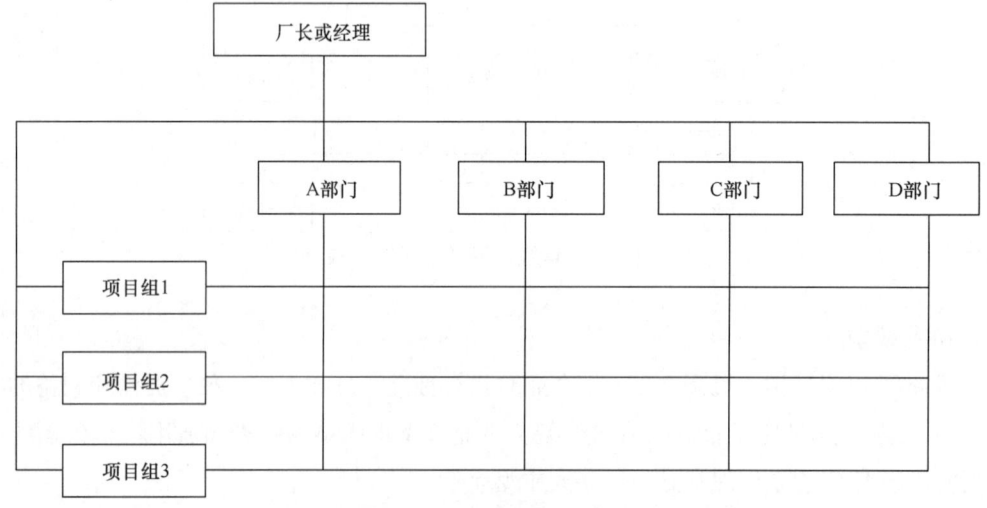

图 2-6 矩阵型组织结构

矩阵型组织结构是按任务需求（如产品、项目、服务等）进行生产经营管理的。因此，能够加强不同部门之间的协作配合和信息交流，机动灵活，适应性强，可随产品、项目或服务的开始与结束而组织或解散。此外，一个员工还可以参加若干个组织，有利于充分发挥员工的潜力。缺点是项目负责人的责任大于权力，对其组织内人员没有足够的考核、激励和奖惩手段，缺乏稳定性，而项目（工作）组成员也往往由于行政隶属于原职能部门而缺乏一定的责任心。矩阵型组织结构一般适合于产品品种多且变化大的企业或以开发与科学实验研究为主的单位。

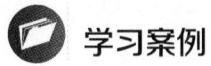 学习案例

IBM 矩阵型组织结构

近些年来，IBM（国际商业机器公司）采用矩阵型组织结构。IBM是一个大型公司，很自然地要划分部门。单一地按照区域、业务职能、客户群落、产品或产品系列等来划分部门，在企业里是非常普遍的现象，从前的IBM也不例外。如今，IBM公司把多种划分部门的方式有机结合起来，其组织结构形成了"活着的"立体网络——多维矩阵。IBM既按区域分区，如亚太区、中国区、华南区等；又按产品体系划分事业部，如云计算、大数据与人工智能、软件和解决方案等事业部。既按照银行、电信、中小企业等行业划分，也按照销售、渠道、支持等不同的职能划分。所有这些纵横交错的部门有机结合成为一体。

矩阵组织能够弥补对企业进行单一划分带来的不足，把各种企业划分的好处充分发挥出来。每位员工都由不同的管理者来评估他的业绩，不再是一个人说了算，评估的结果也会更加全面，每个人都会更加用心去做工作，而不是花心思去讨好管理者。但是任何事情都有它的"两面性"。矩阵组织在增强企业产品或项目推广能力、市场渗透能力的同时，也存在它固有的弊端。显然，在矩阵组织当中，每个人都不止有一个领导，需要做更多的沟通协调工作，所以管理者开会的时间、沟通的时间，肯定比许多小企业要多，也可能使决策的过程放慢。

矩阵型组织结构是有机的，既能够保证组织稳定发展，又能够保证组织内部的变化和创新。

讨论题

1. 结合本案例材料，简述矩阵型组织结构的优缺点。
2. 如何克服矩阵型组织结构的缺点？

本章思考题

1. 简述组织的本质。
2. 简述组织的基本要素。
3. 简述组织结构的概念。
4. 简述组织结构的类型。

第三章

工作分析基础

 引导案例

"刘飞,我不知道你究竟需要什么样的操作工人。"江北玻璃公司人力资源部门负责人黄强说,"我已经给你提供了4位面试人选,他们满足工作说明中规定的要求,但你一个也没有录用。"

"什么工作说明?"刘飞答道,"我要的是一个能胜任这项工作的人,但是你给我提供的人选都无法胜任,而且我从来就没有见过工作说明。"

黄强递给刘飞一份工作说明,并逐条解释给他听。通过沟通他们发现,工作说明中许多要求过于陈旧,与实际工作不相符。例如,工作说明中要求具备某机器的使用经验,但实际使用的是一种新型数字机器,为了有效使用这种新机器,工人们必须掌握更多的数字知识。

听了刘飞对操作工人必须具备的条件及应当履行的职责描述后,黄强说:"我想我们现在可以写一份准确的工作说明,以此为指导,就能找到适合这项工作的人。今后加强工作联系,及时沟通。"

案例思考

1. 刘飞认为人力资源部门找来的4位面试人选都无法胜任工作,根本原因在哪里?
2. 简述前期调查在工作说明书编制中的作用。

第一节 工作分析概述

一、工作分析的基本概念

人力资源开发与管理方面的教科书或专著对工作分析的称呼并不统一，主要包括工作分析、岗位分析、职务分析、工作研究、岗位研究等。概念上的混乱给教学、研究、实践带来不便，一般来说，使用工作分析这一称呼是比较规范的。工作分析是指收集所有与岗位相关的信息，以科学和系统的方法确定某职务的性质、职责、任务和要求，决定一项工作应包含的工作项目及从事此项工作的必备知识、技术和能力，并提供与职务本身要求相关的其他信息。

在系统阐述工作分析的基本原理、原则和方法之前，必须明确工作分析引用的各种概念以及与之相关的一些名词术语，详见表3-1。

表3-1　　　　　　　　　　工作分析的相关术语

术语	含义
行为	行为是指具体的动作。例如，木工锯木头前，从工具箱中拿出一把锯子，就是行为
任务	任务是指为了不同目的所担负和完成的不同工作，即工作活动中达到某一工作目的的要素集合。任务是对某人做某事的具体描述，即安排一位员工所完成的一项具体工作。例如，打印文件、从卡车上卸货等，都是不同的任务
责任	责任是指分内应做的事，即员工在职务规定的范围内应尽职尽责、保质保量地完成任务
职责	职责是指某人在某一方面担负的一项或多项相互联系的任务集合，个体有义务完成这些任务。例如，人事管理人员的职责之一是进行工资调查，这一职责通常由设计调查问卷、把问卷发给调查对象、将结果表格化并加以解释、把调查结果反馈给管理者四项任务组成
工作义务	工作义务是指履行特定任务和职责所必须承担的义务
岗位	岗位又称职位，是指机关或团队中执行一定职务的位置
职务	职务是指岗位规定应该担任的工作。职务是由责任、工作内容相似的一组岗位构成的，职务实际上与工作是同义的
职业	职业是指个人在社会中所从事的作为主要生活来源的工作。职业由具有共同特点的一组职务组成
职业生涯	职业生涯是指一个人在其生活中所经历的一系列岗位、职务或职业的集合

从人力资源管理理论上讲，岗位与人应该是一一对应关系，职务与在位的人则可以不是一一对应关系。一种职务可以有一个岗位，也可以有多个岗位。在有些企业里，常常说一个岗位上定编几个人，这是把岗位与职务的定义混淆了。

二、工作分析的作用

第一，工作分析是企业招收、选拔和使用员工的基本前提。工作分析所形成的文件（如工作说明书）对某类工作的性质、特征以及担任此类工作应具备的资格、条件做了详尽的说明和规定，这样就使企业对员工进行评估时，能够正确选择考核科目和形式，避免了盲目性。

第二，工作分析为企业贯彻按劳分配原则、公平合理地支付劳动报酬提供了可靠保证。企业员工劳动报酬的高低主要取决于其工作的性质、繁简难易程度、劳动强度、工作负荷、责任大小以及劳动环境的优劣。而工作分析正是从这些基本因素出发，在建立了一套完整的评定指标体系和评定标准，并对各个岗位的相对价值进行衡量后，完成岗位分级列等工作，这就有效保证了岗位和担任本岗位职责的劳动者与劳动报酬之间关系的协调和统一。

第三，工作分析为企业准确编制劳动计划、核算成本提供了依据。工作分析完成以后，企业计划部门和财务部门对各个生产单位、职能科室的工作任务总量，以及人力资源的安排和使用，都有了较为精确的统计和计量，从而为企业劳动计划的编制、产品成本的核算提供了依据，大大提高了计划的可行性和成本核算的准确性。

第四，工作分析使企业员工明确了自己的职责，以及今后努力的方向，可以调动员工生产的积极性、主动性，提高劳动效率。

第五，工作分析可应用于工作和组织设计，明确工作组之间的内在联系，明确各个岗位的责、权、利关系，提高组织效能。

三、工作分析的内容

工作分析包括工作任务和职责分析、工作过程分析、工作投入和产出分析、工作权限分析、工作关系分析、工作环境条件分析等。

1. 工作任务和职责分析

企业的战略发展目标和年度任务需要层层落实到部门，进而落实到个人的岗位上，这是逐步分解的过程。需要明确工作岗位的职责、需要完成什么任务、工作量是否饱和、员工是否有足够的资源在规定时间内完成工作任务和职责、工作汇报关系是否合理、对该岗位的监督检查职责是否完善等。

2. 工作过程分析

工作过程是指工作任务在岗位之间连续进行的环节。必须明确从部门目标→工作任务分解→任务完成的过程中，质量如何控制，最后的结果是否达到了预期。

3. 工作投入和产出分析

工作投入分析是指为了完成工作目标，必须合理配置岗位，由此需要分析岗位承担者应该具备的专业能力、教育背景、工作经历、价值观念等基本素质，形成岗位规范和岗位任职资格。工作产出分析是指员工完成任务和职责的结果，表现为年度和项目的绩效，它是可以量化的。

4. 工作权限分析

工作权限分析是指根据权、责、利一致的原则，明确岗位职责承担者为了完成工作任务或者工作职责所需要的权限。

5. 工作关系分析

工作关系分析是指企业中各岗位之间有内在的联系，通过此种联系形成企业统一的岗位体系，在组织结构图中，清晰地勾画出岗位之间的工作关系，即对上级的汇报关系、同级的协作关系等。

6. 工作环境条件分析

工作环境条件分析是指根据员工完成工作职责和任务时面临的特定环境，分析不利或危险因素，提供必要的劳动保护。

四、工作分析的流程

1. 明确工作分析的目的和任务

工作分析主要是为编制工作说明书做准备的，因此，应该首先列出目的、主要分析范围与工作大纲，明确任务。

2. 收集信息资料

静态资料包括企业组织结构图、业务流程图、设备状态维护记录、设计图、培训记录、培训手册等。动态资料包括使用观察法向员工了解工作的内容及其职责，使用岗位分析问卷分析员工岗位价值等。

3. 调研工作现场

通过现场调查熟悉现场环境，了解员工使用的工具、设备、机械，工作条件及主要职责。与岗位工作的实际担任者谈话，了解其履行此岗位承担的各项任务。

4. 分析信息资料

由受过工作分析专业训练的人员对书面资料整理、现场观察、与任职员工谈话中获得的信息按照问卷、观察、谈话等不同方法的要求进行分析、归纳、整理。为了核实信息资料的真实完整性，需要反复与管理者、岗位任职者交流确认，并向企业报告。

信息资料包括下列内容：

- 工作任务的描述，例如，工作任务是如何完成的，为什么要执行这项任务，什么时候执行这项任务，与其他工作和设备的关系，进行哪些工作程序，承担这项工作所需要的行为有哪些；
- 工作中使用的机器、工具、设备和辅助设施，例如，使用的机器、工具、设备和辅助设施的清单，应用上述各项加工处理的材料，应用上述各项生产的产品和完成的服务；
- 工作条件方面的信息，例如，工作是在室内还是在户外，企业的有关情况，社会背景，工作进度安排，激励；
- 对员工的要求，例如，与工作有关的特征要求，特定的技能和训练背景，相关的工作经验，员工身体特征、性格、兴趣、态度等。

5. 编制工作说明书

编制工作说明书时，应阐明工作特征和工作规范，与有关的管理者及任职人员讨论工作说明书是否完整、准确、清晰。

6. 定期复盘

根据工作说明书的使用情况，定期检查、修改工作分析信息资料。

工作分析的流程应该根据所使用的分析方法和工具不同而有所调整，不必拘泥于以上六个流程。

第二节　工作分析的基本方法

常用的工作分析方法包括观察法、访谈法、问卷调查法、关键事件法、工作日志法、工作实践法、交叉反馈法等。

一、观察法

观察法是指有关人员直接到现场，对一个或多个工作人员的操作进行观察，并以文字或图表记录有关的工作内容、工作任务、工作关系、工作环境等信息的方法。观察法适用于主要由肢体活动来完成的工作，不太适用于以脑力劳动为主的工作和处理紧急情况的间歇性工作。观察法实施前，先准备观察提纲，向被观察对象讲解观察法的意义，取得其理解和配合。

观察法的步骤如下。

第一步：初步了解工作信息。查看现有文件，形成工作的总体概念，即工作的使命、任务、作用及流程。准备一个初步的任务清单，作为面谈的框架。

第二步：进行面谈。最好是先选择一个主管或有经验的员工进行面谈，因为他们了解工作的整体情况以及各项任务是如何配合起来的。确保所选择的面谈对象具有代表性。

第三步：合并工作信息。把主管、普通员工有关工作的书面材料合并为综合的工作描述。在合并阶段，工作分析人员可以随时收集补充材料。检查最初的任务或问题清单，确保每一项都已经被回答或确认。

第四步：核实工作描述。核实阶段要把所有面谈对象召集在一起，目的是确定在信息合并阶段得到的工作描述的完整性和精确性。核实阶段应该以小组的形式进行。把工作描述分发给主管和工作实际承担者，请他们再确认。工作分析人员要逐字逐句检查整个工作描述，并在遗漏和含糊的地方做出标记。

二、访谈法

通过个别谈话或小组访谈形式，获取工作信息。面谈前要准备好详细的标准提纲，先由员工对所从事工作的内容、目的、方法进行详细描述，再由上级纠正和补充，面谈过程中要做详细笔录。访谈法比较适合于工作复杂、无法直接观察和亲身实践的工作。访谈法的优点是能够直接迅速地收集大量工作分析资料，缺点是员工容易夸大承担的责任和工作难度，导致工作分析资料不能完全反映真实情况。访谈法与观察法结合使用的效果比较好。

1. 访谈形式

（1）个别访谈法。个别访谈法主要适用于各个员工的工作有明显差别、做分析的时间比较充分的情况。

（2）群体访谈法。群体访谈法适用于多个员工从事同样或相近工作的情况。应当注意的是，使用群体访谈法时，必须请这些员工的上级主管人员在场，或在事后向主管征求对收集到的材料的看法。

2. 访谈结构

一次访谈可以用多种方法设定结构，但方法首先聚焦于工作内容，然后聚焦于工作背景，最后聚焦于员工的必要条件。有关员工的必要条件的信息在最后加以收集，因为它是从工作内容和工作背景的信息中被推断出来的。为访谈设定结构的方法如下。

（1）要求员工描述该工作的主要职能。在将该工作分割成多个职能之后，要求员工说明与每项职能相联系的任务和子任务。

（2）如果该工作是在不同的工作地点完成的，可以根据工作地点为访谈设定结构。例如，可以要求员工描述其在1号机器上的任务、在2号机器上的任务等。

（3）如果职能随季节的变化而变化，可以按照季节为访谈设定结构。例如，可以让员工描述夏季、冬季的任务。

（4）如果该工作是方案取向性的工作，可以通过开发一个方案的清单并且讨论包含在每项方案中的任务为访谈设定结构。

3. 访谈技巧

（1）先清晰说明访谈的目的和方法，取得受访者的理解和支持。

（2）选择适当的受访者以符合所寻求信息的性质、资料收集的方式和研究的其他要求。

（3）控制访谈，使访谈指向一定的目标。

（4）控制个人举止、行为及其他会影响结果的因素。

（5）记录意外的重要信息，尤其是正式访谈计划中没有想到的或新的信息。

4. 访谈程序

（1）说明访谈目的。必须能够使员工充分理解访谈目的，这样他们可以放松心态，避免产生不必要的警惕和焦虑。大多数员工对于访谈信息应当被怎样加以使用的细节不感兴趣。因此，访谈目的可以简明扼要地概括为"我即将就你的工作进行访谈，访谈主要用于撰写工作描述"。

（2）控制访谈。控制访谈要求该员工用他自己的话描述该工作，详细地描述每项活动，针对自己不理解的术语提问题，要求员工看自己不熟悉的表格或设备。访谈时应当遵守以下准则。

1）在时间和主题方面控制访谈。如果员工偏离了主题，可以通过总结之前收集到的信息把他们重新带回正确的主题。

2）显示你对目前正在谈的事情由衷地感兴趣并非常重视，与员工做目光接触。

3）经常重述和总结员工表述的主要观点。

4）不要对员工所做的表述提出异议。

5）不要苛求或试图提议员工在工作方法上做任何改变或改进。

（3）记录访谈。在获得信息时，应当做好记录，记录时应遵守以下准则。

1）及时记录员工表述的内容。

2）使用某种类型的速记。

3）在访谈结束后，及时整理记录的内容。

三、问卷调查法

问卷调查法是指由调查者设计并分发问卷给事先选定的员工，要求员工在一定的时间内完成，从而获取有效信息的方法。

实施问卷调查法时，必须明确要获取什么信息，要将收集到的信息用问题的形式加以具体化，问题要简练、准确，提问方式要符合员工的思维习惯。

调查问卷的类别很多。问卷可以分为普遍性问卷与特定问卷，前者涉及的内容具有普遍性，适合于各种职务，后者则是针对特定工作职务而设计的。问卷还可以分为职务定向问卷和人员定向问卷，前者强调工作本身的条件和结果，后者则侧重于了解员工的工作行为。只包含封闭式问题的调查问卷被称作工作分析清单，要求员工按照每个项目对该工作的重要性进行评定；包含一系列任务陈述的清单被称作任务清单，要求获得完成每项任务所花费的时间或频率的信息；包含一系列员工能力要求的清单被称作能力清单，着重于获取岗位对员工能力要求的信息。

工作分析问卷见表 3-2。

表 3-2　　　　　　　　　　工作分析问卷

日期：	
公司：	部门：
科室：	主管：
员工：	岗位与职称：
1. 请描述工作的主要职责。	

续表

2. 请描述工作的其他职责。

3. 请列举工作中常用的工具。

4. 你认为从事此工作需要何种教育背景？ □高中以下　□高中　□大专　□大专以上

5. 你认为从事此工作需要多少年相关经验？ □不需要经验　□3个月以下　□3个月到1年 □1~3年　□3~5年　□5~10年　□10年以上

6. 你认为要做好此工作，需要多长时间的培训或指导？ □3个月以下　□3~6个月　□6个月~1年　□1~2年　□2年以上

7. 你认为此工作需要怎样监督？ □经常监督。除去不重要的差异，其余一并交由主管处置。 □每日几次。每日做几次监督即可，包括呈报、接受意见及指派工作，按照一定的方式与程序进行。 □偶尔。由于多数职务皆重复且互相牵连，因此用规则与标准进行管制即可。对于不寻常的问题也要注意，并不时提供建议与采取行动。 □有限监督。工作一经指派，即由任务承担者全权负责。 □少量或没有直接监督。工作方法的选择、发展与协调只要在一般政策的范围内，即可实施少量或没有直接监督。

8. 简述你独立决策的范畴与性质。 你认可的事项在生效前是否经常要复核？如果要，由谁复核？ 你拒绝的事项在生效前是否经常要复核？如果要，由谁复核？

9. 本工作需要哪方面的才能？需要什么样的精神状态？

续表

10. 在本工作中可能会产生哪些差错？ 这些差错怎样被发现？如何避免？ 如果差错发生而未被发现，会产生怎样的后果？
11. 工作中，与他人保持有效联系。 频率： ☐持续不断　☐频繁　☐偶尔为之　☐从不 联系人员： ☐其他部门的员工 ☐公司政策执行层 ☐社会大众 ☐政府机关 ☐其他（请指出）＿＿＿＿＿＿＿＿
12. 请列举你认为不良的工作环境。
13. 请列举在你直接监督下的工作项目及所属人员。
填写人： 审核人： 审核人职务：

四、关键事件法

关键事件法是要求分析人员、管理人员、本岗位员工详细记录工作过程中的"关键事件"，在收集大量信息后，对岗位的特征和要求进行分析研究的方法。

关键事件是对工作结果有决定性影响的行为特征或事件（如成功与失败、盈利与亏损、高效与低产等），关键事件主要包括：导致事件发生的原因和背景，员工的特别有效或者多余的行为，关键行为的后果以及员工是否能够支配或者控制上述后果。

关键事件法的扩展由工作任职者本人对岗位包含的各项任务、职责进行描述。每个岗位包含若干职责（职能），每一个职责又包含若干任务。调查人员要求任职者对每一项任务写出反映三种不同技能水平的事例，每一事例中要包括主要事件的内容、在具体情景下的行为方式及后果。然后根据任职者提供的信息写出岗位内容和要求。之后再找另外一些任职者来回答他们实际上是否能够完成这些任务，完成的难度、概率、重要性等。最后，形成岗位规范。

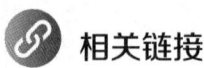 **相关链接**

问 题 设 计

观察、访谈和问卷这三种基本的资料收集方法或多或少依赖于调查问题的设计。因此，问题设计是一个工作分析者必须具备的一项重要技能。以下是有关问题设计的一些建议。

1. 访谈者必须保持设计问题的热情，不妨自我提问：我想知道的是什么？为什么？哪些是适合调查和访谈的问题？

2. 根据有关资料和先前的经验检测所设计的问题。这里所说的"有关资料"主要指的是可以得到的现有问卷和调查表、先前的工作分析计划及发表的统计资料。如果无法找到书面材料，可以通过关键事件法收集关键事件。

3. 只选择与所调查的资料直接相关的问题。

4. 把问题按一定的逻辑顺序排列，把容易的、必要的问题排在前面。

5. 构造一个粗略的工具，对少数的被访者进行一个先导性的试验访谈。

6. 检查结果，修改或删除问题，并构建一个问题清单。

7. 通过整理资料的方式使问题的回答选择化。对于特定资料，只有"是"或"否"两种选项。对于顺序的或更高水平的资料，可以考虑选择性回答。

8. 进行第二次试验访谈，这次的重点是检查问题和回答项是否合理、充分。

9. 通过检查第二次试验访谈的结果来构建最终的访谈提纲。

五、工作日志法

工作日志法又称工作写实法，要求员工将工作时间内所有的活动和行为按照时间顺序如实记录，包括时间、方法、工作内容、工作程序等，累积到必要的时间量，以此了解工作的性质，作为工作分析的对象。工作日志法的优点是能得到第一手资料，此法与访谈法结合使用效果较好。工作日志填写实例见表3-3。

表 3-3　　　　　　　　　　　工作日志填写实例

序号	工作活动名称	工作活动内容	工作活动结果	时间消耗（分钟）	备注
		5月29日　工作开始时间为 8:30　工作结束时间为 17:30			
1	复印	协议文件	4页	6	存档
2	起草公文	贸易代理委托书	8页	60	报批
3	贸易洽谈	玩具出口	1次	40	承办
4	布置工作	对日出口业务	1次	25	指示
5	会议	讨论东欧贸易	1次	90	参与
6	请示	贷款数额	1次	20	报批
7	计算机录入	经营数据	2屏	60	承办
8	接待	参观	3人	35	承办

六、工作实践法

工作实践法又称工作参与法，是指岗位分析人员直接参与某一岗位的工作，从而细致、全面地体验、了解和分析岗位特征及岗位要求的方法。

该方法只适用于短期内可掌握、专业性不是很强的岗位，不适用于需进行大量的训练或有危险性的工作。

七、交叉反馈法

交叉反馈法的一般流程为：由工作分析专家与从事被分析岗位的骨干人员或主管人员交谈、沟通，按企业经营需要，确定工作岗位；然后由这些骨干人员或主管人员根据设立的岗位，按预先设计的表式，草拟工作规范初稿；再由工作分析专家与草拟者、其他有关人员一起讨论，并在此基础上起草出二稿；最后由分管领导审阅定稿。

这种方法适合于发展变化较快或岗位职责还未定型的企业。由于企业没有现成的观察样本，所以只能借助专家的经验来规划未来的岗位状态。

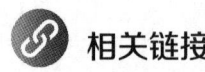 **相关链接**

各工作分析方法的优缺点

各工作分析方法优缺点见表 3-4。

表 3-4 各工作分析方法优缺点

方法	优点	缺点
观察法	根据工作者陈述的内容，直接到工作现场深入了解状况，结果直观、可靠	1. 干扰工作者正常的工作行为或心智活动 2. 无法感受或观察到特殊事故 3. 如果工作本质上偏重心理活动，则成效有限
访谈法	1. 可获得完整的工作数据，免去员工填写工作说明书的烦琐 2. 可以不拘形式，问句内容较有弹性，又可随时补充和删减，比较灵活 3. 收集方式简单	1. 因访谈对象怀疑分析人员的动机、分析人员访谈技巧不佳等因素而造成信息的扭曲 2. 分析项目繁杂时，费时又费钱 3. 占用员工工作时间，妨碍生产
问卷调查法	1. 便宜，迅速 2. 容易进行，且可同时获得大量数据 3. 员工有参与感	1. 很难设计出一个能够收集完整数据的问卷 2. 某些员工不愿意花时间填表，采取应付消极态度，分析人员无法获得有效信息
关键事件法	1. 针对员工工作中的行为，能够深入了解工作的动态性 2. 由于行为是可观察、可衡量的，因而记录的信息应用性强	1. 需花大量时间收集、整合资料 2. 不适用于描述日常工作
工作日志法	1. 可充分了解工作，有助于主管对员工的面谈 2. 逐日或在工作活动后做记录，可以避免遗漏 3. 可以收集到详尽的数据	1. 主要收集描述性资料，分析性较弱 2. 需花费较长时间
工作实践法	可获得岗位要求的第一手真实、可靠的数据资料，获得的信息更加准确	由于分析人员本身知识与技术的局限性，其运用范围有限，只适用于较为简单的工作岗位分析
交叉反馈法	1. 工作规范描述准确，可执行性强 2. 工作关系图、工作流程描述相对清晰 3. 能够较好地与实际工作吻合	所需花费的时间较多，反馈周期较长，工作任务量大

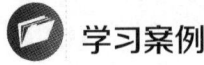 **学习案例**

A公司是合肥规模较大的一家信息技术企业,有上百个业务人员,业务人员的素质相差不大,但业绩差异十分巨大。其中最明显的是小张与小刘,小张的月绩效是小刘的3倍多,但公司同事一致认为小刘比小张更吃苦,更认真。于是我们对两个人做了一周5个工作日的跟踪。A公司规定8:30上班,17:30下班,中午休息1小时。

◆小张一天的工作情况

8:20到达公司,花5分钟做卫生和个人整理工作。8:30—9:40,电话联系新客户,平均打电话21个,找到对方负责人的电话为15个。

9:40—11:00,处理前一天老客户的成交单据,同时预约下午的老客户拜访。

11:00—11:40以及13:30—14:30,各期间平均拨打18个开拓新客户的电话,找到单位负责人的电话为12个。

14:30—17:00,外出进行客户的约定拜访,平均走访4家、成功访问(指能见到分管业务的负责人)3.6家。

17:00—17:30,回公司处理一些杂务,下班时间一般为17:43。

◆小刘一天的工作情况

8:00到达公司,花15分钟时间做卫生工作(其中还会帮其他同事做一些事)。

8:20—9:20,处理前一天老客户的相关事务。

9:20—11:50,电话联系新客户,平均拨打电话34个,找到对方负责人的电话为9个。

13:20—17:10,走访老客户,平均走访5家、成功访问1.2家。

17:10—18:30,回公司处理一些杂务,下班时间一般为18:35。

对小张、小刘的专业业务掌握情况进行了综合测试,小张得84分,小刘得91分。对小张、小刘的沟通技巧进行了测试,小张得89分,小刘得81分。

我们对小刘电话和走访访问成功率低的原因进行了分析。发现小刘电话开拓新客户的时间,正好是多数客户的负责人外出办事的时间,而小张打电话的时间多数客户的负责人还在公司。小刘走访客户没有事先预约,多数客户的负责人不在,所以成功率低;而小张的走访多是事先预约的。

根据这一结论,让小刘先调整工作时间的分配,采用小张的工作时间分配形式。调整后,经过一周的磨合,到第二周,小刘的成功率有了大幅度的上升。电话开拓新客户的数量为每天36个,成功数上升到22个,客户走访量仍为5家,成功访问数上升到4家。两个月后,小刘的业绩已经达到小张的90%。

讨论题
1. 该案例说明员工的工作行为对工作业绩有何重大影响?
2. 进行员工工作行为分析时,应注意哪些问题?

本章思考题

1. 简述工作分析的内容。
2. 简述工作分析的流程。
3. 简述工作分析的作用。
4. 简述工作分析的方法。

第二篇
招聘与配置

第四章

人员招聘概述

 引导案例

微软公司深信，人才的重要性超过一切。人才在信息社会中的价值，远远超过在工业社会中的价值。的确，在知识经济时代，人类智慧的价值不仅在于人才的作用将是决定性的，更在于他们的作用将是无法用其他代替的，他们的价值是无限的。

比尔·盖茨经常对微软的员工说："对微软的最大挑战，是迅速发掘和雇用最优秀的人才。我对你们最大的不满是你们找到的人才还太少。"基于此，1991年，当比尔·盖茨决定创立美国微软研究院时，他请了多名说客专程到宾夕法尼亚州的卡内基梅隆大学，邀请世界知名的操作系统专家雷斯特教授加盟微软，盖茨在六个月内三顾茅庐。终于，微软的诚意打动了雷斯特教授。雷斯特教授加盟后，继承了微软的人才理念——搞创新要从寻找最优秀的人才开始，于是他也同样以最高的诚意和无限的耐心邀请了上百名IT（信息技术）界优秀的专家加盟微软。一次雷斯特教授在动员旧金山的两名有造诣的专家时，他们坚持说，只要让我留在旧金山就行。可这与微软以往的指导思想是不符的，微软在美国已经成立了一个研究院，而且认为在美国只有一个，否则会造成人才的分散。但经过斟酌后，微软最终还是答应了他们，又专门在旧金山成立了研究院。毕竟，人才对微软是最为重要的。

对人才的选用，微软具有独到之处。在微软，管理者的责任就是要为公司挖掘到优秀的人才（甚至比管理者更优秀）。只有这样，他们才觉得对公司尽到了责任。人们经常会犯一个错误，就是常常不愿雇用比自己更出色的人，因为他们觉得找比自己更优秀的人难以管理，这其实是不对的。在微软看来，建立在主管事事过问基础上的"令行禁止"并不是最有效的管理状态；而有了优秀的人才，他会为自己的工作设立目标，并自觉把工作做好，主管则可以空出很多精力去把握公司大的走向。因此，在微软看来，雇用有才华的人比培训、管理那些平庸的人要重要得多。

雇用在微软十分重要，在如何发掘优秀人才上，微软精心制定了一些雇用的原则和方法。

第一，微软要雇用那些有能力却不一定有名气的人。无论是台前的著名教授，还是幕后的研究英雄，微软都会花很多时间去了解他们的工作，并说服他们加入微软。就微软研究院而言，虽然从事的是基础研究，但实际上是基础的应用研究。因此，最有用的人除了要有最强的能力外，还要能够以自己的技术成果被所有普通人使用为自己最大的满足，也就是要有责任感和成就感。

第二，微软要雇用那些有潜力的年轻人。中国信息技术起步较晚，因此现阶段的世界级成果和带头人比起美国要少得多。但中国年轻人的聪明才智不容小觑。比尔·盖茨最近几年每次到中国，都会在清华、复旦等大学和学生在一起就一些尖锐的问题进行交流甚至辩论。他是在从中国回到美国的飞机上立即决定在中国成立研究院的，所以，与其说微软是来找专家，不如说微软是来找潜力，这潜力包括聪明才智、创造力、学习能力、对工作的热爱和投入等，这类潜力比专业经验、在校成绩和推荐信更重要。

人才是微软成功的关键。对于现代任何一个企业，寻找和招聘优秀的人才，是企业得以立足和发展的根本。

案例思考

1. 微软的人才观对我国企业的人才招聘与管理有何借鉴作用？
2. 当前我国企业在招聘管理中主要还存在什么问题？

第一节 人员招聘的概念、意义与基本原则

一、人员招聘的概念

人员招聘是企业基于生存和发展的需要，根据企业人力资源规划和工作分析的数量与质量要求，采用一定的方法吸纳或寻找具备任职资格和条件的求职者，并采取科学有效的

选拔方法筛选出符合本企业所需的合格人才，并予以聘用的管理活动。正如玫琳·凯说的"优秀的员工是企业最重要的资产，招聘到优秀人才，并留住他们，是一个优秀公司的标志"。

人员招聘管理是人力资源管理的重要部分，属于人力资源输入环节。它与人力资源管理中的其他各项业务活动有着十分密切的关系，直接与人力资源规划、员工培训开发、绩效评估管理、薪酬设计实施、职业规划发展等相关联，招聘工作是后续人力资源管理工作开展的基础，影响其他业务的开展效果，同时，其他业务开展中的反馈信息可以促进招聘工作。

二、人员招聘的意义

人力资源为第一资源，拥有一支数量充足的高素质员工队伍已经成为决定企业生存和发展的关键因素。企业间的商业竞争，更大意义上是一场人才的竞争。招聘管理运作的成效直接影响企业的各项管理活动。因此，在人力资源管理中，应高度重视员工招聘，其意义主要有以下几点。

1. 提高企业工作绩效，提升核心竞争能力

当企业根据人力资源规划、工作分析的数量与质量需要，招聘新员工后，一方面可以弥补企业内人力资源供给的不足，另一方面高素质的新员工通过培训可能成为优秀员工，提高整个部门的工作绩效，进而提升企业的核心竞争力。

2. 给企业带来活力

对高层管理者和核心技术人员的成功招聘，可以为企业注入新的管理思想，开启新的工作模式，可能给企业带来技术上的重大革新，为企业增添新的活力。

3. 增强凝聚力

成功的员工招聘可以使企业更多地了解员工到本企业工作的动机和目标，企业可以从诸多候选人中甄选出个人发展目标与企业目标趋于一致、并愿与企业共同发展的员工，这样企业可以更多地保留人力资源，减少因员工离职带来的损失，降低人员流动率，增强企业内部凝聚力。

4. 提高企业知名度

企业通过人才招聘活动，在招收到所需人才的同时，也能通过招聘工作的运作和招聘人员的素质向外界展示企业良好的形象。

5. 促进合理流动，优化资源配置

有效的招聘可以推进企业内部合理的人员竞争意识和主动精神，具有鲶鱼效应，通过合理的流动，增强员工危机感，刺激员工内在潜力的发挥，有效地进行人员的优化配置，推进企业的人才结构、层次、质量、数量符合企业的战略需要。

三、人员招聘的基本原则

人员招聘是一项经济活动，也是一项社会性、政策性很强的活动，在任何企业中，为了保证招聘工作的有效性，必须遵循下列基本原则。

1. 遵守国家法律法规

任何企业在招聘过程中都要遵守国家关于平等就业的相关法律法规，实行公平竞争、平等就业，反对种族歧视、性别歧视、年龄歧视、信仰歧视，甚至还有容貌歧视和身高歧视，保护未成年人及妇女的权益，关注农民工等弱势群体的就业现状。

2. 双向选择

双向选择是指企业可以按照自己的意愿自主地选择自己所需要的员工，而劳动者也完全可以按照自己的条件与要求自由选择企业。双向选择原则是劳动力市场资源配置的基本原则。这一原则一方面可以使企业不断完善自身形象，增强自身的吸引力；另一方面可以使劳动者为了获取理想的职业，在招聘中取胜，而努力提高自身的素质与技能。

3. 公平公开竞争

公平公开竞争原则强调企业在招聘过程中，应把招聘的岗位、数量、资格条件等情况面向一定范围进行公开告知，平等对待所有的应聘者，达到择优选聘、优胜劣汰的目的。同时，也给予社会各种人才一个公平竞争的机会，充分挖掘全社会的人力资源。

4. 能岗匹配

能岗匹配是指企业或招聘者在适宜的时间范围内，采取适宜的方式，实现人、岗位、企业三者的最佳匹配，以达到因事任人、人尽其才、才尽其用的共赢目标。招聘过程中坚持根据岗位任职要求，确定关键胜任力素质模型，以此作为衡量人才匹配度的标准，保证招聘工作的有效性。

5. 效率优先

效率优先是指尽可能以最低的招聘费用录用到高素质、适合企业需要的人员。在招聘工作中，根据不同的招聘要求，灵活选用不同的招聘形式，在保证所聘员工素质要求的情况下，尽可能降低招聘成本。

第二节 人员招聘的基本流程

整个招聘过程是一个完整的、系统的、程序化的、循环的操作过程，大致可以分为准备、招募、甄选、录用、评估五个阶段，如图 4-1 所示。

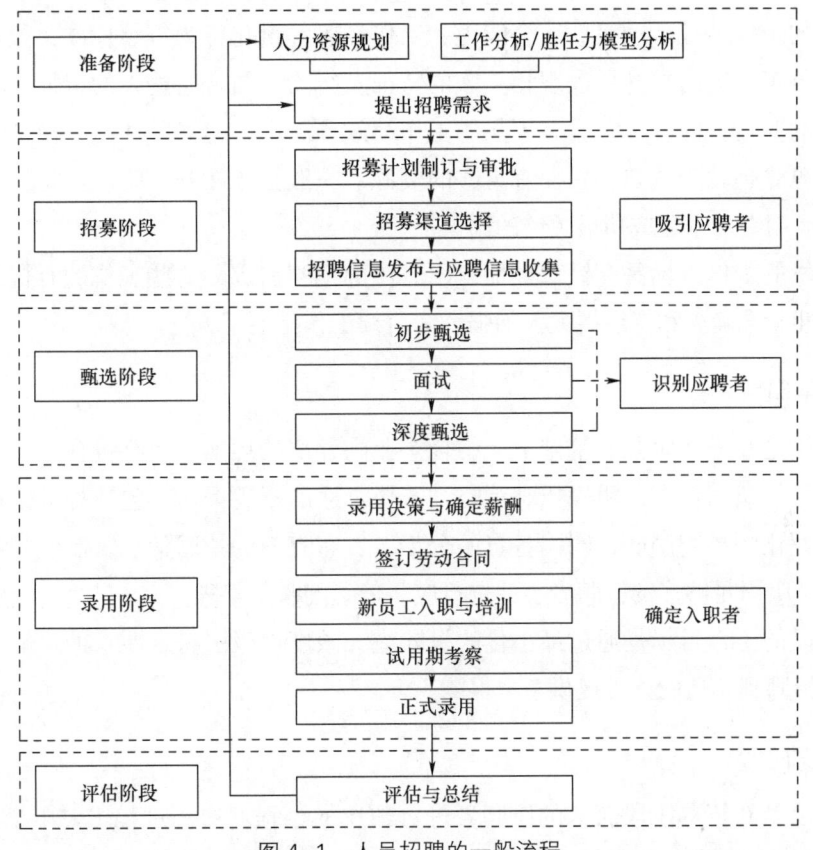

图 4-1 人员招聘的一般流程

一、准备阶段

要实现有效的人员招聘，需要做好充分的准备工作，从人员招聘的含义可以看到，人员招聘有两项基础性工作——人力资源规划和工作分析，这两项工作也是人力资源管理中的基础。

人力资源规划是运用科学的方法对企业人力资源需求和供应进行分析和预测，判断未来企业内部各岗位的人力资源在数量、结构、层次多方面是否平衡，以此来决定招聘的岗位。

传统的工作分析通过一系列前期研究获得的结果包括岗位说明书和工作规范，岗位说明书通常包含了招聘岗位的工作活动或工作职责，工作规范规定了任职者完成工作应具备的资格，比较重视考察应聘者的知识、技能等基准性胜任特征，这是一种最低标准。

基于胜任能力的工作分析则在原有工作分析的基础上明确了各专业系列、各工种、重点岗位所需的个性特征、动机、综合能力、工作经验等量化行为等级标准，侧重研究工作绩效优异的员工，突出与优异表现相关联的特征及行为，结合这些人的特征和行为定义这一工作岗位的职责、内容，它具有更强的工作绩效预测性。建立胜任能力模型需要企业本身的人力资源管理较为成熟，并拥有足够的资源，一般企业在开始阶段可将基于胜任能力的工作分析运用在对企业成功最关键的岗位上。

准备阶段的工作目标是有针对性地提出具体的招聘需求，这些工作的有机结合使招聘工作的科学性、准确性和持续性大大加强，为后续工作指明了方向。

二、招募阶段

招募阶段是在准备阶段的基础上，结合企业内外部的环境，制订符合企业实际情况的具体的、可行的招聘计划，明确招聘策略，选择合适的招聘渠道，包括外部渠道和内部渠道，构建专业化的招聘团队，明确各自的分工，发布有效的招聘信息，制作规范、有特色的招聘广告，吸引足够多的应聘者，并进行应聘信息的收集整理。

招募阶段的工作目标是通过最小化的投入最大限度地吸引符合要求的足够数量的应聘者，为最终招聘到合适的人员提供基本保障。

三、甄选阶段

甄选阶段是对招募阶段获取的应聘者进行甄选的过程。这一过程主要由个人履历/应聘申请表筛选、背景调查、面试、能力与个性测验、情境性测评、知识技能考试等环节组成。

这一阶段结合准备阶段对招聘岗位要求的分析，建立各种岗位的不同甄选评估体系，确定针对不同岗位的要求采用的甄选方式的组合，如常用的笔试、心理测验、面试、评价中心技术等方法，确定甄选实施计划，完成甄选试题的开发、测试，培训考官，明确测评流程和测评标准，进行各类测评的现场组织，通知应聘者参加甄选，最后通过初步选拔、面试、深度甄选的具体实施，做出对每个应聘者个性特征、能力倾向、知识经验的综合素质评估。

甄选阶段的工作目标是科学分析应聘者的综合素质，运用性价比最高的测评技术，有效识别和评估应聘者，为最后的录用决策提供有效的信息。

四、录用阶段

录用阶段是对应聘者甄选阶段测评的结果进行分析、确定入职者的过程。人员录用主要包括办理录用手续、合同的签订、员工的试用、正式录用。

这一阶段依据录用的制度和规则，对应聘者做出录用决定，并结合岗位和应聘者的情况确定薪酬，同时对录用者进行背景调查和体检，确定其背景资料的真实性和身体条件符合岗位要求，并签订劳动合同，安排录用者履行一系列的入职手续，进行入职适应性培训，使其熟悉企业文化、政策规定、工作程序并具备一定的业务水平，再经过一定时间的试用期考察，听取各方面的反馈，结合其试用期的表现，符合要求的应聘者最终被正式录用。

录用阶段的工作目标是通过一系列规范的流程，完成对合适人员的录用，从而实现招聘的目标。

五、评估阶段

评估阶段是对招聘活动进行的总结和审核。这一阶段主要是运用各种方法、指标来衡量本次招聘工作的有效性。评估有利于今后为企业节省开支；有利于找出各招聘环节的薄弱之处，改进招聘工作；有利于招聘方法的改进，又为员工培训、绩效评估提供了必要的信息，进一步提高招聘工作的质量。招聘评估包括：招聘结果的成效评估，如成本与效益评估；录用员工数量与质量的评估；招聘方法的成效评估，如信度与效度评估。

评估阶段的工作目标是总结本次招聘工作的有效经验，发现过程中的不足，并为以后的招聘提出改进和完善的建议，不断提高招聘的效率和效果。

第三节　招聘需求信息

一、招聘需求信息的采集与整理

1. 招聘需求信息的产生

人员招聘工作一般是从提出和确定招聘需求开始的。除了既定的人力资源规划中的招聘需求外，企业实际工作需要和业务变化也会导致对人员需求的一定变化，对于这些需求变化情况，往往需要用人部门和人力资源部门根据实际情况迅速做出分析，需要由人力资源部门与用人部门、职能部门对现有的人力资源情况进行科学评估。根据评估结果，了解目前人力资源的短缺程度，包括数量、结构等方面，以确定未来的招聘需求。

当用人部门提出招聘需求时，人力资源部门的招聘负责人和用人部门的上级主管需要对招聘需求进行分析和判断。招聘需求信息的产生主要有以下几个方面。

（1）自然减员，如员工离职或调动到其他部门、员工正常退休、员工长期休假等，都会产生岗位空缺，有招聘需求。

（2）企业业务量的变化或业务范围的拓展，需要招聘满足其业务发展需要的人员来开展工作。

（3）企业结构、经营业务的调整，现有人力资源配置已经不适应企业的发展。

2. 招聘需求信息的内容

（1）空缺岗位。通过岗位分析找出与空缺岗位相关的因素，包括空缺岗位的职责、它的工作关系（与上级的岗位关系）和其他岗位联系形式（与平级和下级的岗位关系）、需招聘的岗位数。

（2）工作描述。通过工作描述可以了解岗位工作信息的具体说明，包括工作职责、工作内容、工作要求、工作权限、工作条件等。

（3）任职资格。通过工作规范可以明确担任此项工作的条件，包括：资历；工作经验，如必须具备两年以上的相关工作经验等；学历要求，如必须具备大学本科以上的学历等；身体条件，如年龄、身高等；心理品质要求，如必须具备良好的控制能力、协调沟通能力等；所需知识和技能，如担任人力资源主管岗位必须具备人力资源专业知识、心理学知识，必须接受过专业培训等。

3. 招聘需求信息的整理

招聘需求信息的整理包括对招聘需求信息的分类、记录、保存、打印。

（1）招聘需求信息的分类。依据不同的招聘需求对信息进行分类：按所需招聘人员的岗位分类，如把需要招聘的所有用人部门的用人需求按经理、经理助理、一般职员等进行分类；按所要招聘人员的部门分类，如把销售部门需招聘的一名销售经理和两名销售助理归为一类。

（2）招聘需求信息的记录、保存。建立人员招聘需求资料信息库，将收集来的需求信息包括（人员需求申请表、人力资源部门对需要招聘岗位的调查情况汇总表等）进行归档保存。

（3）招聘需求信息的打印。由人力资源部门审核用人部门的招聘信息后，对人员招聘信息进行汇总、归纳整理，以书面形式向上级主管部门或主管人员报送审批。

一般而言，由用人部门填写招聘需求报告单（见表4-1），提出招聘需求。

表4-1　　　　　　　　　　　　　招聘需求报告单

工作编号		岗位名称		要求上岗日期	
补充人员的原因	（如人员流动导致岗位空缺、新设岗位等）				
对任职者的最低资格要求					
主要工作职责和任务					
签发日期		签发部门或签发人签章			

4. 招聘需求信息的报送与审批

人力资源部门的招聘负责人和用人部门的主管一同对招聘需求进行分析判断，针对各部门的人员需求状况进行调查研究，最后形成人力资源部门的招聘计划报批表（见表4-2）。

表4-2　　　　　　　　　　　　人力资源部门招聘计划报批表

填单：　　　年　月　日

部门有关情况	录用部门	录用岗位概况				考核方法和其他		
		岗位名称	人数	专业	资格条件	考核方法	招考范围	招考对象
企业核定的编制								
本年度缺编情况								

续表

部门有关情况	录用部门	录用岗位概况				考核方法和其他		
		岗位名称	人数	专业	资格条件	考核方法	招考范围	招考对象
本年度拟录用情况								
备注								

一般而言，中层以下的岗位由人力资源部门和需招聘人员部门的主管商榷后决定，中层管理人员以上的岗位则由企业高层批准，有些企业还要报请总部或董事会批准。

如图4-2所示为某企业招聘需求计划报送及审批的流程。

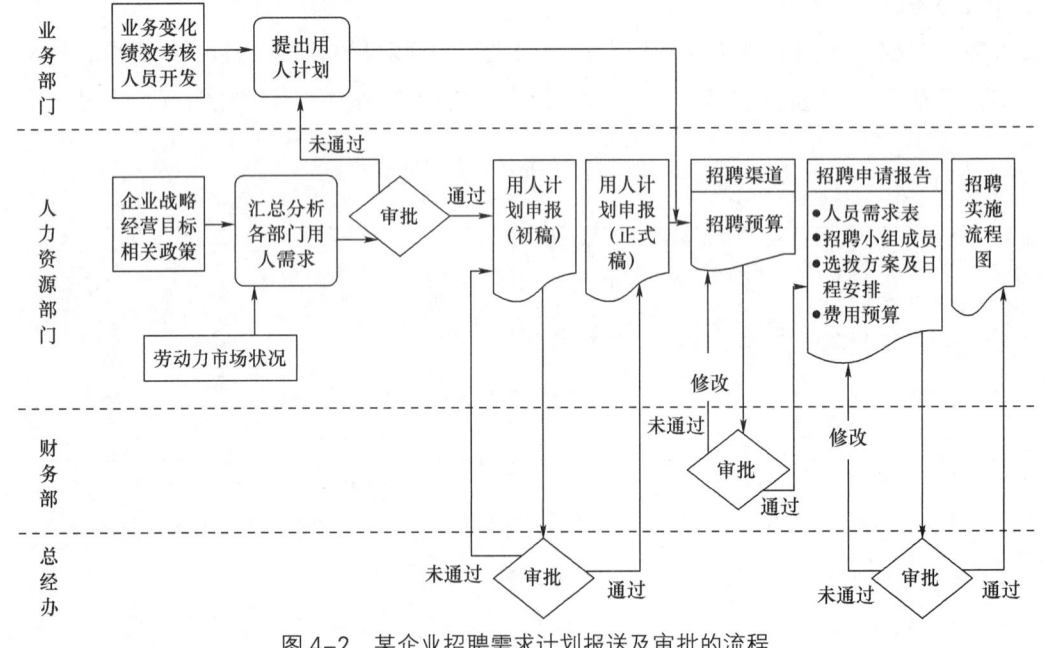

图4-2　某企业招聘需求计划报送及审批的流程

二、招聘需求信息的发布

发布招聘需求信息就是向潜在的应聘者传递本企业即将招聘的岗位信息。发布招聘需求信息是一项十分重要的工作,直接影响招聘质量。由于需招聘的岗位、数量、任职者要求不同,招聘对象的来源与范围不同,以及新员工到岗时间和招聘预算的限制,招聘信息的发布时间、方式、渠道与范围也是不同的,需要根据招聘计划来确定。

1. 招聘需求信息发布的原则

(1)面广原则。一般来说,如果条件允许,发布招聘信息的面越广,接收到该信息的人越多,应聘的人也越多,这样可能招聘到合适人选的概率越大。

(2)及时原则。在条件允许的情况下,应该尽早发布招聘信息,这样有利于缩短招聘进程,而且有利于更多的人获取信息,增加应聘人数。

(3)层次原则。招聘人员都是处在社会的某一层次的,要根据招聘岗位的特点,向特定层次的人员发布招聘信息。例如,招聘科技人员的企业可以在科技报刊上刊登招聘信息。

2. 招聘需求信息发布的范围、时间

信息发布的范围是由招聘对象的范围决定的。发布信息的面越广,即"人才蓄水池"的容量越大,招聘到合适人选的概率也大,但费用也会相应增多。因此需要根据人才分布规律、求职者活动范围、人力资源供求状况及成本大小等确定招聘区域,一般招聘区域选择的规则是:高级管理人员和专家一般在全国范围内招聘,甚至可以跨国招聘;专业技术人员可以跨地区招聘;一般办事人员在本地区招聘。例如,某家企业在进行不同岗位的招聘时,招聘的范围是有所区别的,如图 4-3 所示。

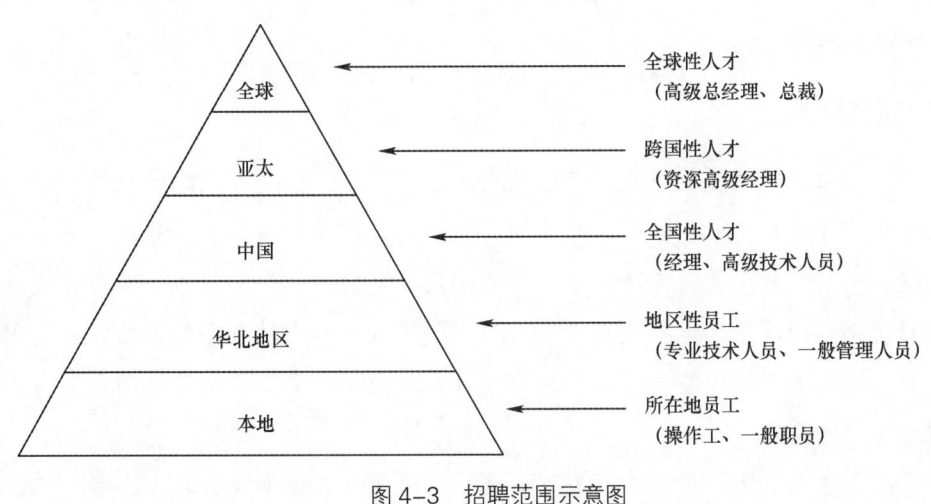

图 4-3 招聘范围示意图

招聘需求信息的发布时间应恰当，需要对招聘各阶段所需时间（见表4-3）有一个比较全面的了解，以此准确估算信息发布的时间，及时进行招聘信息的发布。

表 4-3　　　　　　　　　　　招聘各阶段事件所用时间　　　　　　　　　　　　　　天

各阶段事件	平均天数
收到个人简历到发出面试通知	5
发出面试通知到面试	6
面试到提供工作	4
提供工作到接受所提供的工作	7
接受工作到实际开始工作	21
总时间	43

根据各阶段工作时间的安排，计划中应明确设定一张招聘工作时间表，以保证招聘工作有条不紊地进行。

3. 招聘需求信息发布的渠道

根据空缺岗位的性质及相关情况确定招聘信息发布的渠道。招聘渠道一般分为内部招聘和外部招聘两个基本渠道。内部招聘是指企业采用岗位公告、岗位竞聘、部门推荐等方式在企业内部招聘员工。外部招聘是根据一定的标准和程序，从企业外部的众多应聘者中选拔所需要的人选，外部招聘的主要方式有广告招聘、人才市场招聘、校园招聘、专业机构招聘、网络招聘等。

 学习案例

某公司是一家新兴的化妆品生产与销售民营企业，人们生活水平的日益提高为化妆品行业的发展提供了需求保障，在短短两年间，该公司得到了快速发展，并在行业中有了一定的知名度。公司的高速发展导致人才不足的问题日益显现，为了能够跟上公司发展的步伐，人力资源部门经理张天做了大量工作，每次需要人员补充时，都会通过各种途径进行宣传、面试，虽然花费了大量的招聘费用，但是基本上每次都能及时招聘到合适人选，使公司能较为顺畅地运转。

随着公司的不断壮大，总经理考虑到要提升公司的整体形象和实力，决定在未来招聘中高层管理人员时，一律要求研究生以上学历。

最近，销售部经理刘云突然离职，由于这位经理离职比较匆忙，同时产品销售的竞争十分激烈，销售任务十分繁重，公司一下子出现了比较被动的局面。张天十分焦急，为此他与人力资源部门的其他人员一起，通过多种渠道寻找人选，如朋友推荐或在一些大型的人才网站与人才招聘报刊发出招聘广告等，紧急招聘销售部经理，并给出丰厚的薪酬。经过一番努力，一份应聘者资料让张天眼前一亮。此人名叫李俊，美国某名牌大学市场营销博士毕业，在出国留学之前曾有传统行业销售经验，做过某公司市场部副经理，有过管理若干名下属的经验。张天约见了李俊，初次见面，李俊给人的印象是思路清晰、思维活跃、足智多谋。于是张天将李俊推荐给总经理面试，总经理也非常满意，最终安排其担任了销售部经理之职。但一个月过去了，这位销售部经理常常想法很多，讲得很好，但很多事情难以落实，与销售部其他成员的配合方面也存在问题，不愿听取下属意见，给员工居高临下的感觉，公司销售业绩受到严重影响。

讨论题
1. 李俊为什么不能很好地完成自己的工作？
2. 张天该如何改进公司的招聘流程？

本章思考题

1. 简述人员招聘的概念和意义。
2. 简述人员招聘的基本原则。
3. 简述招聘的基本流程。
4. 简述招聘需求信息的内容。

第五章

招聘初选

 引导案例

业务驱动与技术导向不断革新招聘的工作方式，通过对人才简历库的自然语言处理以及机器学习，进行算法与模型搭建，解决简历与岗位说明书智能化匹配的难题，以下两款工具在招聘领域的应用带来招聘效率的提升。

"众里寻他"：为招聘团队打造的简历智能筛选系统，通过识别招聘团队发出的岗位说明书，精准匹配人才库中符合要求的简历，这里的"精准匹配"并不是字面上语义的匹配，而是结合潜在候选人相关背景、过往工作内容、项目经历等综合考量后进行匹配。优化筛选简历这个过程，让招聘团队成员可以更加专注于对候选人进行更深入的考量，将更多的精力放在后续的面试环节中。

"沧海拾遗"：为候选人打造的岗位匹配系统，帮助他们提高应聘效率。"沧海拾遗"会在候选人进行岗位搜索时，根据简历主动向其推荐适合的工作，从而减少候选人浏览岗位说明书的时间，将更多的精力用于挑选适合自己的岗位。

案例思考

1. 除了简历筛选以外，还有哪些人员初选方法？
2. 简历与岗位说明书智能化匹配的方式是否值得推广？为什么？

第一节 人员初选

一、人员初选的意义

人员选拔是指从应聘者中选出企业所需要的人员，包括资格审查、背景调查、初选、面试、其他测试、体检、个人资料核实等一系列活动。从企业选拔应聘人员的全过程来看，人员选拔可分为：第一阶段的初步挑选，即粗选；第二阶段的深度筛选，即细选；第三阶段的最终甄别，即精选。

人员初选是人员选拔过程中的初始阶段，通过初步甄选中一些基本条件的限定，筛除明显不符合要求或是误投的简历，让合适的求职者进入下一阶段的考察。有效的人员初选有利于缩小甄选范围，降低甄选成本，提高甄选效率。

二、人员初选的方法

人员初选基本以求职者提供的书面信息作为测评的基础。

1. 推荐信

推荐信是由既熟识被测者（求职者）又与测评者（雇主）有密切关系的第三方，以书信形式向测评者介绍被测者的文字材料。

多数求职者的推荐信无法真实反映其优缺点，只能作为参考。一般来说，满足下述条件的推荐信具有较高的参考价值。

（1）推荐者曾经有机会观察应聘者工作状况，并且有资格、有能力对应聘者的工作情况予以评价，在推荐信中加以说明。

（2）推荐信直截了当、坦诚无私地说明问题，并公正评价或分析应聘者的优缺点。

2. 应聘申请表

应聘申请表是由招聘方设计，包含岗位所需的基本信息，并具有标准化格式的表格。应聘申请表的目的是收集企业需要了解的岗位相关信息，方便对应聘者进行甄选。应聘申请表一般包括以下内容：个人基本情况、教育与培训经历、工作经历、生活和家庭情况、应聘岗位情况、个人的职业发展设想、个人的任职要求等。

3. 简历

简历是应聘者的个人材料。简历的内容大体上可以分为客观内容和主观内容两部分。

招聘者的注意力应主要放在客观内容上。客观内容主要分为个人信息、受教育经历、工作经历、个人成绩等。个人信息包括姓名、性别、民族、年龄等；受教育经历包括上学经历、培训经历等；工作经历包括工作单位、起止时间、工作内容、参与项目名称等；个人成绩包括学校、工作单位的各种奖励等。主观内容包括应聘者对自己的评价及描述，如性格、兴趣、爱好、优缺点等。

4. 背景调查

背景调查是通过应聘者提供的证明人或工作单位收集的信息来核实其个人资料的评测方法。这是一种能直接证明应聘者情况的有效方法。全面审核应聘者的所有资料，有助于为企业挑选出合格的候选人。通过背景调查，一方面可以获得求职者更为全面的信息资料，更好地分析其与岗位的匹配度；另一方面也可以对应聘者的诚信度进行考察。对于那些弄虚作假、不诚信的人，企业应坚决拒收。

5. 电话甄选

在将简历和应聘申请表进行甄选之后、决定面试之前可以通过电话对应聘者进行访谈，即电话甄选。电话甄选可以缩小候选范围，降低招聘成本。应聘者的简历或应聘申请表基本符合面试的条件，但也有些含糊不清的地方时，需要通过电话沟通，了解一些真实的信息。电话甄选是甄选中的一个环节，不能够替代面试和专业测试，电话只能从应聘者回答的声音、语气、回答问题的内容来对应聘者做出判断，而应聘者的表情、肢体语言等并不能反映出来。电话甄选结合其他的方法使用可以提高人才甄选的效度。

由于应聘申请表、简历、背景调查方法在初步甄选中运用较频繁，作用较大，后文将做专节论述。

第二节　简历与应聘申请表甄选

一、应聘申请表的特点和内容

1. 应聘申请表的特点

（1）结构清晰、内容简洁。经过精心设计的应聘申请表结构合理，布局简洁，可以节省甄选时间，加快预选速度，是迅速、公正、准确获取应聘者有效资料的办法。

（2）既有通用信息，又能反映岗位特色。应聘申请表根据企业需求设计，应聘者按表中所列项目提供相应的信息，可以让招聘者比较准确地了解应聘者的相关资料。

（3）为后期的其他选拔提供参考。应聘申请表中具体的或有针对性的问题，有助于在面试过程中做交叉参考。

2. 应聘申请表的内容

（1）个人基本资料。个人基本资料包括姓名、性别、年龄、籍贯、联络地址及电话、个人邮箱等。

（2）教育与培训经历。教育背景包括教育程度及历程、毕业年限、主修科目、撰写的论文主题、特殊训练课、个人成绩等。培训经历可以反映应聘者的技能信息，如专业训练与证件、职业资格证书、语言能力、计算机应用能力等。

（3）工作经历。工作经历能够真实反映应聘者的职业经验和经历。在设计时，应该覆盖的信息包括所在企业的名称、起止日期、所在部门、岗位名称、主要的工作职责、重要业绩、离职原因、薪资福利状况、直属上司或下属、主要参与的项目、所获得的奖励和处罚等。

（4）自我认识和其他个人信息。自我认识包括个人性格描述、自我评价、价值理念、职业生涯规划、兴趣爱好等。其他个人信息包括对薪资和工作环境的期望、应聘动机等。

（5）企业希望了解到的其他信息。企业可以根据需要设定一些较为个性化的问题，以便有更多的参考信息对应聘者进行判断，如"你职业生涯中经历的最困难的事情是什么？你是如何应对的""你如何评价自己的优缺点"等。

某公司的应聘申请表见表5-1。

表 5-1　　　　　　　　　　　应聘申请表

编号：　　　　　　　　　　　　　　　　　　　　　填表日期：　　年　　月　　日

姓名		政治面貌		出生年月		民族	
性别		身份证号码				籍贯	
固定电话		手机				E-mail	
通信地址						邮政编码	
特长及爱好						是否有驾照	

续表

教育与培训经历

教育/培训机构	时间	专业学历/资格证书

工作经历

企业名称	时间	职务	主要职责	起薪/终薪

家庭主要成员和社会关系	关系	姓名	年龄	工作单位	职务

应聘岗位			
期望薪资		其他期望和要求	
若所应聘岗位已满,还愿意应聘何职			

自我评价:

本人承诺:
我保证上述内容均属实,并欢迎就上述内容进行调查、核实。为应聘该岗位,我愿意接受笔试、面试和体检。

申请人签名:

二、简历与应聘申请表的甄选办法

1. 简历的整体印象

主要查看应聘者简历书写是否规范、整洁、美观,有无错别字。

2. 结合招聘岗位要求查看应聘者的基本条件

(1)个人信息

1)根据岗位要求对应聘者的工作年限、学历、相关工作经验等方面进行判断。同时,根据职业生涯的一般规律,判断个人的就职动机:25 岁前,属于职业初期,个人求职是为了增加职业经历;26~30 岁,会比较注重个人职业定位与发展;31~40 岁,属于经验比较丰富的时期,这个阶段个人比较注重工作的薪资福利和更好的职业发展机会;40 岁以上,应聘者比较注重工作的稳定性。

2)在查看应聘者教育背景时,要特别注意应聘者是否用了一些含糊的字眼,如没有注明大学教育的起止时间和类别,没有注明学位的情况,没有说明是否为全日制教育等。查看应聘者培训经历时要重点关注是否是专业度较高的培训、培训机构的专业性和权威性、专业与培训的内容是否相吻合等。

(2)工作经历。这部分是查看的重点,也是评价应聘者是否符合工作要求的重要依据。

主要查看应聘者工作总时间的长短、跳槽或转岗频率、每项工作的具体时间长短、工作时间衔接等。

可根据是否有频繁跳槽或转岗的现象分析其任职的稳定性。当应聘者存在非常频繁变换工作的情况,那么需要分析其每次变换工作的原因。一般来说,频繁变换工作的应聘者工作稳定性较差。

(3)工作岗位和工作内容

1)主要查看应聘者曾经的工作是否与应聘岗位的工作相关。如有若干年财务工作的人员申请销售的岗位,则需要判定其应聘动机和是否有销售的潜能。

2)结合查看应聘者的工作内容,查看应聘者在专业上的深度和广度。如果应聘者短期内工作内容涉及较深,则要考虑简历虚假成分的存在。在安排面试时应提醒面试官作为重点来考察,特别是对细节的了解。查看应聘者曾经工作企业的大致背景,特别是对中高层管理岗位和特殊岗位,通过面试进行审核,确认其曾经的岗位与管理权限,这样能获得更完整和全面的信息,发现其中的亮点和疑点。对于亮点和疑点,都不是最终判断,还必须通过进一步的甄选进行确认。

3)结合以上内容,分析应聘者所述工作经历是否属实、有无虚假信息,分析应聘者年龄与工作经历的匹配度,如一个 28 岁的应聘者,曾做过教师、行政、财务、总经理,现在来应聘工厂厂长,显然这样的经历是不可信的。如果可以断定不符合实际情况的,可直接筛除。

（4）个人成绩。主要查看应聘者所述个人成绩是否属实,是否与岗位要求相符（作为参考,不作为简历甄选的主要标准）。

3. 查看主观内容

主要查看应聘者自我评价或描述是否适度,是否属实,并找出这些描述与工作经历描述中相矛盾或不符、不相称的地方。如果可以判定应聘者所述主观内容不属实,可直接筛除。

4. 全面审查简历中的逻辑性

主要审查应聘者工作经历和个人成绩,要特别注意描述的条理性和逻辑性、工作时间的连贯性,注意是否有矛盾的地方,并找出相关问题。例如,一份简历在描述自己的工作经历时,罗列了一些世界 500 强企业的高级岗位,但他所应聘的却是一个普通岗位,这就需引起注意,如果能断定简历中存在虚假成分,可以直接筛除。如果可判定应聘者简历完全不符合逻辑,直接筛除。

5. 查看应聘者薪资期望值

如果双方的薪资期望差别很大,则很难促成最终的录用。在应聘申请表中可以要求应聘者注明对薪资的要求,以了解其期望值是否和企业的薪资水平相吻合。

随着网络招聘的广泛应用,越来越多的企业开始利用计算机进行自动甄选。通过在相关的招聘网站上要求应聘者填写应聘申请表,计算机根据企业的要求自动对填写的内容进行甄选,对不符合企业要求的应聘申请表进行剔除,从而大大减少了人工甄选的工作量,提高了甄选效率。但计算机甄选无法评估一些主观信息,因此甄选质量要比人工甄选低,可以作为人工甄选的辅助手段。

第三节 面 试

一、面试的含义和特点

1. 面试的含义

面试是通过面对面观察、交流等双向沟通方式,使应聘者能够了解到更全面的企业信息，更是企业了解应聘者素质状况、能力特征、应聘动机等信息的一种测评技术。

面试根据场景的不同可以分为狭义的面试和广义的面试。狭义的面试指的是面试官和应聘者面对面直接以问答形式为主的面试。整个过程中面试官处于主导地位，应聘者处于被动地位。广义的面试指的是通过基于情景模拟测验的评估形式，包括小组讨论、管理游戏、角色扮演等评价中心技术。整个过程中面试官处于观察的角度，应聘者处于主动展示的角度，情景性高，模拟性强，考察的内容更加全面有效。本节主要介绍狭义的面试。

2. 面试的特点

（1）灵活性。面试可以在许多方面收集有用的信息，面试官可以根据不同的要求，对应聘者提各种各样的问题，有时在某一个方面可以连续提多个问题，以全面深入地了解应聘者。

（2）双向性。在面试时，面试官可向应聘者提问，应聘者也可以向面试官提问。面试官在了解应聘者的同时，应聘者也在了解招聘企业和岗位要求，这样有利于提高招聘匹配性。因此，面试的过程也是一个双向选择的过程。

（3）直观性。面试比笔试更加直观，面对面接触和交流可以使面试官直接了解应聘者的仪表、个性、爱好、特长、应聘动机、应聘期望等，从而做出综合判断。

（4）全面性。面试中，面试官不但可以通过提问了解想要获取的信息，还能通过看、问、听等多种渠道掌握应聘者的其他情况。

二、面试的主要类型

根据分类标准的不同，面试可以划分为不同的类型。

1. 根据面试与应试的人数划分

（1）一对一面试，即一个面试官对一个应聘者。

（2）一对多面试，即一个面试官对若干名应聘者。

（3）多对一面试，即多个面试官对一个应聘者。此种情形包括小组面试和委员会面试两种类型。小组面试是指 3~4 个面试官同时对应聘者进行的面试，每个面试官可根据自己的专长提问。委员会面试是指 5 个以上面试官对应聘者进行的面试，可借机了解应聘者在压力下的反应。

（4）多对多面试，即多个面试官对若干名应聘者。这种面试方法通常是由主面试官提出一个或几个问题，引导应聘者进行讨论，从中发现、比较应聘者的表达能力、思维能力、组织领导能力、解决问题能力等。此面试方法效率较高。

2. 根据面试考察的侧重点划分

（1）情境式面试。即通过向应聘者提供一种假定的情境，观察应聘者在情境中的行为反应，主要关注该应聘者与未来行为相关的意向或倾向。情境式面试是结构化面试的一种特殊形式，它的试题多来源于工作，或是工作所需的某种素质的体现，通过模拟实际工作场景，考察应聘者是否具备工作要求的素质。

（2）行为描述式面试。这是基于行为的连贯性原理发展起来的面试，是一种采用专门设计的问题来了解应聘者过去在特定情况下的行为结构化面试方法。面试官通过了解应聘者过去的工作经历，判断其选择本企业发展的原因，预测其未来在本企业中发展所采取的行为模式，并将其行为模式与空缺岗位所期望的行为模式进行比较分析。

（3）心理面试。这是由心理学家或人力资源专家主持的面试，一般在选择高级人才时使用，目的在于评估应聘者的某种心理素质（如独立性、责任心）。当某种心理素质对一个岗位特别重要时，多采用这种面试方法。

3. 根据面试的结构化程度划分

（1）结构化面试。面试要素由一系列连续向应聘者提出的与工作相关的问题构成，包括情景问题、工作知识问题、工作样本模拟问题、关键工作内容模拟问题、工作要求等五类。这些内容在面试之前已经形成一个固定的框架（或问题清单），主面试官根据框架对每个应聘者做相同的提问。结构化面试的优点在于，对所有应聘者均按同一标准进行，可以提供结构与形式相同的信息，便于分析、比较，同时减少了主观性，且对面试官的要求较少，研究表明，结构化面试的信度与效度较好。结构化面试的缺点是过于僵化，难以随机应变，所收集的信息范围、内容受到限制。

（2）非结构化面试。对面试的构成要素不做任何具体的规定，无固定模式，事先无须做太多准备，主面试官只要掌握岗位的基本情况即可提出一些探索性、无限制的问题。这种面试的主要目的在于给应聘者充分发挥自己能力与潜力的机会。但缺点是发散性强、随意性大、效度较低，也难以比较应聘者之间的差距。

（3）半结构化面试。结合结构化面试与非结构化面试的特点，形成对面试构成要素部分内容做统一要求、部分内容不做统一要求的方式，即半结构化面试，此面试的特点是简单、易组织，但也有一定的随意性，效度不高。

4. 根据面试的目的划分

（1）压力面试。将应聘者置于一种不舒适的环境中以考察他对压力的承受能力。面试官一开始就可能从应聘者的背景中寻找弱点，提问具有攻击性，如询问他在原来的工作中是不是不积极、经常缺勤等，以此观察应聘者在承受压力、情绪调整上的能力，以及应变的能力、解决紧急问题的能力等。压力面试多用于招聘销售人员、公关人员、高级管理人员。目前有些人力资源专业人士认为，压力面试缺失人性化考量且作用不大，所获得的信息经常被扭曲、误解，这种面试所获得的资料不应作为录用决策的依据。

（2）非压力面试。与压力面试相反，非压力面试中，面试官力图创造一种宽松亲切的氛围，使应聘者能够在最小压力下回答问题，以获得录用所需的信息，非压力面试适用于绝大多数的情况。

5. 根据面试借助的介质划分

（1）普通面试。不借助任何介质或媒介，面试双方在同一房间内进行的面试。

（2）可视电话面试。双方通过可视电话进行的面试。

（3）网络（电子）面试。双方借助网络进行的面试。

（4）其他面试。除以上三种面试形式的其他面试，如通过闭路电视等设备进行的面试。

三、面试的内容

面试是一种最常用的人员甄选方法，适用于所有招聘的岗位。但面试不可能考察到应聘者所有的能力和素质，一般要与其他的甄选方式组合运用。

面试主要包括以下内容。

1. 仪表风度

仪表风度是指应聘者的体型、外貌、衣着、举止、精神状态等。企业经理、销售、客户服务、公关等岗位，对仪表风度的要求较高。研究表明，仪表端庄、衣着整洁、举止文明的人，一般做事有规律、注意自我约束、责任心强。

2. 专业知识

了解应聘者掌握专业知识的深度和广度，其专业知识更新是否符合所要录用岗位的要求，作为对专业知识笔试的补充。面试对专业知识的考察更具灵活性和深度，所提问题也更接近空缺岗位的需求。

3. 工作实践经验

一般根据应聘者的个人简历或应聘申请表，做相关的提问。核查应聘者有关背景及过去工作的情况，以补充、证实其所具有的实践经验，通过对工作经历与实践经验的了解，还可以考察应聘者的责任感、主动性、思维力、口头表达能力、遇事的理智状况等。

4. 口头表达能力

考察应聘者是否能够用语言将自己的思想、观点、意见或建议完整、流畅地进行表达。考察的具体内容包括表达的逻辑性、准确性、感染力、音质、音色、音量、音调等。

5. 综合分析能力

考察应聘者是否能抓住面试官所提问题的本质，并且说理透彻、分析全面、条理清晰。

6. 反应能力与应变能力

主要考察应聘者对面试官所提问题的理解是否准确，回答是否迅速、切中要点等，对于突发问题的反应是否机智敏捷，对于意外事情的处理是否妥当等。

7. 人际交往能力

在面试中，通过询问应聘者经常参加的社团活动和交往人群，以及在各种社交场合的经历，了解应聘者的人际交往倾向和与人相处的技巧。

8. 自我控制能力与情绪稳定性

自我控制能力对于管理人员、销售人员、客户服务人员等显得尤为重要。一方面，在遇到上级或客户批评指责、工作有压力或是个人利益受到冲击时，能够克制、容忍、理智对待，不因情绪波动而影响工作；另一方面，工作有耐心和韧劲。

9. 工作态度

一是了解应聘者以往学习、工作的态度；二是了解其对应聘岗位的态度。在学习或工作中态度不认真、对工作内容和工作成果无所谓的人，在新的工作岗位上也很难勤勤恳恳、认真负责。

10. 上进心、进取心

上进心、进取心强烈的人，一般都有事业上的奋斗目标，并为之积极努力。表现为努力把现有工作做好，且不安于现状，工作中常有创新。上进心不强的人，一般都安于现状，无所事事，不求有功，但求无过，对什么事都不热心。

11. 求职动机

了解应聘者为何来本企业工作，对哪类工作感兴趣，在工作中追求什么，判断本企业所提供的岗位、工作条件等能否满足其工作期望。

12. 业余兴趣与爱好

了解应聘者的兴趣与爱好，如喜爱的运动、书籍、电影等，这可以为录用后的工作安排提供参考。

四、面试的准备

1. 成立招聘面试小组

在现代企业中，人力资源部门和用人部门（业务部门）都要参加重大的招聘工作。人力资源部门主持日常性招聘工作并参与招聘的全过程，招聘团队中，仍以人力资源部门为主，并吸收有关部门人员参加，用人部门的意见将在很大程度上起决定性作用。另外，面试官代表着企业形象，是企业文化的象征，又担负着甄选人才的重任，所以需要特别挑选并进行一定的培训后方可上阵。

2. 资料准备

（1）岗位职责说明书。面试的准备工作从阅读岗位职责说明书开始，即首先要了解所招聘岗位的职责任务、素质技能要求、工作关系、环境特点、薪资福利等。对岗位的描述和说明是在面试中判断应聘者能否胜任的依据，因此面试官在进行面试之前必须全面了解岗位职责说明信息。

（2）应聘材料与简历。仔细阅读应聘者材料和简历，一是可以熟悉应聘者的背景、经验和资格，并将其与岗位要求相对照，对应聘者的胜任程度做出初步的判断；二是可以发现应聘者材料和简历中的问题，供面试时进一步讨论、了解。

（3）测试情况记录。测试情况包括笔试成绩、人机对话成绩、模拟考试成绩、外语成绩、竞聘演说评价及其他收集到的信息。通过对测试情况的了解，既可以淘汰一部分应聘者，从而筛选出面试对象；也可以预先掌握应聘者的基本情况，从而为面试确定提问的重点。

3. 面试场所的选择与布置

面试的环境必须是安静的，为双方的交流提供一个良好的氛围。面试场所的选择，一般根据招聘岗位、面试人数、是否需要听众和听众人数来决定。

面试场所的布置应严肃、整洁。应聘者与面试官的桌面布置应基本相同，并有明确标记，场记安排在面试官席的一侧，如有听众，则听众席应在面试官席后面，不要摆在面试官席的两侧，以免对应聘者形成包围之势。

4. 电话通知和筛选应聘者

正式面试之前，可进行电话访谈，一是确认应聘者的应聘材料和简历中的信息，初步了解应聘者的职业兴趣和相关素质是否与应聘的岗位相符；二是确定正式面试的时间和地点。

电话访谈中，面试官可以询问以下情况。

- 从什么渠道了解到本企业的？如何得知岗位空缺信息的？
- 应聘的原因是什么？

- 现在所做的主要工作是什么?
- 为什么离开现在的企业?
- 最感兴趣的工作是什么?
- 对自己所应聘的岗位是如何理解的?
- 对企业有什么期望?

电话访谈尽可能形成双向交流,一个电话访谈一般可保持 10~15 分钟,当结束访谈时,面试官应该对以下问题形成判断。

- 应聘者是否正确领会了所应聘的工作内容?
- 应聘者是否表现出对所应聘工作具有很大的兴趣?
- 应聘者是否满足该岗位的基本任职要求?
- 应聘者所说的与简历材料中的信息是否一致?

电话访谈不同于面试,不是要形成是否聘用的决策,而是要确定是否对该应聘者进行正式面试。

5. 面试评价量表和面试问话提纲的设计

面试评价量表是依据空缺岗位的工作说明制定的,是面试过程中面试官进行现场评价和记录应聘者各项要素的工具,它应该反映出工作岗位对人员素质的要求。在设计面试评价量表时,要注意这些评价要素必须是可以通过面试进行评价的。由于面试没有标准答案,评分往往带有一定的主观性,为了使面试评分尽量客观,在设计评价量表时,应使评分具有一个确定的计分幅度及评价标准,详见表 5-2。

表 5-2 面试评价量表

编号: 姓名: 性别: 年龄:
应聘岗位: 所属部门:

评价要素	评定等级				
	1(差)	2(较差)	3(一般)	4(较好)	5(好)
求职动机					
个人修养					
语言表达					
专业知识					
工作经验					
人际交往					
情绪控制					

续表

评价要素	评定等级				
	1（差）	2（较差）	3（一般）	4（较好）	5（好）
自我认知					
综合分析					
应变能力					
评价	□建议录用		□可考虑		□建议不录用
用人部门意见： 签字：		人力资源部门意见： 签字：		董事长意见： 签字：	

也可以进一步采用加权法制定面试加权评定表（见表5-3）。

表5-3　　　　　　　人力资源经理助理招聘面试加权评定表　　　　　　　分

编号：		姓名：		出生年月：		性别：		
面试评价要素	分值	具体指标	优秀 （90~100）	较好 （80~89）	很好 （70~79）	较差 （60~69）	很差 （60以下）
身体外貌	20	健康程度（10）					
		气质（10）					
知识经验	20	基础知识（4）					
		实际经验（6）					
		职业道德（5）					
		专业知识（5）					
能力方面	40	社交能力（10）					
		口头表达能力（10）					
		应变能力（8）					
		协调能力（6）					
		解决问题能力（6）					
性格方面	20	工作热情（6）					
		自信心（6）					
		开放性（4）					
		亲和力（4）					
小计							
综合评分	级别 标准	96~100	90~95	80~89	70~79	60~69	60以下
主试评价意见	评委甲：						
	评委乙：						
录用决定							

面试问话提纲是根据所选择的评价要素及从不同侧面了解的应聘者背景信息而预先设计的。它由两部分组成：一是通用问话提纲，二是重点问话提纲，详见表5-4。

表 5–4 面试问话提纲

应聘岗位：<u>人力资源经理助理</u>　　应聘者姓名：_____　　面试时间：_____

注意事项
1. 审阅应聘者的材料，包括简历和应聘申请表，找出需要进一步了解的内容。
2. 回顾招聘岗位所需要的胜任特征，以及各项胜任特征的行为指标。
3. 对问题的提问方式做适当的修订，使之更贴近招聘岗位的特点和应聘者的经验。
4. 计划好面试时间。

学习背景
1. 为什么选择该专业？

2. 在学校中最喜欢和最不喜欢的学科分别是什么？为什么？

3. 认为学校生活中最大的收获是什么？

工作背景	工作单位：　　　　　　　　　　　时间： 岗位与职责： 满意的与不满意的： 离职原因：
	工作单位：　　　　　　　　　　　时间： 岗位与职责： 满意的与不满意的： 离职原因：

关键胜任能力考察（部分）	● 客户服务精神 1. 并不是所有的客户都是友善的，你会如何处理客户提出的不合理要求？ 2. 请讲述一个你与客户长期维持合作关系的例子。
	● 团队合作精神 1. 讲述一个你在团队中与他人共同解决的事情。你在团队中的角色是怎样的？解决问题的过程是怎样的？ 2. 当你的意见与小组中其他人意见发生冲突时，你是怎样处理的？
	● 自控与自知能力 1. 最近一个月（或半年或一年），你是否与同事发生过争执？争执的原因是什么？ 2. 请分析你的优点与缺点。
	● 专业技能与兴趣 1. 你接受过哪些专业培训？ 2. 你的特长和爱好是什么？ 3. 询问一些专业术语和有关专业领域的问题。 4. 询问一些专业领域的案例，要求其进行分析判断。

 **相关链接**

××公司新员工招聘与录用办法

第一章　总则

第一条　为更好地吸引、招募优秀人才，满足公司人力资源需求，做好本公司员工招聘与录用工作，特制定本办法。

第二章　招聘与录用政策

第二条　遵守国家相关法律法规，精心组织招聘管理工作，注意能岗匹配，实施科学考评，严格择优录用。

第三条　公司不定期成批招聘录用，不零星招聘，以利于职前培训。

第三章　招聘申请

第四条　招聘新员工应以公司年度人力资源计划及各部门的实际需要为依据。各部门如有岗位空缺或需要增加人力，必须先行提交人员需求申请及人员增补申请表，属于新设岗位的，还应同时提交岗位说明书，呈报总经理办公室核准后，由人力资源部门办理。

第五条　人力资源部门是公司负责统一招聘的职能部门，依据各部门的招聘申请汇总情况，提出公司招聘计划，报分管副总经理、总经理审批。人力资源部门编制招聘计划应优先重视内部人才的调配与选拔。

第四章　招聘渠道和甄选

第六条　招聘渠道

1. 通过专业招聘网站、公司官网，以及其他社交网络或新闻媒体，发布招聘信息。
2. 通过定期或不定期举办的人才招聘活动设摊招聘。
3. 通过各类人才信息库搜寻。
4. 通过大中专院校的校园招聘获取人才。
5. 借助本公司员工推荐、管理顾问推荐、知名人士推荐。
6. 通过长期合作的人才中介公司（包括猎头公司）寻找。
7. 离职员工复职。
8. 其他。

第七条　员工招聘应有明确的岗位说明书，依据岗位说明书中的任职资格条件，实现能岗匹配。

第八条　新员工甄选

公司成立招聘小组，负责对候选人员的甄选。招聘小组至少由三人组成，分别来自人力资源部门、用人部门、公司领导或外部专家。甄选程序主要如下。

1. 初选。招聘小组对应聘材料通览后进行初步筛选，首轮合格者寄送面试通知书或发送面试通知邮件。

2. 面试。安排候选人进行个别面试或集体面试，由用人部门负责人担任主试。面试后由面试者填写面试记录表。

3. 其他测试。根据岗位所需能力测评需要，可组织对面试者增加其他测试，包括笔试、心理测验、评价中心技术，以及专业技能、外语水平测试等。

4. 提出录用意见。招聘小组对所有面试候选人进行评价，提出录用或不录用意见。

管理人员的招聘，除应依以上程序办理外，还需通过总经理面试。

第九条　面试测评注意事项

1. 及时通知应聘者和相关面试人员，准时到场。安排好面试环境，保持环境的安静和不被打扰。

2. 事先阅读和熟悉岗位说明书、简历、面试评价表等面试材料，做好充分的面试准备。

3. 明确测评目的，控制好面试或其他测评的时间，科学实施面试测评，及时填写面试记录表。

第五章　新员工录用

第十条　面试及测评合格与否，以及最后的录用决定，应由用人部门做出。人力资源部门应对拟录用者进行背景调查。

第十一条　发出录用通知，附注报到须知。

第十二条　应聘人员录用前，应及时进行健康检查，如有严重疾病的，取消录用资格。

第十三条　应聘人员被录用后，如在发出录用通知后35天内不能正常报到，可取消其录用资格。特殊情况经批准后，可延期报到。

第六章　新员工报到

第十四条　新进员工应准时携带录用通知书和其他相关材料，前来公司人力资源部门报到。报到事项主要如下。

1. 签订劳动合同。
2. 签订遵守规章、保守公司秘密、知识产权承诺和连带责任保证书。
3. 申领工作证和员工手册。
4. 申领办公用品和其他用品。
5. 填写员工登记表。

第七章　附则

第十五条　本办法由人力资源部门拟制、修订、解释，经公司总经理办公会议通过生效。

第四节 背景调查

一、背景调查的作用

1. 核实个人简历中的信息

需要核实的信息包括教育背景和工作经历,要验证应聘者所提供的信息是否属实,这主要是针对应聘者在简历中提供虚假或模糊信息,有些信息在面试过程中很难辨识。

2. 核查应聘者有无过失或严重违纪的行为

应聘者的简历中不会暴露自己犯错误、违纪或是曾经被除名的经历,但如果录用这样的员工,对企业来说有一定的风险。通过调查可以了解应聘者在以往工作中有无违纪等道德风险事件,以降低录用风险。

3. 获取应聘者简历以外的信息

通过应聘者以前工作过的企业可以了解应聘者的人际关系、合作精神等信息,也可能了解简历上未注明的某些个性、工作习惯、品格等方面的信息。

4. 预测绩效的依据

应聘者以前的工作业绩是未来岗位业绩预测的有效参考。一个有效的甄选过程,可以了解应聘者的具体表现,预测其在新岗位上的表现,也可以了解应聘者的潜能,从而能够为其制订职业发展规划,或是为其提供适当的培训与提高的机会,有利于企业对人才结构进行有效调整,并在企业与个人的发展方面实现共赢。

二、背景调查的类型和内容

1. 背景调查的类型

(1)以调查的对象和内容进行分类

1)证明人核实。从应聘者前任工作的直接领导和同事处获得其相关信息,直接领导提供的材料有很强的参考价值。

2)证照核实。从学校、认证机构核实应聘者提供的学位、证书等证明材料的真伪,必要的话,到公安机关对其是否有犯罪前科等进行调查。

3)培训核实。了解应聘者是否接受过相关的职业培训,从而判断其职业技能水平。

（2）以调查的方式进行分类

1）电话调查。电话调查的优点是快捷、便利，可以在很短的时间内掌握应聘者的基本情况；缺点是受时间限制，获得的信息量较小。

2）问卷调查。问卷调查的优点是信息全面，准确度高；缺点是耗费的时间较长。有的证明人担心引起不必要的纠纷，不愿意以书面形式对应聘者进行评价，导致问卷得不到回复，还有的证明人只对调查表中的部分信息给予反馈，导致信息收集不完整。

3）网络调查。现在越来越多的招聘人员会通过社交网站来了解求职者的相关信息，为录用决定提供参考。但是此方式适用人群有限，因为不是每个人都会有很多网络记录，另外，其真实性也有待评估。

4）委托调查机构调查。企业在进行员工背景调查时，操作起来往往费时费力，且由于很多员工来自竞争对手，在实施员工背景调查时无法获得其人力资源部门的配合和支持。另外，企业的人力资源部门由于调查手法单一、技术不专业，无法保证调查结果的真实性和有效性。因此，对于部分核心和重要岗位，很多企业会委托外部调查机构进行员工背景调查，调查机构利用自身的数据库和专业工具，迅速调查清楚员工背景信息，且能保证员工背景调查报告客观、可信。但是委托调查公司进行员工背景调查需要花费较高的费用，给企业带来较大的人力成本压力，调查对象的适用范围不是特别广。

总之，对核心岗位的拟录用者进行背景调查非常必要，员工背景调查的方法有很多，但是在做员工背景调查时要注意保护被调查者的隐私、尊重被调查者，同时调查时尽可能听取多方意见，确保调查结果合理、合法、客观、有效。

2. 背景调查的内容

（1）教育和专业培训背景。企业应检查应聘者所提交的学历和学位证书，有时可以向其导师核对背景信息。

（2）职业资格和认证信息。为了提升各个行业的运营标准和专业程度，很多职业和岗位都有专门机构组织的职业资格考试和认证，有一些急功近利的人会伪造虚假的职业资格证书或提供虚假信息以获取岗位，因此，对于这些职业资格和认证信息应该进行确认，以免录用了弄虚作假的人。

（3）工作岗位、经验和成就。详细核实应聘者的工作起止时间、所在部门、岗位、职责、上下级关系。尽管应聘申请表或简历可以列出各种岗位等级、参加各种活动及其奖励的一系列名称，但要把这些与特定的职业要求联系起来有一定难度。有些应聘者在应聘申请表或简历中表述的工作内容很丰富，在面试中也夸夸其谈，很难判断其真实的能力，可通过背景调查获取具体的业绩数据和相关信息,来判断其能力。

三、背景调查的实施

1. 背景调查的时机

对于背景调查的时机有两种不同的观点,一种观点是背景调查最好在完成应聘申请表或个人简历分析后、面试等其他甄选开始前进行,这样可以避免不适合的应聘者进入后续的甄选。另一种观点是背景调查最好安排在面试结束后与上岗前的间隙,此时大部分不合格人选已经被淘汰,剩下的拟录用者数量已经很少,进行背景调查的工作量相对少一些,并且根据几次面试的结果,在调查项目设计时更有针对性。

一般而言,对于重要的且应聘人数较少的岗位,可以考虑采取第一种,因为这类重要岗位对应聘者的要求较高,需要通过严格且较为复杂的甄选过程,其甄选的单位成本较高,先将不合适的人员淘汰掉,可以降低后期的招聘成本,是一种很好的初步甄选方法。而对于人数多、岗位要求相对不高的情况,可采用第二种,避免前期背景调查的成本过高,周期过长。

2. 背景调查的实施方和调查目标部门

大多数情况下,背景调查由人力资源部门负责实施,对于一些高级岗位或很难获取信息的岗位可以委托中介机构进行,但要注意,要选择一家具有良好声誉的中介机构,明确提出需要调查的项目和时限。

根据调查内容一般把目标部门分为四类,分头进行调查。

(1)学校学籍管理部门。在应聘者毕业的院校查阅应聘者的教育情况,核实应聘者的教育经历、受教育的形式(如是全日制还是夜大教育)、在学校的成绩和表现。企业可以通过全国高等教育学生信息网(学信网)进行查询,对应聘者的学历进行检验。

(2)应聘者以往任职企业。从应聘者以前就职的企业处了解其任期、岗位、工作部门、工作业绩、能力等信息,用以确认其工作经验的真实性。但需要注意的是,在做这部分调查的时候,应该从前任企业的人力资源部门和应聘者的前任直接领导处了解情况,而不是一般同事和非直接领导。同时,对于评价的客观性需要加以鉴别,确保信息的公平性和客观性。

(3)档案管理部门。一般而言,从原始档案里可以得到比较系统、原始的资料。人事档案的真实性比较可靠,但目前人才中心保管的档案存在资料更新不及时的普遍缺陷,员工在流动期间的资料往往得不到补充,完整性较差。查阅档案应凭盖有党政机关、人民团体、企事业单位公章的介绍信。

（4）应聘者接触的客户或合作机构。应聘者以前的客户和合作机构与应聘者在工作上有很多往来，尤其是重要客户，在和应聘者的长期接触过程中，对应聘者的工作能力和业绩都有所了解。因此，他们是收集应聘者信息的一个很好的渠道。从另一个角度来说，外部人员的评价信息真实性更高，有较好的参考意义。

3. 背景调查的注意事项

（1）事先通知应聘者。在进行背景调查前，应先告知应聘者，并要求其提供相关的必要信息，如前公司的电话、前直接主管的联系方式等。这项内容可以设计在应聘申请表中，让应聘者填写时连同工作经历等信息一起填写。

（2）根据不同岗位使用适合的背景调查方法。背景调查的精度取决于招聘岗位本身的职责水平，责任较大的岗位要求进行准确、详细的调查，如对于管理人员、重要的职能及关键岗位，甚至可以启用中介公司进行深入调查。如果是一般岗位，只需要根据提供的联系方式，致电前公司进行调查。需要注意的是，背景调查主要是对于应聘者工作情况的调查，涉及个人隐私的问题，要坚决避免，同时，还要做好书面形式的记录，以作为是否录用该应聘者的依据之一。

（3）背景调查内容应简明、实用。内容简明是为了控制背景调查的工作量，降低调查成本，缩短调查时间，以免延误上岗时间，影响业务开展。同时，往往几家企业互相争夺优秀人才，长时间的调查会给竞争对手制造机会。实用指调查的项目必须与工作岗位需求高度相关，避免查非所用，用者未查。

（4）遇到不一致的信息，不要轻易下结论。在调查过程中，要注意分辨通过背景调查得到的关于应聘者的各种情况，这些情况既有客观情况，也会有诸如关于应聘者的性格等主观性较强的内容。背景调查应与应聘者其他甄选结果结合使用，进行多维验证，提高信息的准确性。

学习案例

宏翔公司是一家传统产业的上市公司，隶属于大同集团，由大同集团控股。2019年年初，新地投资公司通过控股并托管大同集团从而间接控制宏翔公司。新地投资公司目前控股多家海内外上市公司，近年来在国内主要以证券市场运作为主，较少涉足产业经营。在入主大同集团后，新地投资公司公开高薪招聘派驻大同集团的人力资源总监，并且委托多家知名猎头公司代为寻找。其中一家猎头公司开列的对外招聘条件如下：

- 年龄在32～40岁，硕士以上学历；

- 五年以上大型企业人力资源管理经验,至少担任三年人力资源总监;
- 熟悉中国劳动人事政策及相关法律法规;
- 熟悉中西方文化和西方人力资源理论;
- 富有团队精神和战略眼光,具有出色的组织能力、判断能力和沟通能力。

这家猎头公司给出的招聘条件难以有效量化,没有给出详尽的岗位工作内容、流程与工作目标要求,这些对于一个真正懂得相关专业知识的人力资源总监来说是至关重要的,因为他(她)要借此判断自己的工作经验与能力特点能不能胜任这项工作。新地公司对要招聘人力资源总监的认识模糊不清,虽然其明白人力资源总监这一岗位的重要性,但是并不能明确人力资源总监及其所属部门在公司经营战略及组织中的地位与作用,不能明确其真正的工作内容、流程及工作目标要求,因而难以对这一岗位提出客观的评价与要求,从而导致整个招聘过程充满不确定性,招聘周期过长,招聘费用加大,在社会上带来一定负面影响,并且难以设计、实施与此高级岗位相对应的岗前定向培训和工作铺垫,导致不能理性规避其工作过程中由于能力原因及工作失误造成的失败风险,加大了聘任失败的可能。

讨论题

1. 针对招聘工作,企业需树立什么样的招聘理念?
2. 如何为该公司人力资源总监的招聘设定一个有效的流程?

本章思考题

1. 简述人员初选的意义和方法。
2. 简述简历和应聘申请表的甄选方法。
3. 简述面试的主要准备工作。
4. 简述背景调查的内容和注意事项。

第六章

校园招聘

 引导案例

每年的10—11月是众所周知的校园招聘高峰期。一些企业的人力资源管理者马不停蹄地奔赴各个高校，发传单、做宣讲，这是一场硝烟弥漫的抢才大战。可是，还有一些企业几乎不参加校园招聘。企业对校园招聘的态度呈现两极化。

一直都对校园招聘怀有特殊感情的宋涛是一家企业的人力资源部门经理。他所在的企业从未缺席每年校园招聘会。而宋涛也对此一直抱有很大热情，宋涛是由校园招聘进入企业的，在企业培养下逐步成长和提升，与社会招聘的员工相比，宋涛认为自己对公司的感情更深，对公司企业文化的认可度也更高。每次参加校园招聘会，看到那些稚气又踌躇满志的毕业生，他仿佛看到多年前的自己。当从他们中间发现适合企业的人才，宋涛都会跟他们讲自己的故事，希望他们能像自己一样，踏踏实实地在企业扎根，成为企业的坚实力量。虽然总免不了有人中途离开，但他并不认为这是坏事，而是一个毕业生与企业相互选择的必经过程。每期只要留下一个人，宋涛都觉得努力没有白费，这几年他从校园招聘来的新员工，留下来的，的确都有不俗的表现。

同是人力资源部门经理的郭源对校园招聘的态度就有些冷淡。其实他曾经跟其他人力资源管理者一样，对校园招聘充满向往，也希望能够培养一批忠诚度高的年轻人才。可是他却被校园招聘的大学生们伤了心。招聘时谈得很好，到企业后却处处不满意，还不到半年，应届生们就所剩无几了。而剩下来的，用人部门抱怨他们眼高手低，能力太差。尤其是生产部门，曾经有一位老生产组长激烈反对带应届大学生实习，称若再招应届生，他就辞职。郭源两面不讨好，从此不再参与校园招聘。如今公司通过社会招聘寻找成熟的员工，虽然同样面临流失率的问题，但郭源觉得比起校园招聘已经省心省力很多。

对于校园招聘的热或冷，其本质是对应届毕业生这个群体的态度。应届毕业生，可能代表着经验的欠缺、技能的不足和处事的青涩，但他们也同样代表着新生的力量、强烈的求知欲和充满一切可能的塑造性。对于这样一个优点与缺点都非常明显的群体，企业到底是该趋还是避？

案例思考

1. 你赞同哪位人力资源部门经理的意见？
2. 如何有效开展校园招聘工作？

第一节　校园招聘的概念与特点

一、校园招聘的概念

校园招聘是一种特殊的外部招聘途径。狭义的校园招聘是指企业直接从学校招聘应届毕业生。广义的校园招聘是指企业通过各种方式招聘应届毕业生。

应届毕业生充满朝气、可塑性强、发展潜力大，是就业市场上的生力军，是企业获取新鲜人力资源的源泉。越来越多的企业将目光瞄准校园，展开各式各样的校园招募活动，以此作为获取人才的一个主渠道。例如，被誉为外企"黄埔军校"的宝洁（P＆G）公司在华招聘时就将目光锁定于重点大学的优秀应届毕业生，宝洁公司认为，一张白纸可以绘制最新最美的图画。因此，他们宁可招聘刚毕业的、没有社会经验的大学生，也不愿意招聘在其他企业有相关工作经验的人员，除非是那些确实需要工作经验和人际关系网络的岗位。

二、校园招聘的特点

1. 人员数量多、素质高。
2. 作为新鲜人力资源，应届毕业生具有工作热情高、可塑性强的特点，更容易接受公司的管理理念和文化。

3. 校企可长期合作，由此选取专业对口、潜在的技术和管理人才。
4. 人员缺乏实践经验，招聘录用后需要大量的培训。
5. 人员可能有先就业再择业的想法，会产生一定的流动率。
6. 需要较长的招聘周期，从供需洽谈会的见面到人事关系的接转一般需半年左右。

第二节　校园招聘的主要方式

一、各种校园活动

校园活动包括开展各种校园招募演讲会，宣传企业形象的同时吸引优秀毕业生加盟；举行各种校园竞赛活动，从中选拔优秀大学生等。以举办招聘会为例，应届生的招聘计划一般在年中，最晚应在9月上旬确定，以利秋招的顺利开展。如果希望招聘到优秀的毕业生，事先要定出合适的待遇标准。招聘会展位的布置也要用心，因为关系到企业的形象。招聘人员的能力素质也很重要，要有能力在很短时间内初步判断应聘者是否适合企业的需要，同时也要能给应聘者以信任感。

当前校园招聘形式不断推陈出新，丰富多样，形成校园中的人才竞争态势。企业通过组织一些职业技能或者商业大赛，模拟实际商业项目的运作，吸引大批学生报名参加，让优秀的人才在竞赛中脱颖而出。获胜者除了能够获得丰厚的奖品，更有机会赢得去企业实习或正式录用的机会。也有企业通过组织目标院校及特定专业的大学生到企业所在城市参观，并进入企业与员工座谈等活动，展示企业品牌，传递企业文化。有些企业还要求学生回校后撰写报告，帮助其在学校进行宣传，推动该企业今后校园招聘活动的开展。

二、学生直接去企业中实践

邀请学生进入企业进行社会实践、工作实习、参观访问等，使学生直接而深入地了解企业，对企业产生兴趣。企业也可以借此了解与观察学生的综合素质与能力，进行双向选择。对企业而言，让学生参与企业实习实践有诸多好处，一是可以避开校园招聘的人才争夺高峰，将一些优秀毕业生提前纳入人才储备库。二是通过实习，企业能够提前了解学生的个性特点、价值观及在工作中的实际能力表现，有利于做出准确的录用决定。对于学生而言，也能通过实习实践充分了解企业，感受自身与岗位的适合性，有利于今后择业方向的正确选择，而且一旦正式录用，也能较快地适应岗位。"管理培训生制度"也是校园招聘的一种特殊形式，企业从顶级的高校寻找精英人才，通过严格选拔、系统培训课程设计和定向实践培养，定期安排在校学生实习和培训，最终从中挑选出优秀者成为企业的"管理培训生"。

三、奖学金制度或联合办学

不少希望建立良好校企合作关系的企业，在专业对口的高校设立奖学金制度，用以资助学业优秀而生活困难的学生。通常情况下，获得奖学金的优秀学生还可以获得优先进入企业工作的机会，同时，受资助的学生也会对企业心存感激，愿意为企业的发展做出自己的努力。企业在选择学校时，会结合该学校在关键技能领域的声望、学校的总体声望、过去从该校聘用的员工绩效等综合考虑。企业与学校联合办学培养人才的方法，目前也有不少案例。一般这种联合办学培养的人才在毕业后可全部来到该企业工作，企业不仅出资而且提供专业实习基地，这种方式通常适合某些特殊专业人才的培养。

第三节　校园招聘的实施

一、准备

1. 确定招聘岗位和人数

确定校园招聘的岗位、人数，并在此基础上确定去哪些学校招聘，招聘哪些专业的学生。

2. 成立招聘小组

招聘小组一般由人力资源部门经理负责，有时也由主管人力资源部门的主管领导负责。招聘小组的主要职责是准备招聘前期资料、制订招聘计划、实施招聘、面试等。

3. 联系招聘学校

招聘小组根据公司批准的招聘计划、历年接收的各校毕业生情况、本年度各校生源状况等，选定相应的高校，在招聘工作具体实施前，招聘小组将招聘计划发送给各高校的毕业生就业工作办公室，并与学校保持联系。

4. 准备相关资料

制定招聘政策（包括招聘整体实施、招聘纪律、招聘经费等），明确小组内部分工，准备面试相关的表格，准备企业宣传资料，等等。

二、招聘实施

1. 发布招聘信息

（1）在公司网站（包括各子公司网站）和校园网站上刊登招聘信息，介绍公司本年度对应届毕业生的需求量、用人标准、招聘程序、人力资源政策、应聘方式等。

（2）在校园内部张贴海报，宣传企业。

（3）在校园举办招聘推介会，加强毕业生对企业的感性认识，并树立良好的企业形象，吸引潜在的应聘者。招聘推介会所用资料由公司统一制作，负责推介会宣讲的人员必须事先经过培训。

2. 收集和筛选应聘资料

对应聘者的资料进行初审和筛选。这是校园招聘的重要环节，可以迅速从应聘者信息库中排除明显不合格者，提高招聘效率。同时，也可将所有应聘资料进行记录归档，为之后的分析工作提供素材。招聘人员需要通过多种渠道证实应聘材料的真实性，如到所在院系核查分数、奖励情况等。

3. 测试与面试

校园招聘的测试与面试强调准确有效、简便易行，主要考察应聘者的以下能力。

（1）专业知识。主要采用笔试，招聘小组需根据岗位要求准备专业的测试试卷。

（2）分析问题和解决问题能力。主要采用案例分析方式，事先准备一些案例，要求应聘者在规定时间内完成。

（3）性格特点、沟通协调等能力。主要采用无领导小组讨论和面试方式。无领导小组讨论是一种对应聘者集体面试的方法，应聘者较多时适宜采用这种方法，5～7人为一组，每组20～30分钟。通过让应聘者平等地集体讨论给定的问题，考察每个应聘者的综合素质，主要包括口头表达能力、人际沟通能力、灵活性、适应性、情绪控制、自信心、合作精神、性格特点等。大部分岗位都需要借助面试测评，面试前要准备好每个岗位的面试考察要素、面试题目、评分标准、具体操作步骤等，并且统一培训面试官，提高评估的公平性，使面试结果更为客观、可靠，使不同应聘者的评估结果具有可比性。由于应届毕业生没有工作经验，因此对他们的面试重点在于考察其基本素质，即对潜质进行考察。

4. 录用

面试合格的人员可以确定为拟录用对象，根据应届生招聘的相关规定签订三方协议。签订协议后还需要做好后期跟踪，因为优秀应届生很有可能被其他企业看中。

三、应届生接收与跟踪引导

1. 接收

人力资源部门应告知应届生企业的地理位置、乘车路线。如有可能，需派人去车站出口设接待点。应届生到企业后，企业应尽快安排入职培训，以利于其了解企业，更快地融入企业。

2. 跟踪引导

定期了解应届生的状态，及时给予帮助与引导。不能用对待社会招聘人员的方式对待应届生，他们需要更多的时间熟悉企业与本职工作，需要更多的理解与引导。企业让应届生越快完成从学生到职员的转变，则培养成本越低，应届生也会越快为企业创造价值。

校园招聘策划案

一、校园招聘的目的及意义

刚走出校园的大学生，他们充满激情、可塑性强、善于发现问题。招聘一批具有专业知识技术的人才，一方面可以充实企业的专业人才队伍，另一方面也可以储备企业管理者和技术人才后备力量。

二、招聘人数计划表

面向2018届毕业生的招聘计划见表6-1。

表6-1　　　　　　　　　　2018届毕业生招聘计划表

专业	类别	招聘人数（人）	院校名称	学历
工商管理	工商管理类	5		本科及以上
法学	法学类	5		本科及以上
广告学	新闻传播学类	5		本科及以上
不限	储备人才	30		本科及以上
备注				

三、招聘标准

1. 优秀的团队合作精神。
2. 务实的工作态度。
3. 较强的创新能力。

四、招聘方案设计

企业规划的招聘方案见表 6-2。

表 6-2　　　　　　　　　　招聘方案一览表

专业	院校	时间	地点	预算费用（元）
工商管理				广告宣传费：3 000
法学			学校操场	资料、设备：3 200
广告学				人工成本：5 600
不限				

五、招聘实施

1. 招聘准备工作

（1）前期和学校进行沟通。

（2）确定参加招聘的人员。参加此次校园招聘的人员有总经理、用人部门的主要负责人、人力资源部门经理、招聘专员、绩效评估负责人、具有校友身份的员工。

（3）准备相关资料

1）企业的宣传资料。

2）考题。

（4）布置展台

1）宣传标语的布置。

2）仪器设备的准备。

（5）广告宣传。将准备好的企业宣传资料由校友身份的员工向学校的应届毕业生分发，做好招聘前期的广告宣传。

2. 校园宣讲会实施

企业进入校园正式展开宣讲工作时，一般的程序如图 6-1 所示。

在宣讲工作正式开始前，企业会播放事先准备好的资料片，吸引学生前来观看。接着，通常由企业管理者介绍企业的概况，内容

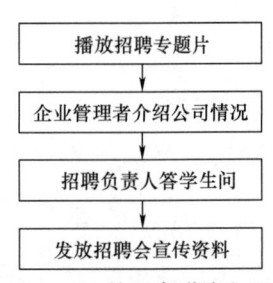

图 6-1　校园宣讲流程图

主要包括以下几个方面：企业创建初期的情况，企业目前主要经营的业务，企业目前的发展状况，企业文化，用人政策等。

3.笔试、面试

（1）笔试。企业经过初步的简历筛选后，会在一个星期之内通知应聘者参加考核的第一个环节——笔试。

1）笔试的地点安排在企业的会议室和培训室，时间为60分钟，主要测试应聘者的综合素质，范围涉及常识、推理判断、分析问题、想象力、领导力、专业技能测试六方面，具体内容见表6-3。

表6-3　　　　　　　　　　　　　笔试内容一览表

综合能力测试 试题分为四个部分，限时45分钟	1.基本常识（占试题的10%） 2.推理判断题（占试题的20%） 3.问题分析题（占试题的30%） 4.想象力试题（占试题的10%）
	考核点 1.效率 2.思维灵活度
领导能力测试 限时15分钟	主要是开放性问题（占试题的30%） 目的：考察应聘者的领导潜质
专业技能测试 （作为笔试之外独立的一部分，是对有专业限制的学生进行的单独测试）	对象：有专业限制部门的应试者，如技术研发部、质检部门等
	考核内容：要求应聘者就某些专题进行学术报告或者就自己的毕业论文与专业人士探讨，并请公司资深科研人员加以评审
	目的：考察应聘者的专业水平

2）根据笔试成绩，企业再次淘汰一部分人员，笔试成绩合格的人员进入下一轮的考核——面试，进入面试阶段人员的比例占计划招聘人数的200%，面试时间一般为30分钟。

（2）面试。第一轮面试由人力资源部门经理整体把握，由人力资源部门经理和招聘专员作为面试的主面试官。采用结构化面试的方式，大致分为四个阶段。

1）前期气氛的铺垫。双方相互介绍，营造良好的氛围。

2）正式进入面试阶段，面试的问题主要包括以下内容。

①业余时间你比较喜欢看哪一方面的书籍？

②请谈谈学习生活中印象最深刻的一件事情。

③说说你做得最满意的一件事情。
④在大学学习生活中难免与他人产生摩擦,请问你是如何解决的?
⑤谈谈自己对成功的理解(针对学生干部,请其谈谈在团队活动中如何采取主动性,并且起领导者的作用,最终获得所希望的结果)。
⑥对自己做简要评价。

3)在合适的时间,面试官会把面试引向结尾,让应聘者问自己感兴趣的问题。

4)面试的评价。面试官根据应聘者的表现在面试评价表(见表6-4)上打分。

表6-4　　　　　　　　　　面试评价表

姓名		性别		年龄	
应聘岗位		所属部门		面试日期	
考核内容	评价等级				
	A(不符合企业要求)	B(一般,基本符合)		C(较好,超出一般水准)	D(优秀)
仪容仪表					
语言表达能力					
灵活应变能力					
个人影响力					
专业知识					
总体评价					

面试官签字:

第二轮面试的面试官一般由企业高层领导、用人部门的经理、人力资源部门经理三人组成,进入这一阶段的应聘者占计划招聘人数的150%。

4. 企业做出录用决策

应聘者从参加校园招聘会到最后被通知录用大约需要20天。企业根据应聘者几轮考核的表现,最终做出录用决策。

六、招聘总结与评估

企业招聘结束后,会对整个校园招聘工作进行总结和评估。评估的主要指标包括:招聘人员的数量是否达到计划数量,录用人员的素质是否符合企业的要求,招聘的成本是否控制在预算之内。

学习案例

华工科技公司在华中科技大学举行的招聘会取名为"第一次亲密接触"。提前进场的学生由迎宾员派发彩印的招聘资料和带有公司标志的圆珠笔,讲台布置得犹如一个聚光灯照耀下的演播厅,几位公司高管亲切地围坐在玻璃圆桌的四周,有一个细节是在谈话中几人用过的纸杯上印有公司标志的那面始终朝向观众。议程依照大屏幕上变化的幻灯片依次展开,首先是具有专业水平的公司宣传片,然后由主持人轮流向高管们提出度身定制的问题,如向一位高管提问:"在座的同学中有不少准备到国外继续深造,您在美国留学毕业获得贝尔的高薪工作后,为什么还选择来这里二次创业?"该高管的回答如行云流水,入情入理,博得同学一阵掌声。每当一位高管回答提问时,屏幕上即刻出现他的照片和姓名,主持人的风趣发问,高管们的轻松回答,不动声色地把公司的基本信息连同员工在企业的职业发展前景都展现给了观众。从在场学生争先恐后地参与互动来看,本次校园招聘非常成功。

讨论题

1. 华工科技公司的校园招聘有什么特点?
2. 你觉得目前校园招聘中主要存在哪些问题?

本章思考题

1. 简述校园招聘的特点。
2. 简述校园招聘的主要方式。
3. 简述校园招聘的实施要点。

第三篇
培训与开发

第七章

培训与开发概述

 引导案例

作为施乐公司的新任首席执行官,戴维·凯恩斯面临一个严重的问题。由于印刷复制行业的竞争十分激烈,无论在美国本土还是海外,曾被称为"复印机之王"的施乐公司经历着市场份额的严重下滑。

凯恩斯意识到,要想重新获取竞争优势,施乐公司就得大力改善其产品和服务质量。这就意味着必须改变公司员工的行为。在此之后,施乐公司制订并贯彻执行了一个名为"通过质量来领导"的5年计划。该计划有两项基本内容:一是提出让消费者永远满意,二是指出提高质量是每一位施乐公司员工的工作。

为贯彻这一计划,施乐公司开设了一系列的培训课程。这些课程是为指导员工做什么而设计的,目的是确保员工在质量改善方案中能够完成新的工作任务。为开发这些课程,施乐公司从遍及全球的运营单位引入专业培训人员,与公司总部的培训人员一起工作,课程开发出来后,所有教员完成了一个认证过程,该过程为怎样进行质量培训的教学。

培训从一个取向性阶段开始。在这个阶段中,管理部门向员工说明施乐公司从事大规模质量培训计划的原因,高层管理部门认为的质量含义及每一位员工的任务,将总经理指导成为一个角色榜样的方法,并向员工提供必要的在职强化培训。随后,向部门经理及员工提供有效的团队工作和以解决问题的技能为中心的培训。最后,员工被鼓励在工作中实践这些新的技能，他们的经理提供反馈和咨询意见来帮助员工调整这些技能。

培训费用十分昂贵并将消耗大量时间。每次培训估计要花掉1.25亿美元和400万个工时。然而，培训的效果却远远超过它的支出。因为员工现在作为一个团队一起工作，以识别和纠正妨碍优质生产和服务的质量问题；消费者对施乐公司的认知戏剧性地改变了，其满意度增加了40%，同时对产品质量的投诉降低了60%。更重要的是，施乐公司夺回了美国复印机市场的"王位"。

案例思考

1. 请根据案例分析培训的意义。
2. 简述培训的基本流程。

第一节　培训与开发基础

一、培训与开发的概念

1. 培训的概念

人力资源培训是指为了满足企业不断发展的需要，使员工能胜任本职工作并不断有所创新，在综合考虑企业发展目标和员工个人发展目标的基础上，通过教学、实验等方法对员工进行一系列有计划、有组织的学习与训练活动，如图7-1所示。

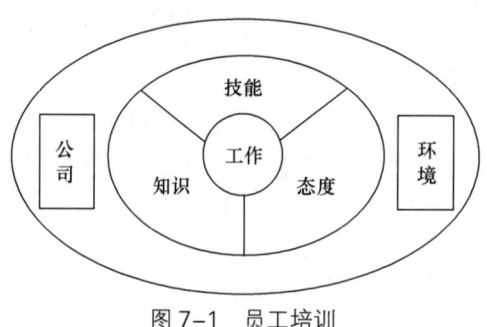

图7-1　员工培训

2. 开发的概念

人力资源开发是指为员工今后发展而开展的正规教育、在职体验、人际互助、个性和能力的测评等活动。

二、培训与开发的异同

培训是给新员工或现有员工传授其完成本职工作所必需的基本技能；开发主要是指管理开发，指一切通过传授知识、转变观念或提高技能来改善当前或未来管理工作绩效的活动。培训是指培养和训练，开发是指通过一定的途径使潜在的能力得到有效的呈现。培训与开发是一个系统化行为的改变过程，这个行为改变过程的最终目的是通过工作能力、知识水平的提高及个人潜能的发挥，明显表现出工作上的绩效特征。工作绩效的有效提高是培训与开发的关键所在。

随着培训战略地位的提升，培训与开发有着相互融合的趋势，两者的界限日渐模糊，都变得既注重当前也关注未来，既关注企业的发展也关注员工的发展。因此，在本书之后的表述中，不再严格区分两者。

三、培训与开发的原则

不同企业的培训工作在培训内容、培训方式、培训效果上有所不同，重要原因之一是遵循的培训原则有所不同。要做好培训工作，一般来说，应该坚持以下原则。

1. 战略性原则

员工培训是企业管理的重要环节，必须纳入企业的发展战略之中。因此，在组织员工培训时，一定要从企业发展战略的高度去思考培训问题，使员工培训工作成为企业发展战略的重要内容，避免发生"为培训而培训"的情况。

2. 长期性、持续性原则

要正确认识智力投资和人才开发的长期性、持续性，坚持"以人为本"的理念。员工培训需要企业投入大量的人力、物力，这对企业的运转会有一定程度的影响。有的员工培训项目有立竿见影的效果；有的培训则需要一段时间后才能反映到员工工作绩效或企业经济效益上来，3尤其是管理人员和员工观念的培训。因此，要正确认识智力投资和人才开发的长期性、持续性，避免急功近利的培训态度。

3. 学以致用原则

员工培训与普通教育的根本区别在于，员工培训特别强调针对性、实用性、实践性。企业发展需要什么、员工缺什么就培训什么，培训和发展应有明确的目的。有关计划的设计应根据实际工作的需要，并考虑工作岗位的特点。结合员工年龄、知识结构、能力结构等因素，做出全面的规划，决定培训和发展的内容。要努力克服脱离实际、向学历教育靠拢的倾向。培训不应该仅仅是观念的培训、理论的培训，更重要的是实践的培训。因此培训过程中要创造实践的条件，在课堂教学过程中，要有计划地为参训员工提供实践和操作机会，使他们通过实践提高工作能力。不搞形式主义的培训，而要讲求实效，学以致用。

4. 专业知识技能和企业文化并重原则

培训的内容除了知识和技能外，也应包括企业的信念、价值观、道德观等，通过灌输企业文化，使员工逐步融入企业。信念、价值观的培训难度高于知识技能的培训。

5. 全员培训和重点提高结合原则

全员培训是指有计划、有步骤地培训所有员工，以提高全员素质。企业培训的对象应包括所有员工，这种全员培训是提高员工整体素质的必由之路。但是，全员培训并不等于平均使用力量，仍然要有培训重点。在资源的使用上，可按职级的高低安排培训的先后次序。先培训和发展管理骨干，特别是中高层管理人员，以加强领导素质，继而培训基层员工。在全员培训的基础上，还应根据企业实际情况强调重点培训。例如，在服务行业，不能只把管理人员和业务骨干列为培训对象，因为顾客总是直接和机构的一般员工打交道，因此更应重视一般员工的培训。

6. 考核与激励结合原则

行为主义心理学家把动机看作是由外部刺激引起的针对行为的冲动力量，并特别重视通过强化来说明动机的起因与作用。经典条件反射与操作条件反射理论也都认为强化是形成和巩固条件反射的重要条件。人的某种行为倾向取决于先前的这种行为与刺激因强化而建立的牢固联系，强化可以使人在学习过程中增强某种反应重复可能性的力量。按照这种观点，任何学习行为都是为了获得某种报偿。因此，在培训管理活动中，采取各种外部手段如考核、奖赏、赞扬、评分、竞赛等，可以激发受训者的学习动机，引起其相应的学习行为。在培训过程中，应该利用种种激励方法，使受训者在学习过程中，因需要的满足而产生学习意愿。要注意对培训效果和结果的强化。反馈的信息越及时、准确，培训的效果越好。强化是结合反馈对接受培训人员的奖励和惩罚。这种强化不仅应在培训结束后马上进行，还应该在培训之后的上岗工作中贯彻实施。

7. 主动参与原则

要调动员工接受培训的积极性，就必须贯彻员工主动参与原则。一般而言，参与有助于增强员工的学习热情，提高学习效果。在培训过程中，行动是基本的，如果受训者只保持一种被动的消极状态，就不可能达到培训目的。为调动员工接受培训的积极性，一些企业采用"自我申请"制度，定期由员工填写申请表，申请表主要反映员工过去五年内的工作绩效和能力发挥情况、今后五年的发展方向及对个人能力发展的自我设计，然后由上级针对员工申请与员工面谈，互相沟通，统一看法。最后由上级在员工申请表上填写意见，报人力资源部门存入人力资源信息库，作为以后制订员工培训计划的依据。同时，这种制度还有很重要的心理作用，它使员工意识到个人对工作的"自主性"和自己在企业中的主人翁地位，疏通了上下级之间思想交流的渠道，有利于促进团队协作和配合。

8. 因人施教原则

一个企业岗位众多，员工水平参差不齐，而且员工在人格、智力、兴趣、经验和技能方面，均存在差异。对担任工作所必须具备的各种条件，各员工之间也有明显差异。对这种已经具备与未具备的条件的差异，在实行训练时应该予以重视。显然，企业进行培训时应因人而异，不能采用普通教育"齐步走"的方式培训员工。也就是说，要根据不同的对象选择不同的培训内容和培训方式，有的甚至要针对个人制订培训发展计划。

9. 个人与企业共同发展原则

员工通过培训掌握新知识和技能，提高了个人的绩效水平，有利于企业和个人的共同发展。作为企业正常运转的重要组成部分，员工培训也是调动员工工作积极性、改变员工观念、提高员工凝聚力的一条重要途径。有效的员工培训能让员工和企业共同受益，进一步促进员工和企业的共同发展。

四、培训与开发的类型

1. 按培训对象分

按培训对象分，培训与开发的类型可分为决策人员培训、管理人员培训、技术人员培训、业务人员培训和操作人员培训。培训与开发对象的不同，决定其内容、方式、时间也不同。如对决策人员进行培训，重点放在宏观经济理论、战略制定等方面；如对技术人员进行培训，则多偏重于专业技术的更新和最新技术的跟踪。

2. 按培训内容分

按培训内容分，培训与开发的类型可分为员工知识培训、员工技能培训和员工态度培训。知识培训使员工具备完成本职工作所必备的基本知识，了解企业经营的基本情况，如企业的发展战略、目标、经营方针、经营情况、规章制度等。技能培训使员工掌握完成本职工作所必备的技能，如谈判技能、操作技能、人际关系技能等，并借此开发员工潜能。

态度培训主要培养员工与企业相互间的认同感、信任感，培养员工对企业的忠诚度，以及完成工作应当具备的心理素质等。

3. 按培训性质分

按培训性质分，培训与开发的类型可分为适应性培训（新员工）、提高性培训（老员工）和转岗性培训（不同技能）。

4. 按培训方式分

员工培训方式有头脑风暴法培训、参观访问法培训、工作轮换法培训、事务处理法培训、情景模拟法培训、研讨会法培训和授课法培训。在实际培训中，针对不同的培训对象，将几种方法结合起来运用，其培训与开发的效果更好。如培训主管人员，可以采取工作轮换、事务处理、情景模拟等方法。

5. 按培训时间分

培训时间往往是企业进行人员培训的一个"瓶颈"，特别是对骨干员工的培训更是"惜时如金"，企业可在在职培训和非在职培训中进行选择。

6. 按培训地点分

培训地点比较灵活，分为企业内培训和企业外培训。企业内培训除了特指培训班的地点外，还可以泛指工作轮换、事务处理、情景模拟等；同样，企业外培训也可以包括参观访问、学校进修、国外深造等。

五、培训与开发的作用

1. 对企业的作用

（1）增强企业凝聚力。通过培训开发，把企业的发展战略、经营理念、管理模式、价值取向、文化氛围等传递给员工，培养员工的团队精神，增强企业凝聚力。

（2）提高企业竞争力。根据马斯洛的需求层次理论，员工在基本需求被满足之后，需要不断提高自己的工作能力和综合素质，体现自身价值，获得成就感。要留住优秀员工，只提供优厚的薪金待遇是不够的，要不断给员工"充电"、加压，满足其对不断进步的需要，实现自我价值，并在工作中体会到挑战的乐趣。一些知名企业的实践证明，如果企业给员工提供良好的培训与开发机会，员工抱怨明显减少，离职率也会降低。一些企业还把培训与开发作为福利奖励给表现好的员工。这样，员工成为学习型员工，企业成为学习型企业，将给企业带来更强的竞争力。

（3）获得高回报。对于企业来说，很难获得精确的财务数据来计算每次培训与开发的收益，但企业收益、培训与开发之间有着明确的逻辑关系。培训与开发在一定程度上投入了资金和资源，但通过培训与开发后，可以看到的结果是员工素质得到了提高，企业形象得到了提升，内部管理成本减少，管理效率提高，企业效益提升，这就是培训与开发给企业带来的高回报。

（4）有效解决企业问题。对于企业不断出现的各种问题，培训与开发有时是最直接、最快速和最经济的管理解决方案。

2. 对企业经营管理者的作用

（1）减少事故发生。研究表明，多数企业事故是员工不懂安全知识和违规操作造成的。员工通过培训与开发，学到了安全知识，掌握了正确操作规程，减少事故发生。

（2）改善工作质量。员工通过培训，往往能够掌握正确的工作方法，纠正错误和不良的工作习惯，促进工作质量的提高。

（3）提高生产率。通过培训，员工整体素质水平得到提高，从而提高劳动生产率。

（4）降低损耗。通过培训，员工进一步认同企业文化，认真工作，同时也提高了自身技术水平，降低损耗。

（5）提高研制开发新产品的能力。培训与开发在提高员工素质的同时，也培养了他们的创新能力，激励员工不断开发与研制新产品来满足市场需要，从而扩大企业产品的市场占有率。

3. 对员工的作用

（1）增强就业能力。现代社会职业的流动性使员工认识到"充电"的重要性，换岗、换工主要倚赖于自身技能水平的高低，培训与开发是员工增长知识、提升技能的重要途径。

（2）增加获得较高收入的机会。员工的收入与其在工作中表现出来的劳动效率和工作质量直接相关。为了追求更高收入，员工就要提高自己的工作技能水平，技能越高，获得较高收入的机会越多。

（3）增强职业稳定性。从企业角度来看，企业为了培训员工，特别是特殊技能的员工，花费了高昂的成本，所以在一般情况下，企业不会随便解雇这些员工，为避免他们离职给企业带来损失，总会千方百计留住他们。从员工角度来看，他们把参加培训、外出学习、脱产深造、出国进修等当作是企业对自己的认可和奖励，对企业有较高的忠诚度。员工经过培训，素质、能力得到提高后，在工作中表现得更为突出，就更有可能受到企业的重用或晋升，员工也更愿意为原企业服务。

（4）更具竞争力。未来的职场充满竞争，随着人才机制的创新，每年都有大量的人才加入竞争队伍中。面对竞争，只有不断学习，才能避免被淘汰。

第二节 培训体系

一、培训体系的概念

培训体系是指企业为实现一定的培训目标，在企业内部建立一个系统的、与企业的发展以及人力资源管理相配套的培训管理体系、培训课程体系、培训实施体系，具体界定内容如图 7-2 所示。

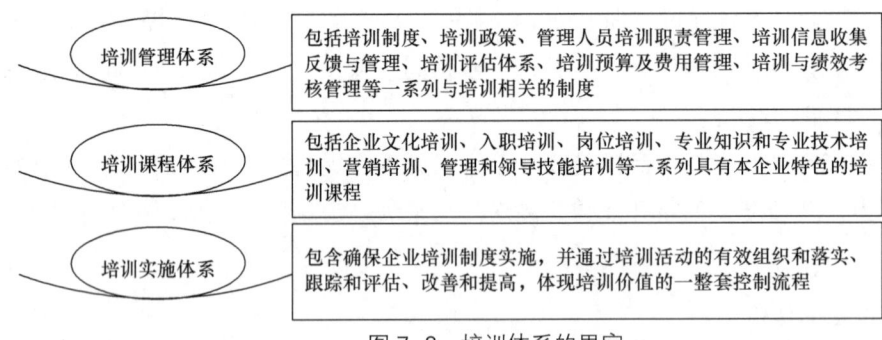

图 7-2 培训体系的界定

二、培训体系的构成

1. 培训课程开发体系

培训课程开发体系建立在培训需求分析基础上，根据员工不同的能力素质可以分为入职培训课程、固定培训课程和动态培训课程。

（1）入职培训课程。课程设置较为简单，属于普及型培训，主要包括企业文化、企业政策、企业相关制度、企业发展历史等内容。

（2）固定培训课程。固定培训属于基础性培训，是针对员工工作调动、岗位晋升、绩效评估等方面进行的培训，主要目的是弥补员工在能力和知识方面的不足。

（3）动态培训课程。动态培训是随着企业管理和科技发展的动态过程，结合企业发展目标和竞争战略做出培训分析，以保证员工能力进一步提升的培训。

2. 培训师资管理体系

培训师资队伍的建设是培训过程的核心，其水平高低决定了培训质量的好坏。通常情况下，培训师来源有两种途径，一是外部聘用，二是企业内部培养。企业内部需要制定培训师制度规范对师资队伍加以管理。

3. 培训效果评估体系

实施培训效果评估是指按照一定标准对培训结果进行测评。通过对培训对象和培训主体进行调查、分析，考察培训者在培训实施后，工作绩效是否得到了有效改善。

4. 培训组织管理体系

培训体系是动态平衡的体系，包括培训课程体系研究和培训师调整，以及如何激励学员培训意愿、如何开发和管理培训供应商、如何把培训课程的内容转化为工作流程和规范化的操作文件等，这些都是培训组织管理体系要考虑的，并通过制定相关制度加以落实。培训组织管理体系的设计必须遵守企业发展的客观要求，立足于企业自身的能力，做到兼顾培训活动近期的时效性和远期的前瞻性。

三、培训体系建设的原则

明确的原则能够指导培训实践活动的具体实施，确保培训效果。培训体系的建设必须从企业自身的特点和实际出发，除了要清楚培训体系包含的内容和本企业培训的现状外，还要注意遵循以下原则。

1. 基于战略原则

培训的目的是通过提升员工的素质和能力来提高员工的工作效率，让员工更好地完成本职工作，实现企业经营目标。因此，培训体系的建设必须根据企业的现状和发展战略的要求，为企业培训符合企业发展战略的人才。

2. 动态开放原则

企业要生存，必须适应不断变化的外部环境，这就要求企业的培训体系必须是一个动态、开放的系统，而不是固定不变的。培训体系必须根据企业的发展战略和目标进行及时调整，否则培训体系就失去了实际意义，就不可能真正发挥推进绩效改善和提升企业竞争力的作用。

3. 保持均衡原则

一个有效的培训体系必须保证企业员工在不同岗位都能接受到相应的训练，这就要求培训体系的建设必须保持纵横两个方向的均衡。纵向要考虑新员工、一般员工、初级管理者、中级管理者、高级管理者之间的不同，针对每个级别要求的不同能力，设置相应的培训课程；横向要考虑各不同职能部门要完成工作需要的不同专业技能，以此来确定培训需求，设置相应的课程。

4. 满足需求原则

培训体系的建设必须在满足工作需求的同时，满足企业需求和员工需求。满足企业需求才能保证培训的人才是企业所需要的，而不仅仅是岗位所需要的；满足员工需求才能从根本上调动员工的培训主动性和积极性，从而保证培训的效果。

5. 全员参与原则

培训体系的建设不只是人力资源部门或人力资源培训管理者的事，企业培训体系中的任何一项工作，都不能只靠人力资源部门孤军奋战，必须达成共识，全员参与，必须得到领导的大力支持、业务部门的全力配合、员工的积极参与才能有效完成。

6. 共同发展原则

如果培训体系和培训课程的开发能够与员工自我发展的需要相结合，就可以达到企业和员工双赢的目标。在员工得到发展的同时，企业也能得到发展。

四、培训体系建设方案的设计

培训体系建设方案设计模板见表 7-1。

表 7-1　　　　　　　培训体系建设方案设计模板

文件编号		受控状态	
一、总体规划　　　　　　　　　　　　　　　　　　　　　　　　　　　　　　　　 1. 培训体系建设的必要性　　……　　2. 培训体系建设的目标　　……　　3. 培训体系的构成　　……　二、培训体系建设的制度层　　1. 培训管理系统建设　　……　　2. 培训管理制度建设　　……			

续表

3. 培训管理流程建设 …… 三、培训体系建设的执行层 1. 培训需求 …… 2. 培训计划 …… 3. 培训组织与实施 （1）培训内容确定 …… （2）培训课程开发 …… （3）培训方式选择 …… 4. 培训评估 …… 四、培训体系建设的资源层 1. 培训师队伍建设 …… 2. 培训课程体系建设 （1）按培训内容划分的课程体系 …… （2）按岗位动态系统划分的课程体系 …… 3. 培训资料库建设 …… 五、培训体系运行评价 ……					
相关说明					
编制人员		审核人员		批准人员	
编制日期		审核日期		批准日期	

第三节　培训的基本流程

一个完整的培训基本流程通常应包括分析培训需求、确立培训目标、制订培训计划、实施培训计划和评估培训效果,如图7-3所示。

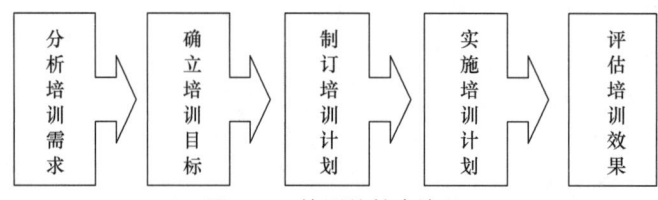

图7-3 培训的基本流程

一、分析培训需求

一个企业如何选择和实施培训计划,必须以真正的需要作为标准,这就需要分析培训需求。分析培训需求是指在规划与制订培训计划之前,由有关人员采用各种方法和技术对企业目标、员工知识和技能等方面进行系统的分析,以确定企业内需要接受培训的人员和需要培训的项目或培训内容。分析培训需求是培训活动的首要环节,在培训中的地位也日趋重要,它是制订培训计划的前提,也是进行培训评估的基础。

1. 企业分析

企业分析主要包括企业目标和企业战略分析、企业外部环境分析、企业内部环境分析等。应根据企业发展战略与目标的需要确定员工培训内容,如企业工作绩效的降低影响了企业的竞争力,企业经营方式的转变导致员工工作方式的变化,新技术的应用引起培训需求,员工的晋升引起工作内容的变化,以及新员工的加入等。对企业外部环境的分析有利于帮助员工了解社会发展及相关法律政策。对企业内部环境的分析主要是通过生产率、目标达成率、工作合格率、事故率、辞职率、缺勤率,以及员工的工作行为等分析员工的工作态度、工作士气等,以了解是否需要培训。通过以上分析基本可以确定培训在整个企业范围内的需求。

企业的培训需求分析一般包括以下步骤。

(1)调查现状,即通过历史资料分析、问卷调查、人员访谈等方法,了解本企业现有的人力资源状况,尤其是人力资源素质状况,分析评估后,确定人力资源状况与企业发展要求之间的适应程度。

(2)预测企业未来的人力资源需求,包括不同层次、不同类别的人力资源需求。

(3)综合分析现有的人力资源供求情况,确定人力资源培训的项目和主要内容。

(4)进行培训费用测算和预期的培训收益测算,确定参加培训的总人数。

2. 工作分析

工作分析就是通过对工作进行分析确定培训的内容,即员工达到令人满意的工作绩效所必须掌握的知识与技能。在培训目标的指引下，采取"缺什么补什么"的原则并适当考虑将来工作对培训的需求。工作分析主要包括系统收集反映工作特性的数据，以所收集的数据为依据制定每个岗位的工作标准，明确达到这些工作标准的方式方法；确定有效的工作所需要的知识、技能、才干和其他一些条件。现实中，对不同层次的员工应分别规划不同的课程。高层干部注重创新理念、经营管理方面的培训，中层干部注重跨业务知识、管理技能、职业修养等方面的培训，普通员工注重业务技能方面的培训，新聘员工注重企业文化、企业价值观方面的培训，形成整体培训教育体系。

3. 个人分析

个人分析就是确定每个员工的工作绩效。一般来讲，实际工作绩效与理想工作绩效之间的差别即为培训需求，需要通过培训来缩小和弥补。在获取培训需求信息时，可以采用观察法、访谈法、问卷调查法、自我分析法等渠道来收集足够数量和质量的信息。员工个人的培训需求分析一般包括以下两个步骤。

首先是员工培训意向调查，即通过员工问卷调查、征询管理部门意见等方法了解员工个人发展的目标和意向、员工个人愿意参加的培训项目、愿意耗费的时间、期望获得的收益等。

其次是评估分析员工的工作行为和培训意向，即将员工的工作实际绩效与工作绩效标准进行比较，找出员工实际工作绩效与绩效标准之间的差距并加以分析，结合员工个人的受训意愿，确定员工需要参加培训的种类以及相关的程度。

在上述培训需求分析的基础上，平衡企业与员工的需求和意愿，尽可能使之趋于一致，形成企业与员工培训需求总体分析。

二、确立培训目标

根据培训需求分析来确立培训目标，以使培训更加有效。培训目标是指培训活动的目的和预期效果。有了培训目标，才能确定培训对象、内容、方法等具体工作，并可在培训之后对照此目标进行培训效果评估。培训目标一般包括三方面的内容：一是说明员工应该做什么；二是阐明可被接受的绩效水平；三是受训者完成指定学习成果的条件。培训目标可以分为若干层次，从某一培训活动的总体目标到每堂课的具体目标，逐步细化。

培训目标的设立要注意与企业宗旨相容，和企业长远目标相符，对企业各部门可起工作指南作用。培训目标应切合实际，受训者可以在培训过程中对照培训目标找出差距，具有可行性。培训目标应具体，操作性强，可量化，为后期的培训评估提供重要的参考依据。一般来说，目标越具体，就越能取得培训的成功。培训目标应有一定的难度，对受训者起有效的激励作用。

三、制订培训计划

培训计划是培训目标的具体化，培训计划包括长期计划、中期计划与短期计划。在制订培训计划的同时必须考虑许多具体的情景因素，如行业类型、企业规模、用户要求、技术发展水平和趋势、员工现有水平等。要明确培训对象，如新员工、晋升的管理人员等。

确定培训对象一般应依据三个原则。一是企业急需原则，即企业迫切要求一部分员工改进目前的工作或掌握新的知识和技能，这部分员工的培训应优先考虑。二是关键性原则，即企业的关键技术人员和管理人员、企业关键性项目的参加人员，应首先予以培训。三是长远性原则，即基于企业长远利益和开发员工潜力考虑，要求一部分员工先掌握某些新技能、新知识，以使企业在将来的发展中拥有合适的人才。根据以上原则，结合企业长、中、短期各类人力资源的需求分析，就可以确定培训对象。

在制订培训计划时，要选择合适的培训方式，企业培训部门可以根据企业参训人员的人数和层次、培训项目情况、培训经费预算以及现有的培训资源，选择不同的培训方式，如脱产或者不脱产、企业内部培训或者外部培训等。

1. 员工在职培训

员工在职培训是指员工不脱离岗位，利用业余时间和部分工作时间参加的培训。最常见的在职培训有以下几种。

（1）技术短训班和管理知识技能短训班。这类短训班可以在企业中举办，也可在学校、培训中心举办。短训班学习时间视需要而定，一般不超过一个月，培训重点放在解决某一类问题上。这种短训班比较灵活，效果也较好。

（2）带职学习。带职学习一般指员工带职去学习某一类专业知识，包括攻读学位。通常利用晚上和周末的业余时间学习，周期较长。

（3）企业轮训。企业轮训是指通过岗位轮换，使员工了解企业的整体活动和各部门的关系，掌握相关的知识技能。企业轮训常与师徒帮带相结合，由老员工承担新员工的培训任务。

（4）项目培训。项目培训是指企业为了开发或者管理某些专项技术、项目而举行的培训。这种培训的目的特别明确，培训的技能也比较专业，对提高员工的专项技能很有效。如果企业的某专项培训只适应本企业的需要，而不适应其他企业的需要，那么接受该专项培训的员工就很难流失到其他企业去，项目培训的投资风险较低。

2. 员工离岗培训

员工离岗培训是指员工离开工作岗位，在一段时间内专门从事某些知识和技能的学习。

员工离岗培训的形式主要有以下几种。

（1）攻读学位，即员工离岗一段时间专门攻读学位。

（2）出国培训，即员工离岗一段时间去国外接受特定的培训。

（3）外单位培训，即员工去外单位接受本企业尚没有条件进行的培训。

（4）本企业离岗培训，即为了某种需要，将一些员工在企业内部集中一段时间进行专门培训。

离岗培训的时间长短不等，一般从几个月到几年。内容也很多，有技术培训、管理知识培训、人文知识培训、专门技能培训、外语培训等。培训时，应当重视将技术培训与管理培训相结合，将工作技能的培训与工作态度的培训相结合，将当前工作需要的培训与未来发展需要的培训相结合，将企业的目标与员工个人的目标相结合。

根据人力资源的总体计划及相关调查分析和选择的结果，制订若干个培训项目计划，并确定每个培训项目的主要内容和目标；对上述培训项目做出经费预算、师资落实途径、培训时间和地点安排；编制计划实施方案细节并形成相关的文件；然后将培训计划草案送交有关部门或人员审阅讨论，并加以修改；最后形成人力资源培训计划，并由培训部门或培训主管负责执行。

四、实施培训计划

按照既定目标展开培训工作，通过各种培训方法，使学员学有所获。

具体内容包括：确定培训师和参训人员，确定教材，确定培训地点，准备培训设备，确定具体的培训时间，拟定并下发培训通知，进行培训控制。由培训师根据计划进行培训，人力资源部门在培训过程中负责跟踪检查，一方面为培训提供各种必备的条件，另一方面不断检查计划实施情况，必要时根据目标、标准和受训者的特点，矫正培训方法、内容和进度，配合做好企业培训工作，以维护良好的培训秩序，确保培训效果。

五、评估培训效果

培训是否起作用，需要进行适时评估，否则就会产生盲目投资的行为，不利于企业的发展，也不利于下一个培训项目的立项和审批。评估培训项目必须确立培训评估的标准。

1. 评估标准

（1）目标。是否达到了既定目标。

（2）成本。培训方案所付出的代价如何，是否值得。

（3）效率。是否以最有效的方法达到目标，评估所采用的培训方法是否符合最经济原则。

（4）资源利用。用于培训的资源是否得到了最佳分配。

2. 评估注意事项

（1）确定评价标准。要以目标为基础，与培训计划相匹配，要具体，具有可操作性。

（2）受训者先测。让受训者在培训之前先进行一次相关的测试，以了解受训者原有的水平。一方面有利于掌握培训的侧重点，另一方面也为培训结束后正确评估培训效果提供参考。

（3）及时评估培训结果。培训结束后，应及时对培训效果进行评估，特别是要注意培训知识转移到工作中的效果评估。

学习案例

S 公司是国家定点生产某机械产品的大型企业，现有员工 4 200 人。多年来，效益平稳增长，为当地的经济发展做出了很大贡献。但自 2017 年上半年以来，企业效益急剧下滑，企业生产经营工作非常被动。企业领导反复探讨，一致认为是"缺乏培训导致的结果"。

为改变企业生产经营中的被动局面，该公司领导决定立即着手对公司全体员工进行培训，从整体上提高员工素质，缩小其与企业需求之间的差距。于是，公司上下掀起了大培训运动。从高级技师到普通工人，从部门经理到车间主任再到班组组长都被纳入了受训范围。培训内容包括基本技术培训和管理能力培训。直到 2017 年年底，公司的整体业绩非但没有改观，反而又出现了新的下滑。该公司领导仔细研究，得到的结论是"培训不力犯的错"。

因此，公司领导和人力资源部门在深刻反思的前提下，制订出了新一轮的培训计划。

然而 S 公司在 2018 年进行了三次大型培训后，企业的经济效益仍然不见起色。而对 S 公司造成更大打击的则是公司内部的不少精英由于企业经济效益不断滑坡，而自己培训后又无用武之地，所以在培训结束后纷纷另谋出路。S 公司不断上演着"为他人做嫁衣"的悲剧。反复培训未果再加上培训后的人才外流，令该公司领导深深感叹道："都是培训惹的祸！"

讨论题

1. S 公司的培训工作为什么会失败？

2. 请你谈谈该公司培训工作中要注意的问题。

本章思考题

1. 简述培训与开发的含义。
2. 简述培训与开发的原则。
3. 简述培训体系的构成。
4. 简述培训的基本流程。

第八章

培 训 实 施

 引导案例

爱琳公司是一家非常有实力的企业,在大约两个月前,他们找到一家培训机构,希望做法律方面的培训。培训机构的李先生很快就为他们找到了一位知名专家,这位专家各方面的背景都得到了爱琳公司的认同,于是双方很快达成了合作共识。

一、培训前期准备

为了把这次培训做好,李先生专门做了员工需求调查,并且把调查结果向专家做了反馈。离培训还有1周左右时,该企业负责培训的Y经理打来电话,询问为什么现在还没有培训的讲义资料。于是,李先生赶紧向专家询问讲义事宜,专家解释称,由于这次培训实战性很强,主要是针对人员具体性的问题进行现场解答与处理,所以无须讲义资料。在李先生的一再坚持下,专家说,这段时间非常忙,讲义可能来不及准备,作为补救措施,现在市场上正好有这方面的书籍,可以采购书籍作为培训讲义。李先生把这些情况向Y经理反馈,Y经理凭着多年的工作经验,认为这样很不保险,担心影响培训效果。他希望能重新换个专家,但由于临近培训,很难找到合适的专家。

二、培训开始前的检查

培训开始前一天,李先生对培训现场进行了考察,了解了专家对培训场地的要求,检查了各类培训器材的运行状况。总体来说,该企业在这方面的准备十分充分。

在与专家的交流过程中,李先生得知,由于专家近期忙于业务工作,课程还没来得及准备，专家认为这些课程都是他耳熟能详的，现场发挥绝对没有问题。听到这些，李先生很是担心，暗地里后悔没跟专家及时联络了解情况，李先生深知绝对不能没有准备就去上课，这样对客户是极不负责任的。因此，李先生要求专家把讲课提纲连夜拿出来，在李先生的坚决要求下，专家连夜奋战，终于拿出一个粗略的提纲。

案例思考

1. 案例中的培训管理存在哪些问题？
2. 应如何做好培训实施前的组织与管理工作？

第一节 培训实施各阶段的工作

一、培训实施前的准备工作

良好的开端是成功的一半。充分的培训准备工作将为培训后续工作的顺利开展打下基础。培训的准备工作琐碎而繁杂，具体包括以下内容。

1. 组建培训项目小组

在准备阶段成立项目小组，主要是协调培训中的各项工作安排，确保培训如期圆满进行，其分工可参见表 8-1。

表 8-1　　　　　　　　　　培训项目小组分工

小组成员	具体分工
人力资源部门经理（组长）	整个培训的总体筹划、总体安排
培训主管（副组长）	培训工作的具体操作、执行
培训师／培训机构	培训讲义的准备、培训要求的传达、培训反馈的整理
培训支持部门	培训器材、食宿、车辆等后勤保障工作
相关部门主管、受训者	提供培训建议和辅助性工作

2. 召开培训动员会议

成立项目小组后，就需要组织相关人员召开动员会，进行项目总动员。主要是强调培训的意义，总结培训规划阶段工作，同时对所有培训准备事项进行具体安排，并落实到每个人的身上，这是培训前非常重要的一个步骤。

3. 进行培训各类事项的准备

（1）确认和通知学员。在学员入学前，首先应该确认参加本次培训的学员类型、人数，以便安排合适的培训场地、食宿等。其次，向培训学员发出通知，通知内容包括本次培训的目的、内容、时间安排、培训资料以及培训费用、其他需要准备的事项，以便学员做好准备。

为了做好这项工作，培训组织者可采用发放入学通知书和回执单的形式完成。采取这种措施的好处有：一是使学员在报到之前就进入培训的准备状态；二是了解学员的基本情况，以便安排食宿、分组和选择骨干；三是了解学员对培训课程的需求程度和建议，以便调整改进。此项工作最好提前进行。

培训通知

_____部：

我公司培训中心_____年第_____期系统培训将于_____月_____日正式开始，_____月_____日结束。现将培训有关事项通知如下。

1. 参训人员名单（略）。
2. 集合时间：_____年_____月_____日上午8：30—9：00。
3. 培训地点：_____。
4. 学员需带物品：身份证、听课证、换洗衣物、洗漱用品等。
5. 如遇特殊情况，请联系会务负责人：_____，联系电话：_____。

_____公司培训部
_____年_____月_____日

（2）培训设备检查。培训场所和设施的准备情况关系到培训能否顺利进行和培训效果。为了防止疏漏，做到责任到人，可以通过制作检查表等措施保证各个环节不出问题。检查表用来记录培训需要的设施设备清单、准备状况及负责人，以便落实和检查。

（3）培训场地的选择。在选择培训场地时要注意以下几点。

第一，根据培训课程的特点、培训方法和需要选择教学场地。

第二，查看和预订培训地点或场所。对一些以前不熟悉的培训场所，应该预先调查是否适合培训要求，选择场地时要注意附近是否有方便的停车场地或公共交通，对于选中的场所应在培训前预订。

第三，在培训开始之前，应提前赶到培训地点，布置好培训场所，检查所有培训设备是否齐备完好，确保做好各项准备工作，做到心中有数。

（4）座位的布置。现代培训很注重互动性，座位安排直接关系到培训师与学员、学员与学员之间是否能够很好地进行交流。因此，在培训实施前，培训组织者要根据学员的人数和授课的形式选择合适的座位。常见的座位布置形式有多种，以培训师为中心时，适合将座位布置成教室式、会堂式或V形；以学员为中心时，多采用中空方块式、点式；注重双向协调时，多采用U形、双U形的座位布置平衡"培训师中心"或"学员中心"。

（5）培训前与培训师联系。培训前，培训机构应该经常与各类有关的专家学者保持联系；选择培训师后，应就培训课程内容、形式、时间等事项与培训师达成共识。

（6）有关资料的编印。需要编印的资料包括四部分：一是培训课程和日程安排，包括课程目标、培训时间、培训地点、培训日程表；二是培训生活须知，内容包括上课及其他时间的注意事项、值日人员的任务、紧急出口位置的简图、钥匙的管理及进出门的时间、电话的设置场所、用餐的地方等；三是分组讨论的编组名单，分组讨论要尽量将不同部门的人安排在一起；四是培训手册及其他的培训材料，这些要在培训前制作好，及时发放给学员和有关人员。

如有条件的话，可以建立培训信息管理系统。培训信息管理系统可以全面提升培训工作的质量和效率，并能大幅度降低员工和企业的培训成本。员工只需使用浏览器即可完成查询和注册，甚至是完成课前作业等操作。该系统能够记录、管理并向全体员工发布培训课程信息，记录员工的培训信息，包括在外部机构接受培训的信息。

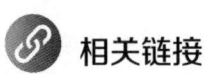 **相关链接**

某公司内部培训准备清单

课程名称：_____　　日期：_____

☐ 公司内部请示审批程序完成确认

☐ 主题设计

☐ 邀请演讲者

☐ 学员人数确认

☐ 租用培训场地／宿舍

- ☐ 设备准备（计算机／投影仪／白板／水笔）
- ☐ 教材准备
- ☐ 学习用品准备（白纸、笔、其他用品）
- ☐ 证书准备
- ☐ 培训日程表准备
- ☐ 车辆（接送培训师）准备
- ☐ 车辆（接送学员）准备
- ☐ 学员宿舍分配
- ☐ 下发培训通知
- ☐ 进一步了解学员培训需求
- ☐ 就餐准备
- ☐ 茶歇用品准备
- ☐ 姓名标签准备
- ☐ 培训评估问卷准备
- ☐ 布置场地
- ☐ 分组名单准备
- ☐ 晚间娱乐项目准备

二、培训过程工作

对培训实施过程中所有涉及的工作按照类别进行分工，并安排在有关方面具备专长的人员具体负责各项工作，保障各项工作的及时落实。

1. 学员报到

在培训场地的入口附近设置报到处。接待学员时，最好进行"一条龙"服务，统一进行登记、领资料袋、收取预先给学员布置的作业等。培训实施部门的员工应提前到达会场，做最后一次检查。

2. 开训仪式

开训仪式是培训课程的起点，除了常规的主讲人介绍、培训内容介绍等，组织者还可以举行一些能够激励学员的活动。

3. 维持培训秩序

协助培训师维持培训秩序，防止人为噪声。

4. 培训沟通协调

在培训过程中,组织者要及时与培训师、学员沟通交流,总结培训师培训的优缺点和学员反映的情况,并与培训师协调改进。组织者要做的工作主要如下。

(1)及时了解学员反馈。如果培训师的授课很受学员欢迎,培训组织者就要把学员兴奋点及时反馈给培训师,让其着重对待。如果学员对现场培训意犹未尽,这时可以采取适当延长培训时间、安排课下座谈研讨等方式,巩固培训效果。

(2)把握主题方向。培训过程中,如果培训师讲课或者学员讨论出现跑题甚至是企业避讳的话题,或者培训师讲课层次混乱、内容含混不清时,培训组织者就要及时提醒培训师,调整讲课内容或层次安排,使培训按照事先的规划进行。

(3)把握课程节奏。培训过程中,学员如果反映课程节奏过快或过慢,就需要提醒培训师调整节奏,按学员可以接受的速度进行。

(4)协调培训形式。培训形式要与学员的具体情况相匹配,如果学员对培训形式(如游戏、讨论等)不认可,表现出不耐烦,或者学员对培训形式所表现的主题不明白,接受起来有难度,就需要及时调整培训形式。

5. 培训后勤安排

在培训过程中,现场的各种后勤安排也是必不可少的,如培训教材的复印与发放、培训器材的调试、人员饮食服务、卫生打扫、现场紧急情况处理等,这些都需要安排具体人员来实施。

三、培训收尾工作

1. 培训评估

为了更准确地评估培训效果,在结束培训后,还应跟踪调查受训人员的工作绩效(关于培训评估的具体内容本级教材暂不详述),培训效果反馈见表 8-2。

表 8-2　　　　　　　　　培训效果反馈表

为及时准确地评价本次培训效果,请各位学员对此次所受培训课程做出评估,并将您的建议和意见如实填入,以帮助我们改进和完善今后的培训工作。谢谢!							
姓名		性别		岗位		学历	
培训课程							
测评项目	测评内容	学员评价					
培训目标	课程是否达到了目标	□达到		□部分达到		□未达到	
培训教材	教材是否适用	□非常适用		□一般		□不适用	

续表

测评项目	测评内容	学员评价		
培训内容	对改进工作是否有利	□非常有利	□一般	□否
教学方式	对教学方法是否满意	□满意	□一般	□不满意
培训环境	对教室设施的评价	□好	□一般	□差

对培训课程的改进意见

2. 加强培训后的风险防范

培训是企业的一种投资行为，同其他投资一样存在投资风险，其中非常重要的一个风险是培训后员工的流失，最基本或者说最直接的做法就是依法完善用工合同，确认企业与受训员工的权利与义务。另一重要风险是培训后技术的流失，对于企业的专利技术，法律可以予以保护，但对专有技术的运用方法与经验，企业只能依靠加强员工的保密意识教育来保护。

企业应在培训员工技术的同时，培养员工的企业责任感与集体荣誉观念，通过文化约束来降低技术流失风险。在《中华人民共和国劳动法》(简称《劳动法》)和《中华人民共和国劳动合同法》(简称《劳动合同法》)的基础上，根据员工劳动合同时间的长短以及所在岗位的实际情况，制订相应的培训开发计划，同时以签订劳动合同的方式，明确服务期限与违约赔偿的有关事宜。员工培训已越来越被视为一种软性的企业福利，在企业获得培训效益的同时，员工也能提升自身综合素质。双方获益的前提是劳动关系继续存在，因此这种关系可通过法律的相关规定进行约束，使人才流失与知识产权流失的风险降到最低限度。此外，还要做好留人工作，如果一个员工通过培训开发，知识技能有了较大的提高，要考虑安排相应的岗位，并且在待遇方面也有所体现。

相关链接

培训质量反馈表

为了更好地提高培训质量和学习效率，请认真仔细填写此表，非常感谢您对我们工作的理解与支持。本次培训质量反馈评分中，5表示非常好，超出期待；4表示较好，符合预期；3表示一般，无明显瑕疵；2表示差，尚待改进；1表示极差。

1. 您的姓名：

2. 您的单位：

3. 您的电话：

4. 您常用的E-mail：

5. 您的实践岗位：

（一）整体满意度

6. 您对本次培训组织的整体满意度

　　5○　　4○　　3○　　2○　　1○

7. 您对本次培训师的整体满意度

　　5○　　4○　　3○　　2○　　1○

8. 您对本次培训内容的整体满意度

　　5○　　4○　　3○　　2○　　1○

（二）师资与课程内容

9. 授课专家姓名：

10. 您最感兴趣的培训板块：

11. 课程设置的专业度

　　5○　　4○　　3○　　2○　　1○

12. 课程内容的说服力和可信度

　　5○　　4○　　3○　　2○　　1○

13. 课程内容的前沿性

　　5○　　4○　　3○　　2○　　1○

14. 所引用案例的实际意义和参考价值

　　5○　　4○　　3○　　2○　　1○

15. 分组讨论的有效性

　　5○　　4○　　3○　　2○　　1○

（三）课程模块

16. 场地实地踏勘和功能区介绍

　　5○　　4○　　3○　　2○　　1○

17. 分组研讨及展示

  5○ 4○ 3○ 2○ 1○

18. 场地功能区实地踏勘

  5○ 4○ 3○ 2○ 1○

19. 场地功能区讲解

  5○ 4○ 3○ 2○ 1○

20. 赛事观摩和实践

  5○ 4○ 3○ 2○ 1○

（四）其他情况

21. 整个培训的周期／时间长度

  5○ 4○ 3○ 2○ 1○

22. 食宿安排及培训教室标准

  5○ 4○ 3○ 2○ 1○

23. 整个培训的节奏

  5○ 4○ 3○ 2○ 1○

（五）意见征询（您的宝贵意见对我们今后培训工作的改进非常重要）

24. 本次培训的哪些方面是您喜欢的？

25. 您是否愿意参加后续的培训课程？

26. 您希望在培训方法或内容上有哪些创新或调整？

27. 您对培训师或者培训组织有哪些建议？

第二节 培训方法与应用

在人力资源管理实践中,不同的培训方法会产生不同的培训结果,因此,选择适宜的培训方法至关重要。一方面,不同的培训方法存在各自的优点和缺点;另一方面,不同培训方法的适用范围不同,所培训的对象也不同,所以企业应综合考虑具体的培训需求、培训对象特点、培训内容等来选择最恰当的培训方法。

一、信息传递式培训方法及其应用

信息传递式培训方法是指培训开发者通过一定方式将培训信息(知识、技能、解决问题的方法等)传递给培训对象,使他们能够接收和吸收这些信息。其中最具代表性的方法之一就是演示法。演示法是指在向培训对象传授知识和技能的过程中,培训师以演示的方式主动将培训信息灌输给培训对象,而培训对象被动接受这些信息的培训方法。演示法包括讲授法、研讨法和视听法。

1. 讲授法

讲授法是培训师运用语言文字将信息传递给培训对象的方法。它是应用最为普遍,也是最传统的一种培训方法。这种培训方法的最大优点是能够在短时间内将信息传递给一个大规模受训群体,无论何种类型的企业基本上都适用这种培训方法。此外,在讲授过程中,培训师可以根据听课对象、设备和教材灵活处理讲授内容;可以脱离具体情境的限制,使教学突破个人生活的局限,能够简单有效地使培训对象获得知识。

讲授法是广受欢迎的培训方法,同时也是备受争议的方法,其缺点主要表现在:培训效果受培训师表达能力的影响较大;单纯的讲授是单向的信息传递过程,缺少沟通和交流机制;对培训对象的差异不敏感,难以根据培训对象的差异采取恰当的方式;不适合技能的培训,对培训对象的态度和行为改变的效果不明显。

不适宜使用讲授法的情形有:教学的目标不在于习得信息,而在于其他方面,如形成技能;强调长期保持;学习材料复杂、精细或抽象;必须有学习者的参与才能达到教学目标。

2. 研讨法

研讨法也称会议法,是指培训师就工作中存在或遇到的问题有效组织培训对象进行讨论，由此让培训对象在讨论过程中互相交流和探讨，以提高培训对象知识和能力的一种培训方法。

研究法的优点是：便于建立简单、及时、易操作的反馈机制；对讲授内容的必要补充，使讲授内容更加接近于工作实际；平等、自由的研讨气氛有利于和谐关系的构建。

研讨法的缺点是：对培训师的要求较高，培训师不仅是讲授者，还是研讨过程的组织者和控制者，是反馈信息的收集者，是疑难问题的解答者，是讨论和谈话的引导者，也是研讨气氛的营造者；对培训对象的要求较高，培训对象一般会存在懒惰和应付的心理，参与探讨的积极性不高，或者只愿意听别人的发言，自己不大愿意发言，或者对所学习的理论知识与实际工作的联系没有领会到位，出现无话可说的情况；研讨法的成功实施需要有充分的时间、空间、师资力量等诸多方面的保障。

研讨法培训的主要目的是提高能力、培养意识、交流信息、产生新知。研讨法比较适宜于管理人员的培训或用于解决某些有一定难度的管理问题（如战略决策、领导艺术等）。

3. 视听法

视听法就是利用现代视听技术（如投影仪、录像、电视等工具）传递信息，对员工进行培训。这种方法通过视听的官能刺激，给培训对象留下深刻印象，录像是最常用的培训方法之一。该方法被广泛运用在提高员工沟通技能、面谈技能、客户服务技能等方面。但录像很少单独使用，与讲授法结合使用会达到很好的效果。

视听法的优点是：直观鲜明，比讲授或讨论给人更深的印象；生动形象且给培训对象以真实感，也比较容易引起培训对象的兴趣；视听使培训对象受到前后一致的指导，项目内容不会受到培训师兴趣和目标的影响；视听教材可反复使用，从而能更好地满足培训对象的个体差异和不同水平的要求。

视听法的缺点是：视听设备和教材的成本较高，内容易过时，选择合适的视听教材难度较高；学员处于消极的地位，反馈和实践程度较差。视听法一般可作为培训的辅助手段。

二、模拟式培训方法及其应用

模拟式培训方法是指将培训对象置于模拟的现实情景中，让他们依据模拟的现实工作环境做出及时反应，分析在该环境中可能出现的各种问题，培养分析问题和解决问题能力的一种培训方法。这种方法是通过各种技术营造尽量接近实际的情景，在这样的情景中，培训对象能感觉到现在或以后要面临的问题和挑战，这样他们在探索知识、技能时会全身心地投入，从而有利于开发特定的技能和将行为应用到工作中。这种培训方法越来越受到企业的重视。企业常用的模拟式培训方法主要有以下几种。

1. 案例研究法

案例研究法是指为参加培训开发的人员提供员工或企业如何处理棘手问题的书面描述，让培训对象分析和评价案例，提出解决问题的建议和方案的培训方法。

案例研究法的优点是：给培训对象真实的学习感受，使其对所学习的内容印象深刻；给培训对象独立解决问题的机会；有利于培训对象之间的沟通与协作；案例可以用来考核和评估培训对象的培训效果。

案例研究法的缺点是：必须判明案例中的情境是否具有代表性、与现实的企业状况是否接近，如果案例过于简单，就成了讲授法中的举例子，没有实际意义，更缺少代表性；优质案例的制作成本很高，不仅耗费大量时间和金钱，还需要与现实的企业有密切的联系，能够开展深入的调研。

案例研究法一般适用于新进员工、企业管理人员的培训，目的是训练他们具有良好的分析能力、解决问题能力和决策能力，帮助他们学习如何在紧急状况下处理各类事件。在战略决策、营销、财会等专业知识方面的培训中经常使用该方法。

2. 角色扮演法

角色扮演法是指在一个模拟的工作环境中，指定参加者扮演某种角色，借助角色的演练来理解角色承担的工作内容，模拟性地处理工作事务，从而提高处理各种问题的能力。它是在管理培训中使用最广的一种模拟式培训方法。角色扮演最常用的方法是让培训对象根据简单的背景资料或规定的情景扮演分配给他们的角色。

这种方法的适用范围比较宽泛，可应用于训练态度仪容和言谈举止等人际关系技能，如询问、电话应对、销售技术、业务会谈等基本技能的学习和提高。它不仅适用于培训生产和销售人员，也适用于培训管理人员。除此之外，角色扮演法特别适合矫正员工的工作行为，采用这种培训方法使培训对象能易地而处，真正体验到所扮演角色的感受及行为，能够深入思考、分析不同角色所承担的任务与面临的困难，经过观察，改正自己原先的态度与行为。例如，生产部门与销售部门的负责人常因业务性质不同，不能体会对方的处境及权责而发生冲突，运用角色互调的方法能让双方体会对方的困境，有助于减少彼此之间的误解与摩擦。

角色扮演法的主要优点是：培训对象通过体验，能够深刻领会知识的运用及企业的运作等，有利于改变自身不良的态度和行为，主动参与到企业内部劳动关系的重塑中，从而自发地推动和谐劳动关系的构建。

角色扮演法的主要缺点是：如果一个人不能扮演很多角色，他所得到的信息就极为有限，所关注的问题局限于自己所扮演的角色面临的问题，对其他角色很难给予同等程度的关注。

3. 游戏法

游戏法是一项具有合作及竞争特性的活动，其综合了案例研究与角色扮演的形式，要求培训对象模仿一个真实的动态情景，培训对象必须遵守游戏规则，彼此合作或竞争，以达到某种目标。游戏法的最大优点是其趣味性和竞争性特别强，吸引培训对象的参与兴趣，激发培训对象的深入思考，提高培训对象对问题的敏感度，使培训对象在不知不觉中巩固所学的知识、技能，开拓思路，提高解决问题的能力。目前，已经有专门的培训公司开发各种游戏供企业使用，而且会根据培训的目的和对象的不同设定不同类别的游戏形式，如团队建设类、沟通技巧类、激励类等。

使用游戏法进行培训还需要注意以下问题：可以购买有关培训游戏的书籍来学习最新的游戏形式，不过要避免因为书中提到的游戏趣味性太强，而妨碍企业成员的创造性发挥，还可以采用电视游戏或者桌面游戏等形式；将游戏同培训目标结合起来；将游戏放在每天的课程结束后；不要过多地使用游戏这种形式，如果过多地使用游戏形式，游戏的教学功能就会减弱；在游戏结束时简单评价一下游戏参与者，并总结观点，在带给培训对象乐趣的同时，加深培训对象的印象。

三、在岗式培训方法及其应用

在岗式培训是为了避免所学知识和实际工作相脱节的问题，在岗位进行培训的方法。这类方法与信息传递式、模拟式培训方法有所不同，它将工作与学习融为一体，是在工作中学习的一种方法。模拟法强调对实际工作情景的真实模拟，但和现实工作有一定的距离。在岗式培训可以使培训对象真正将学习与工作融为一体，很容易解决培训中许多根本性的问题。

1. 工作轮换法

工作轮换法就是将员工轮换到另一个同等水平、技术要求接近的岗位上工作。员工长期从事同一岗位的工作，特别是从事常规性工作，时间长了会觉得工作很枯燥，缺乏变化和挑战。员工也不希望自己只掌握一种工作技能，而是希望能够掌握更多不同的工作技能以提高对环境的适应能力。因此,工作轮换常常与培养员工多样化的工作技能结合在一起,工作轮换法也被称为交叉培训法。

工作轮换法的优点是:有利于促进员工对企业不同部门的了解,从而对整个企业的运作形成一个完整的概念;有利于改进员工的工作技能,提高员工解决问题能力和决策能力,帮助他们选择更合适的工作;有利于部门之间的了解和合作,也有利于增加员工的工作满意度。因此,工作轮换法倾向于在员工职业生涯的早期进行,一般用于高级职员或高级管理者的培训,也可以用于帮助新员工理解他们工作领域内的各种工作。它既是一种新兴的管理制度,也是一种行之有效的培训方法。

工作轮换法的缺点是:由于不断进行工作轮换,给员工增加了工作负担;从员工的角度来看,参加工作轮换法培训的员工比未参加这种培训的员工能得到更快速的提升和更高的薪资,因此容易引起未参加此种培训的员工的不满。

2. 师徒制

师徒制即学徒式培训,有些企业称之为"导师制""指导人制度"等,它是一种既有在职培训又有课堂学习的培训方法。这一方法主要适用于技能行业,如木工、车工、电工、管道工等,主要用于新员工的培训。传统的师徒制没有固定的模式,师傅凭借自己的知识和技能指导徒弟,先给徒弟讲解一些基本要点,然后自己示范,徒弟通过观察和模仿获得经验。这种培训方法范围小、周期长,适合于生产规模小、技术独特的场合,如技术复杂、要求操作方法应变性强的工作、科学研究的某些阶段等。

在我国,师徒制由来已久,曾一度成为青年掌握技能的重要途径。过去新员工进厂,均由企业指定技能高超的师傅进行"传帮带",学徒期满后,则由企业对徒弟进行技能考核,确定徒弟的技能等级,达不到要求者延期出徒。

新式的师徒制要求根据学习的技术程度,制订学习计划,并指定专人负责,采用在职培训和课堂培训相结合的方式分段进行培训,因而效率大大提高。新式的师徒制不仅适用于技能行业,也适用于复杂程度高的工作,如经理的管理工作就可以使用这种培训方法,做一个阶段的经理助理,可以在很大程度上提高其管理能力。在实际的培训过程中,该方法可以与讲座、录像、图形演示、计算机应用等方法结合使用。

3. 教练法

教练法是指通过一系列有方向、有策略的方法指导员工,为员工提供工具、方法和机会,帮助员工发展和完善自我的方法。教练法培训的目的就是将掌握了该领域知识和基本技能的员工训练成高水平、有很强胜任力的员工。

教练法培训的关键是教练要了解培训对象所掌握的知识和技能的熟练程度，准确地判断和分析培训对象的状况，同时也要求培训对象对于培训有着很强的自我判断和自我管理能力。教练法培训的缺点是教练的短缺，因为具备教练资格的人要在该领域有纯熟的技能，有些经验是只能意会、不可言传的，很多知识、技能只有通过教练和培训对象之间的磨合互动才能传递。

4. 行动学习法

行动学习法是指给团队或工作群体一个实际工作中面临的问题，让团队队员合作应对并制订出行动计划，再由他们负责实施该计划的培训方式。行动学习法通常是一个完整培训项目的有机组成部分，是以工作能力的实际提升为导向的。研究表明，通过讲授、演示等方式只能让培训对象知晓、了解有关的知识、技能和价值观，而无法将这些知识、技能等有效转化为工作行为和工作技能。行动学习法给予培训对象在工作中运用新方法和新技能解决实际问题的机会，这不仅可以极大地激发培训对象的学习热情，而且可以有效实现培训内容向实际工作技能的转化，有利于发现阻碍团队有效解决问题的一些非正常因素。

行动学习法也可以是一种独立的培训方式，让培训对象和其团队通过解决工作中的实际问题，自己观察、领悟和总结，以积累工作经验，掌握相应的知识技能。行动学习法作为一种培训方式，与纯粹的工作经历是有所区别的。首先，提供给员工解决的实际问题应该是经过精心选择的，要与培训目标紧密联系。其次，行动学习应得到适当的指导，无论是解决问题方案的制订还是方案的执行，都需专人进行指导。总之，行动学习不是员工或员工团体自然的成长过程。

行动学习法在实践中具有一定的困难。首先，它应当以公司中一定时期确实存在的与培训内容相关的问题为前提，不然就缺乏实战的场景。其次，行动学习方案的执行是实战，不是纸上谈兵，需要耗费人力、物力、资金、时间等宝贵的公司资源，还要承受可能失败的风险。因此，行动学习需要公司领导和各个职能部门的理解和支持，如何得到这些理解和支持本身也是具有挑战性的。当然，行动学习法如果应用得当、组织良好的话，会取得很好的成效。它不仅在实践中加深了学员对培训内容的理解，还将培训效果延续到日常工作中，转化为员工实际的工作技能，同时也加强了各部门协同工作的意识和能力，是一种投资回报率较高的培训方式。

四、基于新技术的培训方法及其应用

随着计算机、多媒体、网络等新技术的发展和普及，人们发现利用这些新技术进行培训，可使培训工作发生巨大的变化。虽然这些新的培训方法并不能完全取代传统的培训方法，但在与传统方法的配合使用中能够对培训工作产生深刻的影响，它不仅改变了培训观念与方式，还对学习理念产生巨大的影响。新技术培训方法主要有以下几种。

1. 以计算机为基础的培训

以计算机为基础的培训（Computer Based Training，简称 CBT）是指计算机给出培训的要求，培训对象做出回答，然后由计算机分析这些答案并将分析结果反馈给培训对象的一种互动式培训方式。它包括一系列的互动性录像、计算机硬件、计算机应用程序等，主要通过设计一些课程程序和软件来帮助培训对象进行自主学习，因此，CBT 多数为自适应培训，尤其适合于对一些基本知识和概念掌握的培训。

（1）优点

1）很好的互动性，但这种互动主要是培训对象与计算机之间的互动。

2）自我控制学习过程。

3）几乎适用于所有的培训工作。

4）常以个人方式进行。

5）有效利用碎片化时间，提高了培训资源利用率。

（2）缺点

1）培训内容在一定程度上受到限制。

2）培训成本较高。

3）开发难度大。

4）难以保证培训对象切实有效地完成培训内容。

2. 多媒体培训

多媒体培训是将各种视听辅助设备（或视听媒介，包括文本、图表、动画、录像等）与计算机结合起来进行培训的一种现代技术。多媒体技术以计算机为中心，综合处理和控制多媒体信息，并以多媒体形式表现出来，同时作用于人的多种感官。因此多媒体培训技术使原来抽象、枯燥的知识变得生动、形象，能够更加直观地把内容传递给培训对象，激发其学习兴趣和求知欲望。由于多媒体培训以计算机为基础，培训对象可以用互动的方式来学习，通过参与发现问题，系统可以及时进行引导，提供帮助，这就大大加深了培训对象对尚未掌握知识的理解，提高了培训对象处理实际问题

的能力。

虽然目前多媒体培训的使用频率较高，在进行管理技能和技术技能培训时也有一定的应用，但它仍存在一些缺点，如培训费用较高、不适合人际交往技能培训等。制约多媒体培训的最大问题是开发费用，多媒体培训教材开发的费用较高，而且培训内容需要不断更新，这使开发成本大大增加。因此，培训组织者应该正视多媒体培训技术的优缺点，合理利用。

（1）优点

1）可根据自身实际情况控制进度。

2）互动性强。

3）内容具有连续性。

4）不受地理位置限制。

5）反馈及时。

6）内置式指导系统。

7）可利用多种知觉。

8）可检测和证实掌握程度。

9）可以不向外公开，保密性较好。

（2）缺点

1）开发费用较高。

2）对某些内容并不适用。

3）培训对象对运用新技术有所顾虑。

4）不能快速更新。

5）对其效用缺乏统一认识。

3. 虚拟现实

虚拟现实是为培训对象提供三维学习方式的计算机技术，即通过使用专业设备（佩戴特殊的眼镜或头套）和观看计算机屏幕上的虚拟模型，让培训对象感受模拟环境并同虚拟要素进行沟通，利用技术来刺激培训对象的多重知觉。在虚拟现实中，培训对象获得的知觉信息的数量、对环境传感器的控制力以及对环境的调试能力都会达到"身临其境"的程度。虚拟现实适用于工作任务较为复杂或需要广泛运用视觉提示的员工培训，这种方式给予培训对象在受控制环境中检验各种假设的机会，这样在操作中既不承担现实世界的后果，又不浪费资源。摩托罗拉在高级生产课程上对员工进行寻呼机自动装配设备操作培训时，就采用了虚拟现实的技术，在显示屏上，学习者可以看到模拟实际的工作场所、机器人和装配操作的虚拟世界，他们能听到真实的声音，且机器设备还能对员工的行动（如打开开关、拨号等）有所反应。

它的优点和一般的非计算机的虚拟方法一样，能使员工在没有危险的情况下进行危险性操作。虚拟现实环境与真实工作环境无太大差异，而且虚拟现实可以让培训对象进行连续学习，还可以增强记忆。

虚拟现实也存在一定的缺点，设备和设计方面的问题都可能使培训对象获得错误的感觉，如空间感是失真的，触觉的反馈不佳，或者感觉和行为反应的时间间隔不真实等，而一旦培训对象的感觉被歪曲，他们就有可能出现被称为"模拟病"的症状，如恶心、晕眩等，也可能使培训对象回到现实工作场景时把握不住真实世界的空间和时间。

4. 电子学习

电子学习（E-Learning）就是在线学习或网络化学习，即培训对象通过互联网平台进行学习的一种全新的学习方式。当然，这种学习方式离不开由多媒体网络学习资源、网络学习社区及网络技术平台构成的全新的网络学习环境。在网络学习环境中，汇集了大量数据、档案资料、程序、教学软件、兴趣讨论组、新闻组等学习资源，形成了一个高度综合集成的资源库。E-Learning 优于传统的培训在于其不局限于多媒体课程教学，还包括传送有助于提升绩效的信息和工具，重点在于其给培训对象提供了一种学习的解决方案。在企业中，E-Learning 一般指企业开展的借助网络的电子培训或远程培训。

（1）优点

1）大众化与个性化兼容。电子学习使每个员工都不受时间和地点的限制，从而实现了真正意义上的全员培训；同时它又能实现个性化的学习，使员工按照所学专业、所担任职务和从事业务的不同来选择自己所需的课程。

2）高效率和低成本。从效率上看，电子学习能促进知识不断更新，同时员工能更好、更快地吸收新知识，进而适应企业发展、技术更新和市场不断变化的情况，提高知识的更新频率，大大提高培训效率。从成本上看，电子学习节省了差旅、住宿、培训师、租赁教室和培训设备等费用，员工还可在职学习，不影响工作，节省了大量的机会成本。

3）可跟踪，易管理。电子学习可对员工的学习时间、内容、进度、成绩等信息进行记录和追踪，并能自动生成所需的各种报表，为人力资源管理考核提供了重要依据。

（2）缺点

1）对硬件要求较高，需要有高配置的计算机、稳定的网络。

2）缺少情感沟通。情感沟通是在线培训遇到的最大难题，培训师和培训对象之间不能进行充分的情感和情绪上的沟通，使培训效果大打折扣。因此，我们要考虑培训内容是否适合采用电子学习，如人际交流技能就很难通过网络进行培训。

3）电子学习体系所采用的课程大部分都是标准化的，不易修改，在解决问题的针对性和学习的互动性方面还存在很多缺陷，电子学习体系在课程选择和应用方面有一定的限制。

学习案例

沃尔玛公司坚信，是人才将这个巨大的企业联系在一起，公司非常重视员工培训。

在沃尔玛的培训计划中，先进技术应用广泛，包括热衷于将虚拟现实（VR）技术应用于员工培训。VR增强型课程可以提供完全逼真的场景，要求受训者根据课程场景做出决定。

例如，沃尔玛在VR中实践的最具挑战性的场景之一是黑色星期五（美国非官方的圣诞购物季的启动日）。黑色星期五虽然产生了巨大的销售额，给商家带来可观的收益，但对于一线员工来说却是一场噩梦。蜂拥而至的购物者，各种折扣优惠，这对经验丰富的员工来说已经足够糟糕，并且没有足够的时间来培训新人。通过在VR中设置黑色星期五场景，沃尔玛可以无限制地培训员工处理此类事件。在虚拟现实中，任何场景都可以根据需要重新运行多次，以帮助受训者更好地管理"危机"。

在VR培训期间，可以让一名学员参与VR场景互动，其他学生在大屏幕上看到相同的场景，然后进行讨论。每个人都可以在课堂上体验相同的场景，比较他们的行为，并找出在这种情况下使用的最佳策略。

沃尔玛运用新技术进行培训，除了教授员工如何应对非标准的工作环境外，还提高了员工的技术意识，推广了虚拟现实技术。

讨论题

1. 请总结在培训中使用先进技术的好处。
2. 联系你的工作实际，思考如何将先进技术运用到培训工作中，以实现投资收益最大化。

本章思考题

1. 简述培训实施各阶段的工作。
2. 简述信息传递式培训方法及其应用。
3. 简述在岗式培训方法及其应用。
4. 简述基于新技术的培训方法及其应用。

第九章

新员工入职培训

 引导案例

企业在招收新员工后,一般都会对新员工进行入职培训,尤其是新进企业的应届生。然而,不少企业的应届生入职培训效果并不好,入职培训陷入尴尬境地。

武汉一私企近日招了不少员工,在新员工入职培训时,首先由该公司总经理讲解公司主营业务与历年业绩,同时也列举个案,而后几天分别由几位副总讲解公司制度、员工守则等。

在该公司做了多年培训经理的王先生感慨良多,他说:"入职培训中,领导希望利用这一平台,或树立威信,或与员工增进交流,但这样的入职培训没有实际的东西,没给员工带来实际提升,应该考虑改进这种培训方式!"

从事多年人力资源工作的马先生,对于入职培训颇有心得,他说:"初期的培训在于给信息,给新人最多有用的信息,这是他们最需要的。后期的培训在于帮助他们更好地开展工作,避免不必要的束缚。入职培训分为三个阶段,即以实用为先、一个系统的过程、试用期考核量化。"

马先生还介绍,员工入职前三个月培训应围绕实用性展开,如帮助员工了解谁是他的平级,谁是他的上级,谁是另一部门的负责人,有事找谁沟通解决等;员工入职3~6个月时,可以对其进行一次跟进式培训,如总裁讲话、职业生涯规划、参观典型的子公司等;试用期结束后,考核逐渐量化,可从工作态度、合作精神、具体项目的完成情况等多方面考核。

思考题：
1. 你认为新员工入职培训有必要吗？为什么？
2. 你认为武汉这家私企的新员工培训做得如何？如果是你，你会如何操作？

第一节　新员工入职培训概述

新员工入职培训又称职前教育，对新员工来说是一个从局外人转变为企业人的过程，对企业来说是一个吸收新鲜血液、提升企业活力、开发新人力资源的过程。新员工入职培训可以提高员工知识技能，传递企业价值观和核心理念并塑造员工行为，为新员工迅速适应企业环境并与其他团队成员展开良性互动打下坚实的基础。

一、新员工入职培训的含义

新员工的来源有两类：一类是首次参加工作的应届毕业生；另一类是有工作经验的人，即在其他企业工作过的员工。

新员工来到一个陌生的工作环境，虽然对企业只是停留在感性认识阶段，但往往积极热情，对企业、工作和个人的前途充满了憧憬。他们希望自己能尽快熟悉、适应新的工作环境，尽快融入新的团队，正确定位自己的角色，进而发挥自己的才能。但是，他们在工作中也容易出现急躁、冒进情绪，工作中容易出错。同时，新员工初入职场还抱有打工的心态，会依据自己对企业的观察来检验自己的选择并决定是否长期为企业工作。他们急切关注着自己能否被新的群体接纳，企业能否兑现当初的承诺，企业的真实情况究竟如何，自己具体的工作环境、职责如何，自己是否能得到重视，是否有晋升或加薪的机会等。

因此，新员工来到企业后，需要进行入职培训，国外将这种培训称为"新员工引导"（new employee orientation）。新员工引导要给新员工提供有关企业的基本背景情况，使之对于新的工作环境、条件、人员关系、工作内容、规章制度等有所了解，尽快安心工作。新员工引导是一种组织社会化过程，通过向新员工灌输企业及其团队所期望的主要态度、规范、价值观、行为模式等，培养其企业归属感，即对企业的认同、忠诚、承诺和责任感，成为企业的"自己人"。

二、新员工入职培训的意义

1. 减少新员工的压力及焦虑感

新员工面临新的环境，思想上会出现一种不确定感，行动上不知所措，从而会产生心理上的紧张和不安；或者由于原来对工作有较高的期望，而进入企业后发现事实并非如个人预想或者企业宣传，心中会感到震惊和焦虑，学者称之为"现实震动"（reality shock）。新员工入职培训有助于稳定员工的情绪。

2. 帮助新员工尽快实现组织社会化

组织社会化是指将新员工转变为精干成员的过程，包括为胜任本职工作做好准备、对组织有充分的了解、建立良好的工作关系等内容。社会化是一个不断给员工灌输企业所期望的主流态度、标准、价值观、行为模式的持续过程。只有当新员工完成组织社会化的全过程之后，他们才能全力以赴为企业做出贡献。

3. 有助于增进新员工的认同感

企业通过与新员工进行沟通，或者开办团队协作课程等方式，使新员工树立团队意识，也让老员工与新员工充分接触、相互交流，形成良好的人际关系，有助于新员工融入企业的文化氛围。如果缺乏入职培训或者入职培训做得不好，将会导致新员工无法有效融入新的企业环境，使他们产生距离感，变成企业内部的"外人"。

总之，有效的入职培训应当完成以下几个主要任务：新员工应当感到受欢迎和自在；应当对企业有宏观上的认识（企业的过去、现在、文化，以及未来的愿景），并且了解企业政策、程序等关键事项；应当清楚企业在工作和行为方面对他们的期望；应当开始进入按企业期望的表现方式和做事方式行事的社会化过程。

三、新员工入职培训的内容

新员工培训的具体内容很广泛，主要归纳为企业文化、企业基本情况及工作基础知识、部门和岗位职责培训三个方面。

1. 企业文化培训

企业文化是企业的灵魂，是推动企业发展的不竭动力，其核心是企业的精神和价值观。这里的价值观不是泛指企业管理中的各种文化现象，而是企业或员工从事生产与经营中所持有的价值观念。

通过企业文化培训，从企业的使命、愿景、宗旨、精神、价值观、经营理念等出发，全面对新员工进行塑造，新员工认同了企业文化，才能在工作中秉持企业的使命和宗旨，实现企业的愿景。

因此，成功的企业并不一定拥有最先进的文化，但一定有比较成功的企业文化培训，培训使企业文化在新员工心中生根。但是，目前很多企业对企业文化培训依然不够重视，"说起来重要，做起来次要，忙起来不要"，这是非常可惜和不足取的。

2.企业基本情况及工作基础知识培训

（1）企业基本情况培训

1）企业性质、经营范围、注册资本、现有资本及利税等。让新员工了解企业的基本面，同时还要向新员工介绍企业的社会存在意义、对社会有何贡献等，让新员工感觉到在这样的企业工作有一种荣誉感和自豪感。

2）企业结构与部门职责。可以利用组织结构图与各部门工作职责书进行讲解，让新员工明白企业的部门设置情况、纵横关系、各部门的职责与权利，将来工作中遇到问题应该找哪一个部门解决。

3）产品及市场。让新员工了解主要产品的种类及性能、产品包装、价格、市场销售情况、市场同类产品及竞争对手等。

4）其他的企业情况。例如企业的发展历史、经营理念、企业传统、创始人故事、企业标志的意义等。

5）人事政策与制度。这一部分与员工利益密切相关，应详细介绍并确认新员工已全部理解，内容有工资构成与计算方法、奖金与津贴、福利项目、绩效评估办法、晋升制度，以及更详细的劳动纪律、上下班时间、请假规定、报销制度、安全制度、保密制度等。

规章制度的培训是企业新员工培训中不可或缺的一部分，它是员工在企业生活中的工作标准、获取报酬的标准、个人与企业权利义务关系的标准。从另一角度来说，企业规章制度是企业文化的实施基础，没有良好的规章制度作为保障，企业文化是很难建立起来的。

企业规章制度的培训可以采取课堂学习或培训师讲解的方式进行。培训部门首先要将企业的规章制度印制成内部刊物、员工手册、规章制度手册等，然后发放给每一个员工，安排时间进行讲解。

（2）工作基础知识培训

1）基本礼仪。基本礼仪主要包括两方面的内容，一是服务意识的培养，二是礼仪常识的掌握。在服务培训上往往有一个误区，即认为只有第一线的员工才存在服务质量问题。其实，内部也有服务问题。礼仪常识培训包括形体礼仪、社交礼仪、电话礼仪、美容化妆等各个方面的训练。对不同岗位的新员工可以有选择地实施培训。这一部分对于企业特有氛围的养成与维护具有特别意义。

①问候与措辞。例如，早上同事之间的一句问候不仅能促进员工之间的和谐关系，也能体现出企业的精神。至于措辞，应以文明、礼貌为基础，摒弃不文明的用语。

②着装与化妆。企业可对员工着装、化妆方面提出要求，以体现企业的良好形象。

③电话礼仪。企业可对接听电话的应答方式、电话交谈的基本礼仪等进行培训。

2）工作常识

①指示、命令的接受方式。在接受指示时，有时需要记备忘录；若有不明之处，要确认明白；接受命令之后，要重述以确认无误。

②报告、联络与协商。企业可对如何向上级报告、通过何种方式与其他部门进行联络、如何与同事协商工作等进行培训。

③与他人的交往方式。让员工知道与领导、下属、同事保持关系的重要性，以及团队精神的重要性。

④个人与企业的关系。让新员工认识到，企业的成长与个人的成长是息息相关的，每个人要在不断提升个人素质的同时为企业创造利益。

对企业文化、产品认知、企业制度、行为规范的培训可以通过大课进行宣讲，因为企业文化的培训需要一种氛围，它本身就是一种影响力。有的企业组织员工观看宣传视频，然后进行讨论，这种做法也是可行的。

对于基本常识（包括入职流程、日常工作服务、信息平台管理、办公环境维护等）的培训，由于其内容的琐碎性和实效性，一般穿插在日常工作中实施。例如，入职流程须知和日常工作服务手册的内容可以由人事专员在入职过程中进行培训，信息平台的管理和办公环境的维护可以采用宣导、自学和即时指导相结合的方式进行培训。

3. 部门和岗位职责培训

（1）部门培训。部门培训由新员工所在部门的负责人负责。部门负责人应代表部门对新员工表示欢迎，介绍新员工认识部门其他人员，并协助其较快地进入工作状态。

部门内工作引导主要包括：介绍部门结构、部门职责、管理规范及薪酬福利待遇，培训基本专业知识技能，讲授工作程序与方法，介绍关键绩效指标等。要向新员工详细说明岗位职责的具体要求，在必要的情况下做出行为的示范，并指明可能的职业发展方向。

部门交叉培训是企业所有部门负责人的共同责任。根据新员工岗位工作与其他部门的相关性，新员工应到各相关部门接受交叉培训。部门交叉培训主要包括该部门人员介绍部门主要职责、本部门与该部门联系事项、部门之间工作配合要求等。

有效入职培训的关键要素之一是新员工与其直接上级管理人员、同事以及其他成员之间频繁的互动。在培训早期阶段的这种互动越频繁，新员工的社会化进程越快。有研究表明，新员工认为与同事、直接上级管理人员之间的互动对他们的帮助最大。而且，这种互动与新员工往后的工作态度、工作满意度、离职倾向有关。直接上级主管在新员工培训过程中既是信息的来源，又是新员工的向导。

直接上级主管可借助于向新员工提供实际信息和清晰而现实的绩效期望，强调员工在企业内取得成功的可能性，帮助新员工克服焦虑。有些企业的主管还为每一位新员工安排一位"导师"帮助他们适应工作环境，即为每位新员工配备一名经验丰富的老员工。另外，直接上级主管可协助新员工开发他们在企业中的角色，以降低达不到期望而产生的负面影响。

企业的新成员把与同事之间的互动看作组织社会化过程中极其有帮助的活动，因为通过互动，他们可以获得支持、信息和培训。此外，同事的帮助有助于他们了解工作小组和企业的规范。

（2）岗位职责培训。新员工的岗位职责培训包括岗位知识培训、岗位技能培训、职业道德培训三个方面。

1）岗位知识培训包括介绍工作的地点、任务、安全要求等内容，最重要的是和其他部门的关系，把这些都明确清楚地告知新员工，以免员工处理工作时不知道该找谁、找哪个部门。

2）岗位技能培训包括新员工岗位的工作标准及操作要求、产品判定、与上下游流程的关系、对他人的影响等。技能培训应多辅以成功的个案，"榜样教学法"效果比较好。岗位技能培训是提高实际操作能力和适应能力的基本训练，是岗位培训的主要内容。

3）职业道德培训包括岗位职业道德规范和理想、纪律等思想政治教育，以及有关法律法规、方针政策教育。俗话说，百业德为先。对员工进行科学文化教育和技术技能培训的同时，要特别注重思想道德教育、职业道德规范教育，提高他们的思想道德水平和职业道德水平。

岗位职责培训可以由新员工所在部门实施，必要时部分培训可以外包。岗位职责培训过程中可以采用讲解、教材自学和即时训练相结合的方式实施。另外，有些工作需要动手实践，这种情况下传统的"传帮带"方法效果较好。

四、新员工入职培训的方法

新员工入职培训内容的先后顺序要事先设计好。应该将薪酬、晋升、培训、企业发展愿景等新员工最关心、最具有吸引力而且关系到员工自身成长的内容放在前面，这样更能激发员工的热情。表9-1是新员工入职培训的基本内容和基本方法。

表 9-1　　　　　　　　　新员工入职培训的基本内容与方法

培训内容	培训方法
企业文化	讲授法，主要用典型事例和故事来影响员工
企业历史	讲授法，配合动画演示，激发员工自豪感
企业战略	讲授法，描绘美好的蓝图，激发员工责任感
企业经营状况及产品介绍	讲授法，结合实地参观，使员工进一步了解企业
企业相关制度（绩效评估、薪酬设计、福利、请假、晋升、危机处理等）	通过发送邮件的方式，要求员工自学。对于员工关心的内容和容易出现的问题结合实例讲授，可以通过邮件向导师提问或者在 QQ 群内发起讨论
工作职责	发放工作说明书
沟通技巧	讲授法、案例分析法、情景模拟法相结合，强调操作
团队合作	游戏设计、拓展训练，培养员工的团队精神，促进角色转换
礼仪	讲授法与情景模拟法相结合，维护企业形象
时间管理、压力管理	讲授法与案例分析法相结合，提高解决问题的能力
角色转变	讨论、游戏、情景模拟、新老员工见面会等方法，使员工了解个体与企业的关系以及团队协作的重要性

第二节　新员工入职培训的流程

新员工入职培训流程通常与一般的员工培训流程相似，包括计划、组织实施和跟踪评估等阶段，但新员工入职培训的每个阶段都有其特定的内容。

一、新员工入职培训的计划阶段

确定新员工入职培训的目的是新员工入职培训计划的第一步，企业根据经营目标、企业文化和人力资源战略确定新员工入职培训的目的。依据入职培训的目的，制订入职培训的具体计划，并报请企业领导层审查，经批准后方可实施。在制订入职培训的具体计划时，一般要考虑以下问题：入职培训的目的；入职培训内容与形式、需要考虑的问题及范围；入职培训的时间跨度及课目安排的具体时间；入职培训的主题、部门与工作的目标；人力资源部门和用人部门在入职培训中的分工与合作；有关企业胜任力特征或模型的资料，或者企业对员工的基本要求；人力资源部门跟踪工作所用的审查清单；员工手册的内容制作与更新，新员工文件袋的制作与设计。

特别需要说明的是，新员工文件袋内容较丰富，通常包括企业最新组织结构图、未来组织结构图、企业区域图，有关本行业、本企业或本工作的重要概念和术语，胜任力特征，政策手册副本，工作目标及工作说明的副本，工作绩效评估的表格、日期及程序副本，其他表格副本（如费用报销），在职培训机会表，重要的企业内部刊物样本，重要人物及部门的电话、地址等。

二、新员工入职培训的组织实施阶段

新员工入职培训一般由人力资源部门和用人部门合作进行。人力资源部门总体负责员工入职培训的组织、策划活动、协调和跟踪评估，以及企业层面的入职培训活动。企业层面的入职培训活动主要包括企业概论、企业政策和规章制度、企业文化和员工行为规范等。用人部门主要负责新员工有关本部门和岗位导向培训。新员工所在的部门经理或主管应该向新员工介绍本部门的情况、本部门的工作设施和环境，向新员工介绍其所从事的工作内容、职责要求、注意事项、工作绩效评估标准和方法等，并将新员工介绍给本部门的老员工。具体操作步骤如下：

1. 做好资料准备及会务准备。开展新员工入职培训所需要资料一般包括员工上岗培训计划、员工上岗培训通知、受训员工基本情况表、受训员工上岗培训安排表、受训员工上岗培训提纲、培训资料、员工手册等。在新员工数量较多的情况下，一般采取新员工集中培训的形式，其会务准备包括确定培训时间与地点、培训师、会议议程、入职培训内容，布置入职培训的会场等。布置会场的具体事项包括座位的排定、温度的调节、设备的检查与测试、相关资料的准备、后勤服务与保障等。

2. 入职培训开始前，人力资源部门应向新员工发放相关入职培训表格、员工手册等材料。

3. 由企业高层管理人员对全体新员工致欢迎辞，介绍企业的基本概况，如企业历史与传统、企业的经营理念、同业竞争状况、企业竞争优势与存在的问题等。这一过程一般采用全体新员工集中会议的培训形式。

4. 由人力资源部门进行一般性的指导，结合员工手册中的内容，介绍企业的相关管理政策、制度与规定，其中包括对员工行为规范的要求。这一过程除了采用全体新员工集中授课的培训形式外，还可采用员工自习、小型座谈会等培训形式。

5. 由新员工的直属上级领导执行特定性的指导，包括企业的产品知识、岗位工作流程与控制标准、同事职责与上下级关系、岗位必需的业务知识与技能。这一过程采用现场参观、现场示范、导师辅导、岗位实习等培训形式。

三、新员工入职培训的跟踪评估阶段

新员工入职培训是企业员工培训中一个较为固定的项目,因此在实际操作中容易流于形式,或者形式与内容缺乏创新。这往往与入职培训缺乏跟踪评估有很大关系。有些企业在新员工入职培训后,只是让新员工在培训清单上签字,将培训清单存入员工档案后便不再过问。其实,企业在每次新员工入职培训后都必须对入职培训的反应层次、学习层次、行为和绩效层次进行系统的跟踪评估。

入职培训的反应层次应侧重于评估入职培训的内容是否必要和全面,是否容易理解,能否激发新员工的兴趣或热情,入职培训活动安排是否高效和经济等。

入职培训的学习层次应侧重于评估新员工对入职培训主要内容的理解和掌握情况,如企业纪律、岗位行为规范、工作安全知识、企业文化等。

入职培训的行为和绩效层次应侧重于评估入职培训后员工的工作行为及工作表现。如在试用期内,员工能否较好地适应新的工作环境和工作要求;试用期后的第一年里,员工入职培训的主要成果在工作中的体现情况;入职培训是否达到预期的目标等。

在新员工试用期结束前,针对试用期的培训内容,运用表9-2收集新员工的相关意见,有利于提升新员工入职培训效果。

表 9-2 新员工试用期届满前意见调查表

调查项目	调查内容	否	不确定	是
对工作生活的满意程度	1. 你是否能在没有压力感之下,将工作做得令人满意?			
	2. 你是否对自己的未来充满希望?			
	3. 你是否与同事相处和睦?			
	4. 你是否满意自己的待遇?			
	5. 你是否感受到自己的成长?			
人际关系	6. 你感到有施展个人才华的氛围吗?			
	7. 你信赖上级吗?			
	8. 你信赖同事吗?			
	9. 你感到全体人员齐心协力工作的氛围吗?			
	10. 有问题时,上级会帮助你吗?			
	11. 有问题时,同事会帮助你吗?			

续表

调查项目	调查内容	否	不确定	是
企业运作的包容性	12. 你是否清楚自己所担负的职责？			
	13. 上司是否会按时传达工作中的必要信息？			
	14. 你会将工作上的必要情况报告上司吗？			
	15. 你会将工作上的必要情况转告同事吗？			
	16. 你能接受企业决策的方式吗？			
	17. 你认为企业整体管理有条不紊吗？			
	18. 你能接受企业所设的规则与惯例吗？			
工作进行的容易度	19. 你是否在充分领会工作内容的情况下接受工作安排？			
	20. 你认为上级安排的工作内容及数量符合你的能力吗？			
	21. 你是否清楚当需要与同事做工作上的调整时的处理方式？			
	22. 你是否清楚自己的工作计划及目标？			
	23. 你认为部门对工作上需要的信息是否有完善的整理及管理措施？			
	24. 你能判断你正在经办的工作是按计划进行的吗？			
	25. 你完成的工作是否完善？			
对企业的适应力	26. 企业整体的方针或目标是否准确传达给你？			
	27. 你是否知道你的部门正参与的项目或者计划？			
	28. 你是否知道如何处理与其他部门的纠纷？			
	29. 你是否知道部门整体工作的进展程度？			
	30. 你是否知道你所在的部门在企业的角色及对企业的贡献？			
对企业的归属意识	31. 你认为企业达成目标等于自己达成目标吗？			
	32. 你认为自己的工作可以为企业做贡献吗？			
	33. 你知道你的工作与企业整体目标是如何联系起来的吗？			
	34. 你有没有想要进一步改善日常工作？			
	35. 你是否会认真对待外单位或其他部门的意见或者抱怨？			

四、新员工入职培训的注意事项

1. 培训前，准备工作应尽量细致周全，选择适宜的入职培训地点，营造欢迎新员工的热烈气氛，争取各部门对新员工入职培训工作的支持与配合。

2. 在培训过程中，按轻重缓急合理安排培训内容，培训采用书面讲解、现场参观、操作示范相结合的方法，使用检查表对培训进程与相关细节进行控制，确认相关信息准确传递。

3. 培训结束后，应指定人员对新员工进行个别辅导，收集整理培训的相关材料与文件并作为档案妥善保存。

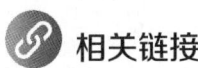相关链接

某公司新员工培训体系建设

一、新员工培训内容安排表（见表9-3）

表9-3　　　　　　　　　　　新员工培训内容安排表

公司级新员工培训				
培训项目	培训目的	课时（小时）	主讲人	培训形式
领导致辞	让新员工了解公司发展战略、前景	0.5	总经理	以座谈形式开展
入职指引	让新员工尽快了解公司员工手册上的各项内容	1	培训部经理	新员工自主学习，然后进行问题解答
职业生涯规划	帮助新员工尽早建立个人职业生涯规划	1.5	培训部经理	以案例分析形式开展
职业礼仪	提升新员工职业形象	1.5	外聘讲师	以多媒体教学形式开展
自我管理	介绍有效沟通、时间管理、团队工作的技巧，帮助新员工做好自我管理	4	外聘讲师	以情景模拟形式开展
组织架构	让新员工了解公司各部门职能及公司的相关框架	1	培训部经理	以多媒体教学形式开展
人事政策和考核体系	让新员工了解公司的人事政策及相关考核制度	1	培训部经理	以课堂讲授形式开展
部门级新员工培训				
培训项目	培训内容	课时（小时）	主讲人	培训形式
部门介绍	代表部门全体员工向新员工致欢迎词，并介绍本部门工作内容及部门工作环境	1	部门经理	以参观学习形式开展
岗位职责	向新员工介绍新岗位的工作内容与职责要求	1	部门主管	以课堂讲授形式开展
专业培训	向新员工介绍岗位所需的操作规程、专业知识、技术培训等	16	行业专家技术能手	以师带徒形式开展

二、新员工培训课程体系表（见表9-4）

表9-4 新员工培训课程体系表

课程名称	课程目标	课时	备注
企业文化	系统了解企业价值观、使命和社会价值	10小时	在线学习
职业操守	培养入职意识，快速完成角色转变	1.5小时	
个人与公司		1.5小时	
公平与不公平		1.5小时	
入职意识		1.5小时	
六顶思考帽	学会运用创新的思考工具	6小时	外部培训师讲授
职场新人的八个好习惯	学习高效能人士所具备的八个好习惯	6小时	内部培训师讲授
公文写作技巧	掌握相关技能和知识，更好地适应工作	2小时	内部培训师讲授
基础财务知识		1.5小时	财务部经理讲授
客户意识训练	提升客户服务意识	2小时	销售部经理讲授
总经理座谈	了解企业对新员工的期望	1.5小时	座谈
户外拓展训练	增强新员工的团队合作意识	7小时	外部培训机构
实习	了解企业各岗位的具体工作情况	1周	视情况而定

三、新员工培训记录表（见表9-5）

表9-5 新员工培训记录表

姓名		部门		职务	
学历		入职时间		培训时段	

培训项目	时间	培训内容	实际培训时间	培训师	完成情况	备注
公司制度培训	入职时	公司规章制度				
		公司发展历程				
		员工行为规范				
		新员工职业发展规划				
		新员工入职指南、岗位说明书				
		培训考核成绩（培训经理填写）				

续表

培训项目	时间	培训内容	实际培训时间	培训师	完成情况	备注
部门培训	入职第一个月	部门结构与功能				
		认识部门同事,并参观企业及周围环境				
		基础专业知识与技能				
		每天的例行工作及非例行工作				
		一周内,部门经理与新员工进行非正式谈话,关注新员工的培训情况				
		一个月左右,部门经理与新员工正式面谈,对员工岗位培训进行总结				
		培训考核评定(部门经理填写)				
岗位培训	入职一个月后	岗位技能实操				
		工作流程与方法				
		工作绩效改善技巧				
		培训考核评定(部门经理填写)				
效果评估	入职培训之后	新员工填写"入职培训反馈意见表"				

学习案例

美力公司在进行培训时,非常注重引导员工运用所学的方法去解决一些实际工作中的问题。为提高员工解决问题的能力,公司安排了问题分析与解决的专题培训。为使课程中传授的分析工具切实被学员理解与掌握,人力资源部门经理与管理层及相关部门负责人面谈后,准备了多个公司运营中的实例问题,在培训时将这些问题分给几个小组进行分析与讨论,提出解决方案。由于这些问题是学员平时工作中经常面对并希望解决的,因此会使他们比较容易进入情境,同时体会到公司对员工意见的重视,从而激发他们积极参与公司事务、配合公司改革的意识。学员通过这样的培训回到本职岗位后,会被要求尝试用所学的工具解决工作中的问题,使这些工具成为其运用自如的工作伙伴。这种培训方式是以"行动"与"实践"为导向的,有利于员工解决工作中的实际问题。

讨论题:

1.案例中,美力公司运用的是培训方式中的哪一种?为什么这种方式比较有效?

2. 为了达到培训效果,你认为还能用什么方法来进行培训?

 本章思考题

1. 简述新员工入职培训的意义。
2. 简述新员工入职培训的基本内容。
3. 简述新员工入职培训的基本流程。
4. 简述新员工入职培训的注意事项。

第四篇
绩效管理

第十章

绩效管理概述

 引导案例

王君最近情绪糟糕透了,坐在办公室,对着墙上的"2018年度销售统计表"不断叹气。这也难怪,全公司23个办事处,除自己负责的A办事处外,其他办事处的销售绩效全面看涨,唯独自己办事处的统计数据呈犬牙状,不但没升,反而有所下降。

在公司,王君是公认的销售状元,进入公司仅五年,除前两年打基础外,后几年一直遥遥领先,荣获"三连冠",可谓"攻无不克、战无不胜",也正因为如此,王君从一般的销售工程师一路升至办事处主任。

王君担任A办事处主任后,深感责任重大,上任伊始,亲率20名员工摸爬滚打,决心再创佳绩。他把最困难的片区留给自己,经常给下属传授经验。但事与愿违,一年下来,绩效令自己非常失望!

烦心的事还有不少。临近年末,除了要做好销售总冲刺外,还要完成公司年中才开始推行的"绩效管理"相应考核。

王君叹了一口气,自言自语道:"天天讲管理,天天谈管理,市场还做不做?管理是为市场服务,不以市场为主,这管理还有什么意义?又是规范化,又是考核,办事处哪有精力去抓市场?公司大了,花招也多了,人力资源部门的人员多了,总得找点事来做。考来考去,考得主管精疲力竭、员工垂头丧气,销售怎么可能不下滑?不过,还得要应付。"

好在绩效管理考核的流程并不复杂,通过内部电子流程系统,王君给每位员工发送了一份考核表，要求他们尽快完成自评。同时根据员工一年来的总体表现，利用排队法将所有员工进行了排序。排序是件非常伤脑筋的工作，下属数量多，自己不可能一一去了解，不过，好在公司没有特别的比例控制，办事处没有特别好与特别差的，自己还是可以把握的。

排完队，员工的自评差不多也结束了，王君随机选取6名下属进行5~10分钟的绩效评估沟通，问题总算解决了，每个人又回到了"现实工作"中。

案例思考

1. 王君所在的办事处，为什么绩效不升反降？
2. 怎样来解决王君的烦恼？

第一节 绩效与绩效管理

一、绩效

1. 绩效的含义

绩效是企业期望的结果，是企业为实现其目标而展现在不同层面上的有效输出，它包括个人绩效和企业绩效。企业绩效实现应在个人绩效实现的基础上，但是个人绩效的实现并不一定保证企业是有绩效的。当企业绩效按一定的逻辑关系被层层分解到每一个工作岗位及每一个员工身上的时候，只要每一个员工都达成企业的要求，企业绩效就实现了。

2. 绩效的特点

（1）多因性。绩效的多因性是指一个员工绩效的优劣并不取决于单一因素，而是受制于主、客观的多种因素。并不是所有影响因素的作用都是一致的。在不同的情景下，各类因素对绩效影响的作用各不相同。绩效表现既受环境因素的影响，又受工作特征因素的影响。

（2）多维性。绩效的多维性是指需要从多个维度或方面去分析与评估绩效。根据不同的评估目的，可以选择不同的维度和评估指标，不同的维度所占的权重也可以不同。

（3）动态性。绩效的动态性是指员工的绩效会随着时间的推移而变化，最初绩效不好的员工，可以通过激励、培训、岗位轮换等方式，提高其绩效。相反，绩效好的员工也可能因为一些干扰因素，如上下级关系、工作环境的改变等，绩效出现下降。因此，在评估员工绩效时，应注意动态地去看待员工绩效，避免偏见或印象管理等问题。

3. 绩效的类型

（1）个人绩效。个人绩效就是指个人预定目标的实际结果，根据个人每个月、每个季度、每半年或每年的发展目标，考核个人完成情况。个人绩效侧重于个人能力与个人结果的表现，包括个人的德、能、勤、绩等指标。影响个人绩效的因素包括个人的目标设定高低、能力大小、主观意愿强弱、环境影响等。

（2）企业绩效。企业绩效是企业实现预定目标的实际结果，主要包括企业工作的结果（数量、质量、速度、销售额、顾客满意度等）变动情况，企业对个人的影响（结果）状况，企业竞争力的提升情况等。影响企业绩效的因素多种多样，包括企业管理团队的管理能力、产品或服务的竞争力、制度或文化的效率、市场环境等。

二、绩效管理

1. 绩效管理的含义

绩效管理是依据企业战略，通过目标分解、绩效评估并将评估结果用于企业的日常管理活动中，以促进企业和个人绩效的持续改进并最终实现企业战略目标的一种管理方式。

对于绩效管理的含义可以从以下三个方面加以理解。

（1）绩效管理是一个过程。绩效管理是一个包含若干环节的系统，不仅是事后的评估，而且强调通过控制绩效周期的整个过程来达到绩效管理的最终目的。因此，绩效管理不仅是目标管理，而且是过程管理。

（2）绩效管理注重持续的沟通。绩效管理不是迫使员工工作的"大棒"，也不是引诱员工工作的"胡萝卜"，而是以人本思想为指导的双赢策略。管理者与员工以各种方式的沟通实现相互理解、彼此促进。

（3）绩效管理的最终目的在于绩效改进。绩效管理重在实现绩效改进，而不是绩效评估。其根本目的是通过绩效的持续改进实现企业战略目标，培育企业核心竞争力。

2. 绩效管理的特点

（1）激励性。绩效管理是通过恰当的激励机制，激发员工主动性、积极性，充分利用企业的内部资源，提高员工能力素质，最大限度地提高个人绩效，从而促进部门和企业绩效的提升。

（2）目标性。绩效管理体系是以企业战略发展的角度来设计的，绩效管理不仅促进了企业和个人绩效的提升，同时能把握住企业发展战略导向，使个人目标、部门目标和企业目标保持高度一致。

（3）系统性。绩效管理体系是站在提高企业和个人绩效的角度来设计的，具有系统性。绩效评估工作仅仅是绩效管理中的一个环节，绩效计划制订、绩效辅导沟通、绩效结果应用等都是绩效管理工作的重要环节。

（4）沟通性。系统的绩效管理需要企业具备较强的执行力，决策领导对绩效管理有一定的认识，注重绩效辅导和沟通环节。

（5）可接受性。绩效评估注重结果评估和过程控制的平衡，对过程控制有实质的效果，用相对科学的方法来设定企业的绩效目标，并得到员工的认可。

（6）参与性。绩效管理注重管理者和员工的互动，注重责任共担。企业建立有效的激励机制，激发员工的工作积极性和主动性，鼓励员工不断自我开发以提高能力素质，进而提升个人和企业绩效。

（7）人本性。体现以人为本的思想，体现对人的尊重，鼓励创新，保持企业活力，使员工和企业得到共同成长。

3. 绩效管理的作用

（1）从企业的角度来看，绩效管理的作用包括以下几点。

1）为企业诊断运营状况和进行决策收集信息。

2）了解员工的工作态度、个性、能力、工作绩效等基本状况。

3）为企业的人员选拔、晋升、调动、任免提供决策依据。

4）为干部后备队伍的建设提供依据。

5）为员工的职业生涯规划、人岗匹配、培训、奖惩等提供参考依据。

（2）从员工发展的角度来看，绩效管理的作用包括以下几点。

1）加强员工的自我管理。由于绩效评估给员工强化了明确的工作要求，使员工责任心增强，明确自己应该怎样做才能更符合期望。

2）发掘员工的潜能。通过评估发掘员工的潜能，可以将其调到更有挑战性或更能发挥其潜能的工作岗位，可能会取得意想不到的工作成效。

3）促进员工与上级的沟通。绩效评估提供了上下级之间交流的一个契机，有助于上级更好地了解下属的想法，也有助于下级更好地了解上级对他的工作期望。这样的沟通过程可以促使上下级之间目标一致、配合默契。

4）提高员工的工作绩效。通过绩效评估，使员工明确自己工作中的成绩和不足，可以促使其在以后的工作中发挥长处，努力改进不足，使整体工作绩效进一步提高。

第二节　绩效管理流程

绩效管理是一个循环的动态系统，这个循环分为绩效计划、绩效实施、绩效评估、绩效反馈和绩效结果应用，如图10-1所示。绩效管理流程紧密联系、环环相扣，任何一环的脱节都将导致绩效管理的失败，所以在绩效管理过程中应重视每个环节，并将各个环节有效地整合在一起。

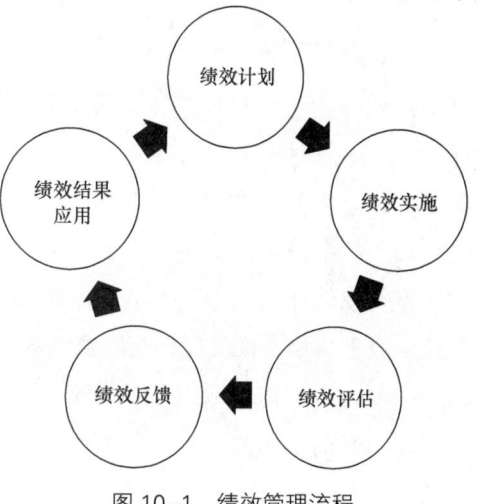

图10-1　绩效管理流程

一、绩效计划

绩效计划作为绩效管理流程的首个环节，是绩效管理实施的关键和基础。绩效计划的科学合理与否，直接影响绩效管理整体的实施效果。在这个阶段，管理者和员工的共同投入与参与是进行绩效管理的基础。如果是管理者单方面布置任务、员工单纯接受任务，就变成了传统的管理活动，失去了协作性的意义。

有了明确的绩效计划之后，就要根据计划来构建指标体系，指标体系的构建使员工了解企业目前经营的重点，为员工日后工作提供指引。指标体系包括绩效指标和与之相对应的绩效标准。绩效指标是指企业对工作产出进行衡量或评估的指标，而绩效标准是指在各个指标上应该分别达到的水平。换句话说，绩效指标解决的是企业需要关注"什么"，而绩效标准着重的是被评价的对象需要在各个指标上做得"怎样"或完成"多少"。绩效指标与绩效标准是相互对应的。

二、绩效实施

制订绩效计划后，被评估者就开始按照计划开展工作。绩效管理不仅关注最终任务完成情况、目标完成情况、结果或产出，同时还关注绩效形成过程。过分强调结果或产出会使企业管理者无法准确获得个体活动信息，从而不能很好地对员工进行指导与帮助，而且更多时候会导致企业的短期行为。绩效形成过程中，管理者要对被评估者的工作进行指导和监督，对发现的问题及时予以解决，并及时根据实际情况对绩效计划进行调整。

在整个绩效实现期间，都需要管理者不断对员工进行指导和反馈，即进行持续的绩效沟通。这种沟通是一个双方追踪进展情况、找到影响绩效的障碍以及得到使双方成功所需信息的过程。持续的绩效沟通能保证管理人员和员工共同努力，及时处理出现的问题，修订工作职责，上下级在平等的交往中相互获取信息，增进了解，联络感情，从而保证正常开展工作，使绩效实施的过程顺利进行。

三、绩效评估

绩效评估可以根据具体情况和实际需要进行月度评估、季度评估、半年度评估和年度评估。绩效评估是一个按事先确定的工作目标及其衡量标准，考察员工实际绩效情况的过程。评估期开始时签订的绩效合同或协议一般都规定了绩效目标和绩效测量标准。绩效合同一般包括工作目的描述、员工认可的工作目标及其衡量标准等。绩效合同是进行绩效评估的依据。绩效评估包括工作结果评估和工作行为评估两个方面。其中，工作结果评估是对考核期内员工工作目标实现程度的测量和评价，一般由员工的直接上级按照绩效合同中的标准，对员工每一个工作目标的完成情况进行等级评定。而工作行为评估则是针对员工在绩效周期内表现出来的具体的行为态度进行评估。同时，在绩效实施过程中，所收集到的能够说明被评估者绩效表现的数据和事实，可以作为判断被评估者是否达到关键绩效指标的依据。

当绩效评估完成以后，评估结果要与相应的其他管理环节相衔接。

四、绩效反馈

在绩效反馈环节，主管人员需要与员工进行一次甚至多次面谈。通过绩效反馈面谈，使员工了解主管对自己的期望，了解自己的绩效，认识自己有待改进的方面，并且员工也可以提出自己在完成绩效目标中遇到的困难，请求上级的指导。

五、绩效结果应用

1. 制订绩效改进计划

绩效改进是绩效管理过程中的一个重要环节。现代绩效管理的目的在于员工能力的不断提高、绩效的持续改进和发展。绩效评估结果反馈给员工后，有利于他们认识自己的工作成效，发现自己工作中的短板。通过绩效改进计划的制订，让员工真正认识到自己的缺点和优势，从而积极主动地改进工作。绩效改进计划的合理与否，是绩效改进工作发挥效用的关键。

2. 组织培训

组织培训是指根据绩效结果对员工进行度身定制的培训。对于难以靠自学或规范自身行为态度改进绩效的员工来说，可能在知识、技能或能力方面出现了"瓶颈"，因此企业必须及时认识到这种需求，有针对性地安排一些培训项目，组织员工参加培训或接受再教育，及时弥补员工能力的短板。这样既满足了完成工作任务的需要，又可以使员工享受免费的学习机会，对企业、员工都是有利的。

3. 薪酬分配

薪酬除了基本工资外，一般还有业绩工资。业绩工资是直接与员工个人业绩相挂钩的。这种工资形式在业界很流行，它被形容为"个人奖励与业绩相关的系统，建立在使用各种投入或产出指标来对个体进行某种形式的评估或评价上"。一般来说，绩效评估越出色，业绩工资越高。这其实是对员工追求高业绩的一种鼓励与肯定。

4. 职务调整

经过多次绩效评估、反馈后，员工的业绩始终未有改善，如果确实是员工本身能力不足，不能胜任工作，则管理者可考虑为其调整工作岗位；如果是员工本身态度不端正，经过多次提醒与警告都无济于事，则管理者可考虑将其解雇。这种职务调整在很大程度上是以绩效评估结果为依据的。

5. 员工职业发展开发

根据绩效评估的结果，确定员工在培养和发展方面的特定需要，以便最大限度地发挥他们的优点，使缺点最小化，从而提高培训效率，降低培训成本，实现适才适所。在实现企业目标的同时，帮助员工发展和执行他们的职业生涯规划。

6. 人力资源规划

绩效评估结果为企业提供总体人力资源质量优劣程度的确切情况，获得所有人员晋升和发展潜力的数据，以便为企业的未来发展制订合理的人力资源规划。

7. 正确处理内部员工关系

公平公开的绩效评估，为员工在提薪、奖惩、晋升、降级、调动、辞退等重要人力资源管理环节提供公平客观的数据，减少人为不确定因素对管理的影响，因而能够保持企业内部员工之间稳定的关系。

学习案例

京盛公司是我国东部沿海一家大型的综合性企业集团，公司拥有具有独立法人的子公司数十家，公司业务涉及能源、采矿、餐饮、运输、金融、房地产、物资贸易等多个领域，同时也在积极进入生物医药和其他高新技术产业。由于集团业务面广，下属公司多，基本上没有一项业务在市场上形成较强的竞争能力。除了个别项目稍有盈利外，其余业务都处于亏损状态，这不仅给集团的收益带来了压力，同时也影响了集团新兴业务的发展。为了提升各下属公司的业绩，激发各下属公司管理人员的责任心，集团建立了述职报告、利润指标等业绩评估体系。但在实际操作中，管理人员发现以下问题。

1. 公司绩效评估系统缺乏有效性，企业的愿景和战略没有办法通过绩效管理传达至各部门，员工并不能充分理解企业的战略并为之努力。另外，针对员工和部门的很多评估标准难以量化，评估流于形式。

2. 公司的绩效管理系统缺乏系统性，而且不同部门的责任体系以及目标设置也不是很合理。由于各部门规模差异很大，涉及业务没有可比性，所处市场环境也不一样，下属机构对业绩不佳各有说辞，并认为评估并不是很公平。例如，由于金矿的开采拥有行业专营权利，有很大的垄断优势，易取得较好的业绩。而生物医药项目开发要进行大量的基础研究，短期内不会有明显的市场业绩。

3. 在绩效评估的过程中，公司只注重了眼前的财务利益而忽视了内部流程改造、员工成长与发展等问题，企业的业绩不断下滑，发展前景堪忧。

集团领导发现公司的绩效管理体系已经失去了作用，评估也基本流于形式，只是为了评估而评估，没有起激励或改进绩效的作用。

讨论题

1. 京盛公司绩效管理中存在哪些问题？
2. 应如何建立一套科学有效的绩效管理系统？

本章思考题

1. 简述绩效与绩效管理的含义。
2. 简述绩效管理的特点与作用。
3. 简述绩效管理的流程。
4. 简述绩效评估结果的应用。

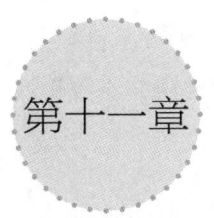

第十一章

绩效信息管理

 引导案例

2008年1月中旬，嘉宝公司召开年度经营会议。新春气氛渐浓，一切都似乎很平静，然而，经营会议上公布的2007年度绩效评估结果，却令会场安静不起来。

嘉宝公司是一家成立于20世纪90年代中期的高科技股份有限公司。作为迅速发展中的生物高科技公司，嘉宝公司围绕农化、医保、花卉三大产业已经形成一个高水平、开放式的科技创新体系；形成一个以"千县万点工程"为主要内容、技术服务为导向的营销网络体系；形成围绕农化、医保、花卉三大产业链下属三十几家一级和二级分公司的企业集团。业务的发展虽令人欣喜，但绩效管理却令人力资源总监王先生苦恼不已。

果然，会议一结束，王先生的电话就成热线电话了。

"花卉产业是朝阳产业，用利润指标评估不能反映我们花卉公司取得的业绩。"

"营销部自己委托市场调查公司，你说客户满意度能不高吗？"

"王总，财务部员工的业绩肯定不是公司的中间水平！我对员工要求严格，评估标准把握的尺度也紧，其他部门的领导尺度放得松，人力资源部门也没有把关，你叫我怎么向员工交代啊？"

"王总，有个数据不知道能不能改改，我认为利润增长率的利润应当用息税前利润（EBIT）值。EBIT值是世界先进企业通用的指标，而且我一直以为我们公司用的是这一标准。

财务部前几天告诉我用的是经济增加值（EVA），我们企业用 EVA 值的条件还不成熟。"

王总监犯愁了，一个个都来抱怨，好像全是人力资源部门的错。领导层也不满意，前一天总经理也提道："公司经营业绩表现一般，勉强及格，怎么部门领导的绩效个个八九十分？"可是，这些分数都是按照绩效管理体系和制度执行得出的，绩效信息为什么失真了呢？

案例思考

1. 请谈谈嘉宝公司绩效信息分析中存在的问题。
2. 绩效信息为什么会失真？

第一节 绩效信息收集

所有的决策都需要信息，绩效管理也不例外，客观、公正的绩效评估依据来自绩效实施的过程。没有充足有效的信息，就无法掌握员工工作的进度和所遇到的问题；没有有据可查的信息，就无法对员工工作结果进行评估并提供反馈；没有准确必要的信息，就无法使整个绩效管理循环持续运行并实现预期的目的。

一、绩效信息收集的目的

1. 提供绩效评估的事实依据

在绩效实施的过程中对员工的绩效信息进行收集和记录，是为了在绩效评估中有充足的客观依据。也就是说，在绩效评估时，对员工的绩效做出判断是需要证据做支持的。这些信息除了用来对员工的绩效进行评估外，还可以用作晋升、加薪等人事决策的依据。

2. 提供绩效改善的事实依据

进行绩效管理的目的是改进和提高员工的绩效并解决问题。但是要解决问题必须知道两件事，即存在什么问题和是什么原因引起了这个问题。假如主管人员笼统地对员工讲"你的沟通能力欠缺，需要改进"，员工可能不会在意也不清楚要如何改进。但是，如果主管人员能够列举出具体的事例，比如"这两个月你的销售量有所下降，我发现每次你向客户推荐产品的时候，都急于将产品强加给客户，我觉得这样容易引起客户的反感，你认为呢？"员工就能更清楚地看到自己的问题所在，有利于他们改进不足，提高绩效。

3. 发现绩效差别的原因

进行绩效信息的记录和收集时，可以积累一定的突出绩效表现的关键事件，如绩效优秀的员工的工作表现和绩效比较差的员工的工作表现。这样可以帮助员工发现优秀绩效背后的原因，然后利用这些信息帮助员工提高绩效，使他们以优秀员工为基准，把工作做得更好。或者发现绩效不良背后的原因，查清是工作态度的问题还是工作方法的问题，这样有助于对症下药，改进绩效。

4. 提供争议仲裁中的利益保护

翔实的绩效记录可以作为争议发生时的事实依据。一旦员工对绩效评估或是人事决策有争议，就可以利用这些记录在案的事实依据作为仲裁的信息来源，这些记录既可以保护企业的利益，也可以保护当事员工的利益。

二、绩效信息收集的内容与来源

并非所有的信息都需要收集，也不是收集到的信息越多越好，因为收集、分析和利用信息需要花费人力、物力、财力和时间，所以要确定绩效信息收集的内容和来源。

1. 绩效信息收集的内容

（1）工作目标完成情况。

（2）来自外部客户的表扬或批评。

（3）证明绩效突出或低下的具体证据。

（4）对找出绩效问题的原因和解决问题有帮助的信息。

（5）对关键事件的具体描述。

（6）与员工就绩效问题进行谈话的记录。

2. 绩效信息的来源

（1）生产作业记录，如生产、销售、加工、运输、服务数量、质量、成本等的原始记录和统计数据等。

（2）定期检查记录，如出勤情况等。

（3）关键事件记录，如受到表彰的员工行为记录、事故报告等。

（4）主管备忘录。

> **相关链接**
>
> **绩效信息收集时需要确认的问题**
> ● 我们需要收集哪些数据，有哪些可以直接从相关记录中得到，哪些需要采取其他手段（如抽样调查）获得？
> ● 什么时候收集，什么时候统计？
> ● 谁是这些数据的接收者，谁是这些数据的统计者？
> ● 在制订跟踪计划之后，是否还需要对这个计划做一些审视工作？
> ● 这个计划是否对每一个绩效指标都进行了跟踪？
> ● 收集到的信息是否具有准确性和时效性？

在进行绩效信息记录的过程中，记录要基于事实，尽可能描述事情经过，不要修饰或解释；语言简明扼要，用词规范；突出重点。在描述职责和任务时，应采用规范的表述方式，如"录入、打印文件""采购、发放办公用品""起草合同和文件""撰写市场预测和分析报告"等。

三、绩效信息收集的方法

绩效信息收集的方法包括观察法、访谈法、问卷调查法、工作记录法、他人反馈法等，其中观察法、访谈法、问卷调查法是绩效信息收集的主要方法。

1. 观察法

观察法是绩效评估者通过感官或一定的仪器设备，有目的、有计划地观察被评估者的行为表现，并据此来评估其绩效的一种方法。

（1）观察的设计。进行绩效观察必须首先进行观察设计。观察设计通常包括四个方面：第一是确定观察内容；第二是选择观察策略，常用的观察策略有参与观察策略、取样观察策略、行为核查表策略等；第三是制定观察记录表；第四是训练观察人员。随着观察研究水平的提高及观察手段的多样化，对观察人员的能力要求也越来越高，因此观察人员的训练非常重要。

（2）观察法的注意事项。运用观察法评估绩效要注意下列问题：首先，对要观察的问题应有清晰的了解，观察目的要明确；其次，尽量使被观察者自然放松，处于正常活动状态之中，不要使他们意识到自己成为观察者的研究对象；再次，要善于记录与观察目的相关的事实，以便事后进行整理分析，并提出进一步研究的意见；最后，观察者除了观察被观察者的一般言行外，还要分析其他相关的材料，如工作日志等。

2. 访谈法

访谈法的特点在于整个访谈过程是访谈者与被访谈者相互影响、相互作用的过程。

不论是复杂还是简化的行为事件访谈，对其结果的要求都是必须能够直接应用于绩效评估。所以在成果上要有能够直接观察的行为指标作为依据。这样在实施关键行为事件访谈考察员工时，就可以直接根据其是否表现出素质模型所描述的行为和事件来判断其是否与目标岗位的素质模型相符合。

任何一个岗位对任职者的素质要求都是相当复杂的，任职者需要应对的情境也绝不是单一的。因此，在设计访谈问题之前，需要了解任职者能够顺利解决工作情境中的哪些问题，通过访谈获取企业最关心的典型行为，或者说与高绩效最相关的行为信息，用以判断某员工的绩效是否符合岗位要求。

3. 问卷调查法

问卷调查是指通过制定详细周密的问卷，要求被调查者据此进行回答以收集信息的方法。开展问卷调查一般遵循以下步骤：设计调查问卷，将问卷以直接发放、邮寄或网上填写等形式交由调查对象填写，回收问卷，整理分析并得出结论。

问卷问题应根据绩效评估框架设计，主要以绩效评估指标为依据。在设计问卷的过程中应注意以下事项：先询问被调查者的基本情况；避免系统性问卷偏差，避免诱导性问题，避免一个问题内含两个以上问题；控制问卷的题量，不宜花费调查对象过多的时间；问卷应简洁明了且避免细节性错误。

4. 工作记录法

员工某些工作绩效可以通过日常的工作记录反映。例如，财务数据中体现出来的销售额数量，客户记录表中记录下来的业务员与客户接触情况，质检部门记录下来的废品、不合格品个数等。这些都是在相关部门日常工作记录中体现出来的绩效情况。

5. 他人反馈法

员工的某些工作绩效不是管理者可以直接观察到的，在缺乏有效信息的情况下就可以采用他人反馈法。一般来说，当员工的工作是为他人提供服务或工作过程中与他人发生关系时，就可以从员工提供服务的对象或发生关系的对象那里得到有关的信息。例如，对于从事客户服务工作的员工，管理人员可以通过发放客户满意度调查表，与客户进行电话访谈、座谈会等方式获得员工的绩效信息；对于企业内部的行政后勤等服务性部门的员工，可以从接受其服务的其他部门人员那里了解信息。

绩效信息收集方法的正确有效与否直接关系信息质量的好坏，而每种方法都有一定的局限性，因此可以综合运用多种绩效信息收集方法，当然也要考虑收集的成本和效率。

四、绩效信息收集的注意事项

1. 让员工参与信息收集的过程

作为管理人员,不可能时时盯着员工观察,因此管理者看到的信息可能是不完全或者是偶然性的。让员工参与绩效信息的收集过程,教会员工自己做工作记录是解决这一问题的方法之一。另外,员工参与能够体现员工的主动性,以此为依据对员工进行评估也容易让员工接受。但是,员工在做工作记录或收集绩效信息时往往会出现选择性记录或收集的情况,报喜不报忧或是夸大成绩、强调困难,对问题和缺陷轻描淡写。所以,最好采用结构化的方式,明确员工所要收集和记录的信息内容和要求。

2. 要有目的地收集信息

在收集信息之前,一定要明确收集信息的目的。有些工作没有必要收集过多的过程信息,只需要关注最后的结果。如果最后发现收集来的信息并没有太大价值而被搁弃,那么不但浪费了收集过程中的人力、财力、物力,也会使管理者和员工对绩效管理工作产生怀疑。

3. 要收集事实而不是判断

要收集的信息应该是围绕绩效行为和结果的事实,而不是对事实的主观判断和推测。例如,"小王与客户打电话时声音越来越高,而且用了一些激烈的言辞",这是一段对工作行为事实的描述;而"小王的情绪容易激动",这就是对事实的主观判断。可靠的绩效信息是可以被观察或测量的客观行为和结果,行为背后的动机或情感则是信息记录和收集者的主观推测,由于带有较大的感情色彩和个人倾向,所以不能作为绩效信息。

4. 采用科学、先进的方法

科学、先进的收集和记录方法可以大大提高信息收集的效率和质量。例如,抽样方法就是从一个员工全部的工作行为中抽取一部分工作行为做出记录。这些抽取出来的行为就叫作一个样本,通过代表性的样本客观公正地反映员工的绩效情况。常用的抽样方法有固定间隔抽样、随机抽样、分层抽样等。另外,绩效管理信息系统的应用也越来越广泛。随着人力资源管理信息系统的逐步普及,以及与其他企业管理信息系统的整合运用,员工绩效相关的信息来源更加丰富,收集方式更加多元,可以为绩效管理提供及时、准确、全面的信息,可以使员工和管理者随时掌握绩效进展的最新情况。

第二节　绩效信息整理

一、定性资料的整理

资料整理就是对收集到的原始资料进行检查、分类和简化，使之系统化、条理化，为进一步分析提供条件的过程。

1. 定性资料的来源

定性资料的来源一般有两个，一是从调查中得到的材料，它包括非结构访谈和观察记录；二是从文献资料中得到的材料，即以文字形式叙述的文献资料，如档案、文件、会议记录、调查报告、研究论文等。

2. 定性资料的审查

（1）真实性审查。真实性审查也称信度审查，即审查资料是否真实可靠地反映了调查对象的客观情况，目的是消除原始资料中的虚假、差错等现象，以保证资料真实、可信、有效。进行真实性审查通常采用以下几种方法。

1）根据已有的经验和常识进行判断，一旦发现与经验、常识相违背，就必须再次进行核实。

2）根据材料的内在逻辑进行核实，如果发现前后矛盾，就要找出问题，剔除不符合事实的材料。

3）利用资料间的比较进行核实，如果同一个问题的资料有多种来源，就可将这些材料进行比较，以鉴别真伪。

4）根据资料的来源进行判断。

（2）准确性审查。准确性审查也称效度审查，也就是审查收集到的材料对于分析所研究的问题有效的程度。同时要审查收集到的资料对事实的描述是否准确。

二、定量资料的整理

1. 定量资料的来源

与定性资料一样，定量资料的来源也有两个：一是实地调查得来的资料，包括问卷、访谈和观察的记录等；二是统计资料。

2. 定量资料的审查

（1）完整性审查。资料的完整性审查包括检查资料总体是否完整，如调查抽样中的样本是否达到要求；每一份资料是否完整，如问卷上的问题是否都已回答等。

（2）统一性审查。资料的统一性审查包括检查所有问卷、报表登记填报方法是否统一，数字所使用的度量单位是否统一，计算方法是否统一等。

（3）合格性审查。资料的合格性审查包括检查提供资料者的身份是否符合所规定的调查对象的身份，所提供的材料是否符合填报要求，所填报的资料是否准确无误。

三、绩效信息的档案管理

1. 绩效文档及其应用

绩效管理需要应用各种各样的表格，这些表格本身不应该作为绩效管理工作的重点，但这些表格中所记载的信息非常有价值，所以管理者要善于将绩效管理中的各种表格归类整理成有特定用途的文档。绩效文档有些是正式的（如作为员工档案保存的资料），有些是非正式的（如用来帮助管理者回忆的笔记，这是不需要保存的）。管理者手中的绩效文档至少应该包括根据绩效计划制定的目标和任务、评估期内发生的重要绩效事件、年度绩效评估会议的总结，还要记录管理者和员工在绩效沟通过程中的彼此承诺和共同约定，以及其他管理者认为对改善绩效有帮助的内容。绩效文档还包括员工的关键绩效事件及尚待改进的工作内容，它记录了绩效管理中真实的且正在发生的事情。

对绩效信息进行归档有助于企业和个人取得进步。要解决问题，管理者必须发现、熟悉这些问题，这需要信息。在员工和管理者之间出现分歧时，绩效文档对双方都可进行保护。例如，如果管理者想证明电话响的次数过多或某些任务没有完成，管理者就需要时间、日期之类的数据支持，在绩效文档化之后，它们就成为重要的依据。在员工或管理者离任或调走时，这些绩效文档也是重要的决策依据。

2. 绩效信息的归档管理

（1）签名确认。所有正式的绩效记录都应该由员工与管理者双方签字确认。签字意味着已经看过并同意相关内容。在管理者要求员工签名确认之前，管理者必须向员工解释清楚这样做的原因，以免引起员工的不安和反感。

（2）记录重要的、必要的信息。绩效文档所包含的是重要的、必要的信息，而不是事无巨细、一字不落地记录下来。绩效文档应该是总结性的，当然也有例外，例如，当管理者要对员工进行处分时，绩效文档的记录就应该尽可能详细。

（3）尊重员工的意见。员工有权对正式绩效文档中所提及的内容发表自己的意见，如果员工对文档内容有不同意见，管理者需要在文档中另附上员工的异议。在绩效文档最终敲定前，管理者应该留给员工一些时间，让他们思考并发表意见。

3. 绩效文档的内容

绩效文档是否应长久保存，目前还存在不同的看法。员工希望那些好的材料能永久地保存下来——如表扬、成绩、客户赞赏等，员工不希望对他们任何的小错误进行记录并永久地放在人力资源部门的个人档案中。有的管理者认为，既然绩效问题重复发生，就应该记录在册，引起员工重视。那些不愿将"不稳定"的信息永久放进档案的管理者则认为，应先想办法解决问题，也就是说，在定性问题比较严重时，应在放进档案之前给员工一段时间来解决问题（在管理者的帮助下）。这种方法似乎更公平、更宽容。总之，应将何种材料放进档案里，取决于问题的严重性、公司档案管理政策、管理者个人的容忍度以及与员工发展长期友好关系的需要。

 学习案例

某公司是一家大型医药化工公司，拥有员工近1 500人，年销售额近10亿元。该公司管理层认识到信息化建设对其发展的重要性，于是投资大量资金进行公司信息化建设，其中包括引入eHR（电子人力资源管理）系统，希望借此全面提高公司的人力资源管理水平，尤其是绩效评估水平。

然而一年后，该公司发现，公司的人力资源管理水平并没有因此得到根本改观，eHR系统与公司的管理现实相差甚远，系统本身并不能真正全面提高该公司的人力资源管理水平，无法改善公司绩效评估效率差的状况，在绩效评估中未发挥应有的功效。

经调查发现，该公司各级人员的评估指标没有根据企业的实际情况进行定制，采用的是一些比较通用的绩效评估指标。而这些指标完全没有考虑公司的实际，更不能反映公司的战略发展重点。

该公司在信息化建设之初没有整体的规划，从不同的软件供应商处购买了具有不同业务功能的软件。然而这些软件之间不能相互兼容，且不同的软件对相同名称指标数据的定义不同，以致出现数据不一致的现象，经常会发生争议。

该公司在绩效信息收集上存在的缺陷严重制约了公司绩效评估的发展。

讨论题

1. 该公司绩效管理中存在哪些问题？
2. 如何改进公司人力资源信息管理系统？

本章思考题

1. 简述绩效信息收集的目的。
2. 简述绩效信息收集的方法。
3. 简述绩效信息收集的注意事项。
4. 简述绩效信息档案管理的方法。

第十二章

绩效评估

 引导案例

天阳公司是一家大型商场,公司的管理人员与员工共计500多人。由于大家齐心协力,公司销售额不断上升。到了年底,天阳公司又开始了一年一度的绩效评估,因为每年年底的绩效评估是与奖金挂钩的,大家都非常重视。人力资源部门将绩效评估表发放给各个部门经理,部门经理在规定的时间内填写表格,再交回人力资源部门。

老张是营业部的经理,他拿着绩效评估表犯了难。表格主要包括对员工工作业绩和工作态度的评价,工作业绩那一栏分为五档,每一档只有简短的评语,如超额完成工作任务、基本完成工作任务等。

由于种种原因,年初制订规划时,老张并没有将员工的业绩目标清楚地确定下来。因此对业绩进行评估时,无法判断谁超额完成任务,谁没有完成任务。工作态度就更难填写了,由于平时没有收集和记录员工的工作表现,到了年底,仅对近一两个月的事情有一些记忆。

由于人力资源部门催得紧,老张只好在这些评估表上勾勾圈圈,再加上一些轻描淡写的评语,交给人力资源部门。想到这些绩效评估要与奖金挂钩,老张感到这样做不妥,他决定向人力资源部门建议采用其他评估方法,重新设计本部门人员的绩效评估表。

案例思考
1. 该公司绩效管理存在哪些有待改进和加强的问题?
2. 选择营业人员的绩效评估方法时,应该注意哪些问题?

第一节 绩效评估概述

一、绩效评估的内容

绩效评估也称为绩效考评、绩效考核等,是指评估主体对照员工的绩效标准,应用科学的方法对其任务的完成情况、工作职责的履行情况和发展情况进行评估,并将评估结果反馈给员工的过程。绩效评估作为一种衡量和影响个人工作表现的正式系统,可以起检查及控制的作用,找出团队和个人的不足并督促其改进,从而实现共同受益、多赢的局面。

一般而言,完整的绩效评估内容包括业绩评估、能力评估、态度评估、潜力测评等。在实际操作过程中,由于各企业所处的环境不同、完成目标管理工作具体的特点不同及经营者的偏好不同,就可能使企业人事评估偏重于其中一项或几项。例如,企业管理工作的重心在于提高工作效率,其评估内容偏重于业绩评估,如果需要提升一些有才干的人员来促进企业的发展,则评估的内容就偏重于能力评估和潜力测评。

1. 业绩评估

业绩通常称为考绩,是对企业员工担当工作的结果或履行职务工作结果的考察与评估。它是对企业成员贡献程度的衡量,是所有工作关系中最本质的评估。它直接体现出员工在企业中价值的大小,与员工担当工作的重要性、复杂性和困难程度呈正相关关系。通过系统的反馈,业绩评估比其他评估更能体现企业的效率。

2. 能力评估

能力评估是评估员工在职务工作中发挥出来的能力,如工作中的决策力、工作效率、协调能力等。根据被评估者在工作中表现出来的能力,参照标准和要求,对被评估者所担当的职务与其能力是否匹配做出评定。这里的能力主要体现在四个方面:常识、专业知识和其他相关知识,技能、技术和技巧,工作经验,体力。需要指出的是,企业人事评估中的能力评估和能力测试不同,前者与被评估者所从事的工作相关,而后者是对员工的能力从人的本身属性进行评估,分出优劣,强调人的共性,不一定要和员工的现任工作相联系。

3. 态度评估

态度评估是评估员工为某项工作付出的努力程度,如是否有干劲、有热情,是否忠于职守，是否服从命令等。态度是工作能力向业绩转换的关键，在很大程度上决定了能力向业绩的转化。当然，同时还应考虑工作完成的内部条件和外部条件。态度反映"功劳"和"苦劳"之间的关系，最大限度地使有"苦劳"的人成为有"功劳"的人是企业的责任，也是企业有效使用人力资源的诀窍。

4. 潜力测评

潜力相对于"在职务工作中发挥出来的能力"而言，是"在工作中没有发挥出来的能力"。至少有以下四方面原因，使一个人的能力不能在自己所担当的职务工作中发挥出来。

（1）机会不均等，即没有经过公平竞争获得发挥能力的机会。

（2）人员配置不合理，担任的职务与能力不相配、不相称。大材小用或小材大用，都会抑制一个人在自己的岗位上发挥才能。

（3）管理者命令或指示有误。

（4）能力开发计划不完善。

具体而言，一个人要发挥能力，其能力结构必须合理，否则就会因为缺少某一方面的知识而阻碍其他已经拥有的能力的发挥。与此相联系，合作共事者之间的能力结构也要配套，使彼此间能力互补、相长相促等。一个员工在自己的岗位上是不可能完全发挥能力的，总是存在着潜力。了解、测评员工，并在此基础上开发员工潜力，是有实际意义的。

 相关链接

某公司管理岗位的绩效评估内容

某公司管理岗位的绩效评估内容见表12-1。

表12-1　　　　　　　　　　公司管理岗位的绩效评估内容

区分	评估指标	内容	评估等级
工作业绩	业务完成	完成任务的质量	
	贡献度	对改进工作、提高效率、提升企业形象所做的贡献	
	教育培养下属	激励下属进行自我开发，提高下属的知识程度和技能水平	
	目标达成程度	达成目标的情况	
工作能力	学识和业务知识	具备某一专业领域内的知识、技术	
	计划创新能力	正确预测未来，善于克服困难，面对新事物能够提出新的设想	
	理解判断能力	正确理解和判断问题	
	指导能力	指导下属处理问题和困难的能力	

续表

区分	评估指标	内容	评估等级
工作态度	积极性	在工作中积极思考问题，主动进行改进，向困难挑战	
	协作性	促进团队协作，积极协助相关部门	
	责任感	积极承担任务，并对结果负责	
	品质	真诚，守信，具有创新精神和决策能力	

评估等级说明：评估等级分为五级，其中，5表示非常突出，4表示良好，3表示基本合格，2表示差，1表示非常差

二、绩效评估的原则

1. 牵引性原则

引导员工朝正确方向努力，做正确的事。

2. 公开性原则

管理者要向员工明确说明绩效管理的标准、程序、方法、时间等事宜，使绩效管理透明化。根据不同时期的特征，评估侧重点会有所不同，作为管理者，应第一时间将评估的侧重点告之员工，让其清楚评估要点。

3. 客观性原则

绩效管理要做到以事实为依据，避免主观臆断。按事先约定的内容进行评估，以数据为依据，公正、客观评估。

4. 开放沟通原则

在整个绩效管理过程中，管理者和员工要开诚布公地进行沟通与交流，评估结果要及时反馈给员工，肯定成绩，指出不足，并提出今后应努力和改进的方向。发现问题或有不同意见应在第一时间进行沟通。评估的目的是提升工作效率，通过评估让员工认识到自己的优缺点，扬长避短。

5. 差别性原则

对不同部门、不同岗位进行绩效评估时，要根据不同的工作内容制定贴切的衡量标准，评估的结果要适当拉开差距，不搞平均主义。

6. 常规性原则

绩效管理是各级管理者的日常工作职责，对下属做出正确的评估是管理者重要的工作内容，绩效管理工作必须成为常规性的管理工作。

7. 发展性原则

绩效管理通过约束与竞争促进个人及团队的发展，因此，管理者和员工都应将通过绩

效管理提高绩效作为首要目标。任何利用绩效管理进行打击、压制、报复他人和搞小团体的做法都应受到制度的惩罚。

三、绩效评估的要素

1. 评估目标

绩效评估作为绩效管理系统中的关键子系统,其核心目标就是通过它的选择、预测和导向作用,实现企业战略目标。不论是企业绩效评估还是员工绩效评估都是基于这个共同目标。所以可将企业绩效评估和员工绩效评估联系起来,考虑绩效评估系统的设计。另外,针对具体评估目标,在选择评估主体、评估指标和评估方法时要慎重考虑。

2. 评估对象

绩效评估一般有企业绩效和员工绩效两个对象。不同的绩效评估对象选择取决于不同的目的,评估结果对于不同的评估对象产生的影响各不相同。对于员工或高层管理者的绩效评估关系到薪酬奖惩、岗位调整等人力资源管理上的决策问题;而对于企业的绩效评估则关系到企业扩张、兼并重组、业务收缩等经营决策问题。另外,员工的绩效评估也会由于员工在企业中的地位不同而影响评估系统中的其他要素。

3. 评估主体

评估主体指的是那些直接参加评估活动的人。企业绩效的评估主体是企业外部出资者。员工绩效的评估主体则要根据评估的目的、方法以及评估对象的相关特征进行选择,可以由管理者进行评估,也可以由同事进行评估,还可以由员工进行自我评估。

4. 评估指标

绩效评估指标决定了绩效对象的评估内容。绩效评估系统侧重评估员工对企业战略目标有明确相关的行为因素,即关键成功要素。常见的关键成功要素包括生产环节、销售环节、员工素质、产品声誉等方面。关键成功要素是设计企业绩效评估体系的关键依据。实际上,企业绩效、部门绩效乃至员工绩效的评估指标都是通过对于企业而言的关键成功要素的层层分解而产生的。员工绩效评估指标可以根据不同的评估内容分为业绩评估指标、工作态度评估指标和工作能力评估指标三大类。在进行指标的选择时,除考虑与企业绩效评估系统衔接外,还要考虑不同的评估内容和评估目的。

5. 评估标准

绩效评估标准是指用于评估员工绩效优劣的标准。评估标准的选择取决于评估目的。评估标准可以分为绝对评估标准和相对评估标准两类。

绝对评估标准指的是评估标准是客观存在的标准，而相对评估标准指的是通过对比和排序进行评估的标准。另外，绝对评估标准一般又可以分为外部导向的评估标准和内部导向的评估标准，这是根据客观评估标准的产生进行分类的。外部导向的评估标准是指以存在于企业外部的主体绩效为评估标准；而内部导向的评估标准则是指评估标准来自企业内部，通常根据有关部门或人员以往的绩效情况确定。标杆管理就是典型的外部导向的绩效指标，是以外部竞争对手的绩效情况为评估标准进行绩效管理的。

6. 评估方法

评估方法是在评估指标、评估标准等要素的基础上形成的具体实施评估过程的程序和举措。

四、绩效管理与绩效评估的关系

与传统的绩效评估相比，绩效管理是一个更加完整、科学的概念，而绩效评估则是构成绩效管理流程的环节之一。具体来说，两者的区别主要见表12-2。

表12-2　　　　　　　　　　　绩效管理与绩效评估的区别

绩效管理	绩效评估
一个完整的管理过程	管理过程中的局部环节和手段
侧重于信息沟通与绩效提升	侧重于判断和评估
伴随管理活动的全过程	只出现在特定时期
具有前瞻性和过程性，注重事先的承诺和持续的沟通	具有阶段性和总结性，注重事后的评估

由此可见，绩效管理与绩效评估无论在基本含义、操作内容、实施方式上都存在较大差异，但同时，绩效管理与绩效评估又是相互依存、密切相关的。绩效评估是绩效管理的核心环节，绩效评估的成功与否很大程度上取决于相关联的整个绩效管理过程；而成功的绩效管理也需要有效的绩效评估作为依据和支撑，绩效评估为绩效管理的运行与实施提供了前提和基础。将绩效评估与绩效管理割裂开，孤立地看待绩效评估这一环节，甚至将其放大作为绩效管理的全部，是管理者和员工在实践中的误区。

第二节　绩效评估实施

一、绩效评估方法

绩效评估方法是对员工在工作过程中表现出来的绩效进行评估，并据此判断员工与岗位的要求是否相称的方法。

绩效评估方法一般包括以下几种：一是相对评价法，包括简单排序法、间隔排列法、配对比较法、人物比较法、强制分布法；二是绝对评价法，包括目标管理法、关键绩效指标法、等级评估法、平衡计分卡、行为锚定法；三是描述法，包括全视角评估法（360°评估法）、关键事件法等。

相对评价法是一种相对标准的度量方法，综合各量度的内容，然后将员工按优劣次序排列。本节主要介绍相对评价法。

1. 简单排序法

简单排序法是指依据一定的绩效标准，将全体被评估人员的绩效从高到低依次排序。一般情况下，根据员工的总体工作绩效进行综合比较。绩效标准可根据员工绩效的某一方面确定，如出勤率、事故率、产品合格率等。采用这种方法时，应注意员工绩效的比较必须执行同一标准。

这种方法具有简单、易于操作的优点，评估结果一目了然，便于企业进行人事决策。不过这种方法也存在不足，排序过程中，容易排出绩效好和差的员工，不容易区分中间段的员工。有时被评估对象之间的差异很小，但是由于方法本身的原因，评估者必须对他们进行排序，结果人为地夸大了他们之间的距离。此外，在员工数量比较多的情况下，会增加评估的难度，且易导致结果失真。因此，这种方法在实际操作中应谨慎应用。

2. 间隔排列法

间隔排列法是指选择工作表现最好的员工排在榜首，选择工作表现最差的员工排在榜尾，然后再从剩下的员工中，选择工作表现最好的员工排在榜首之下，选择工作表现最差的排在榜尾之上，依此类推排列。在排序过程中，应将某一员工与所有其他员工逐一比较。根据心理学的观点，人们比较容易发现两端情况，而不容易发现中间的情况，因此，这种方法能够避免简单排序法中不容易区分中间段员工的问题，但操作烦琐，故不适用于人数众多的情况，每次评估人数宜在10人以内。

无论是简单排序法还是间隔排列法，它们最大的优势就是简单实用、易学易懂，但是这些方法可能给员工带来心理压力，使工作团队的关系陷于紧张之中，员工在情感上不易接受，因为这种方法实质上就是迫使员工互相竞争。员工可以选择两种途径提高自身评估等级：一是更努力地工作和取得更出色的业绩，这当然是企业所期望的；二是设法让同事的工作成绩更差、完成的任务更少，这是企业不愿看到的，然而事实证明确实会出现第二种消极情况。

 **相关链接**

绩效是把双刃剑

房地产公司售楼的佣金很高,每出售一套楼房,销售人员就能得到一笔可观的回报,但行业竞争也非常激烈。为了激发销售人员的工作热情,某房地产公司决定采用排序法进行绩效评估,业绩最好的员工将额外得到公司的一笔奖金。根据这一政策,销售经理每个季度都要列出个人销售数量,并将排名上报公司。然而,方法实施后意想不到的负面效应出现了。一些销售人员为了排名不择手段:抢本公司同事客户,故意误传或不传达客户电话信息……合作消失了,取而代之的是他们为争抢客户时的钩心斗角。从短期来看,公司业绩的确提高了,然而长此以往,公司的销售成绩和声誉都将受到损失。

可见,排序法在短期能够刺激一些员工更加努力地工作,争取取得头等排名。但这种方法也会刺激人们积极或消极地干涉别人的工作。当某个员工专注于某一目标,而不再关注其他的重要目标时就会发生这种事情,这会导致员工行为与企业整体利益的不一致。

3.配对比较法

配对比较法就是把每一个员工与其他员工一一配对,分别比较。每一次比较时,给表现好的员工记"+",给另一个员工记"-",所有员工都比较完后,计算每个人"+"的个数,依此对员工做出评估——谁的"+"个数多,他的名次就排在前面。

例如,有5个员工接受评估,列表进行配对比较,见表12-3。A与D相比,A强于D,就在对应的栏目中记"+";而A与C相比,不如C,就记"-"。这样,5个员工全部比较完后,计算他们的"+"号个数,A是2个,B是4个,C是3个,D是0个,E是1个。这5个员工的优劣顺序就很容易看出来了:B第一,以下依次为C、A、E、D。

表 12-3   配对比较法示例

对比人	A	B	C	D	E	"+"的个数
A		-	-	+	+	2
B	+		+	+	+	4
C	+	-		+	+	3
D	-	-	-		-	0
E	-	-	-	+		1

使用这种方法时,评估者需要做出比较的次数可依公式 $N(N-1)/2$ 计算出来,其中 N 为接受评估的人数。

例如，有10名员工接受评估，则评估者需要做出比较的次数为：

$$10 \times (10-1)/2 = 45（次）$$

为降低评估者的主观程度，可用多个不同的工作维度做出比较。采用的维度越多，比较次数也越多。比较次数的计算方法为：

$$比较次数 = 工作维度 \times [接受评估人数 \times (接受评估人数 - 1)]/2$$

例如，有10名员工就5项工作维度接受评估，按公式计算，可得出：

$$5 \times [10 \times (10-1)]/2 = 225（次）$$

所以，此时评估者需要做出225次比较。

很明显，接受评估人数或使用的工作维度越多，这种方法的使用就越繁复。

4. 人物比较法

人物比较法是指在评估之前，先选出一个员工，以其各方面的工作表现为标准，对其他员工进行评估，见表12-4。

表12-4　　　　　　　　　人物比较法示例

被评估者：姓名＼档次	评估项目：工作积极性			基准员工：	
	A	B	C	D	E
甲					
乙					
丙					
丁					
戊					

注：1. A——十分优秀；B——比较优秀；C——相似；D——差；E——非常差。

2. 与基准员工相比，在相应栏目中打"√"。

使用这种方法，往往比其他方法更能刺激员工的工作积极性。例如，被称为"科学管理之父"的弗雷德里克·泰勒曾经做过一个生铁装运的试验。开始时，这些工人每人每天可以装12.5吨。后来，泰勒找到一位体格强壮的人，经过训练，他每天可以装48吨。于是，泰勒就以他为标准，对工人进行评估，并依此来发放工资。结果，工人们的生产效率得到了大幅度的提高，平均每人每天可以装35吨。

5. 强制分布法

强制分布法是根据正态分布原理，预先确定评价等级以及各等级在总数中所占的百分比，然后按照员工绩效的优劣程度将其列入其中某一等级。例如，把10%的优秀员工放在最高等级的小组中，次之的20%的员工放在次一级的小组中，再次之的40%的员工放在中间等级的小组中，再次之的20%的员工放在倒数第二级的小组中，余下的10%的员工放在最低等级的小组中。这种方法是基于一个有争议的假设，即所有小组中都有相似表现的员工分布。

强制分布法与"按照一条曲线进行等级评定"的意思基本相同。使用这种方法，就意味着要提前确定准备按照何种比例将被评估者分别分布到每一个工作绩效等级中。

在实际操作过程中，首先将准备评估的每一位员工的姓名分别写在一张小卡片上，然后根据每一种评估要素对员工进行评估，最后根据评估结果将这些代表员工的卡片放至相应的工作绩效等级中。

这种方法的优点是有利于管理控制，特别是在引入员工淘汰机制的企业中，它能明确筛选出淘汰对象，由于员工担心因多次落入绩效最低区间而遭降职或解雇，因而努力工作，该方法具有强制激励和鞭策作用。当然，它的缺点也同样明显，如果一个部门员工都十分优秀，强制进行正态分布等级划分，可能会带来多方面的弊端。

二、绩效评估表的编制

绩效评估表是用来进行绩效信息采集、分析和统计的载体。根据绩效评估方式的不同，所呈现出来的表格形式有较大差异。同时，绩效评估表的载体形式有纸质、电子，电子又分为线上和线下，但基本的要素具有共性。

1. 绩效评估表的内容

（1）标题。体现绩效评估的主题内容，如销售人员绩效评估表。

（2）正文。一般为表格形式，便于阅读和使用。

一是表头，含被评估人姓名、岗位及部门，评估主管姓名等。

二是绩效指标体系，包括指标维度、权重、绩效目标值、得分等。

三是表尾，包含考核说明，被评估人、评估主管、复核人等的签字和时间信息。

2. 绩效评估表的编制原则

（1）合法合规。明确评估表绘制的主体，被评估人的姓名、所属部门及评估时间。

（2）内容明确。符合企业整体发展战略和方向，在内容基本稳定的同时做到与时俱进。评估表中规定的评估指标和评估标准要切合实际，效力范围明确。

（3）形式美观。简洁、直接、易于操作，字体、标点要一致，整体结构协调。

（4）表达明确。逻辑性强、有条理，语言通俗易懂，不产生歧义。

（5）可操作性。方便填写，结果确定。

3. 绩效评估表的编制步骤与说明

（1）绩效评估表的编制步骤

一是明确评估表针对的对象及评估目的。绩效评估表编制要根据评估对象的工作内容、特点及性质展开。针对不同的评估目的，所需要评估的内容不同，采用的评估表也不相同。

二是确定评估量表的维度。根据绩效评估指标体系确定评估表的主体内容，并运用规范准确的表达进行定性或定量内容的描述。

三是设立每一个维度和子维度的权重。由于考评的角度、目的不同，每一个维度的重要性也不同。罗列权重便于为后续分析统计提供依据。确保每组子维度权重之和为1，维度权重之和也应为1。

四是说明栏设计。绩效评估表中应设计说明栏，用简明、扼要的文字将其他重要事项加以说明。

（2）绩效评估表的说明。绩效评估表见表12-5。

表 12-5　　　　　　　　　　　　　绩效评估表

姓名：		岗位：		部门：		评估主管：	
1. 工作内容		评估内容					
		期望目标					
2. 工作态度		评估内容					
		期望目标					
3. 工作能力		评估内容					
		期望目标					
评估记录		第一次		第二次		第三次	
		员工自评	上级评价	员工自评	上级评价	员工自评	上级评价
工作完成情况							
工作态度							
工作能力							
指导与改进							
绩效评估等级		S A B C D		S A B C D		S A B C D	
考核说明：							
员工签名：		主管签名：			复核人签名：		
时间：		时间：			时间：		

工作内容、工作态度和工作能力是评估的三个方面。评估内容可列出主要的工作任务或项目，如销售经理的主要任务是完成销售目标，期望目标要尽可能"定量化"，如销售额达到100万元。定量目标不要定得过高或过低，要与被评估者所承担的工作岗位相对应，要

符合工作实际情况和平均水平。此外，评估内容和期望目标不是一成不变的，可根据企业的发展情况适时协商，加以调整。

"员工自评"是指员工对自己的工作及完成情况进行的自我评价，"上级评价"是指上级按员工工作完成情况进行的评价。若实际完成情况超过期望目标，可用"+"表示；低于期望目标用"-"表示，大致达到期望目标就用"±"表示。需注意的事项是：自我评价和上级评价要分别进行。

"指导与改进"栏目通过上下级沟通完成。尤其是在自我评价和上级评价之间出现差异的时候，上下级就必须寻找机会进行面对面沟通，找出差异原因。如果评价出现了"-"或"±"，就意味着这些方面做得不好，需要在今后的工作中加以改进。在这个栏目中，应将需要改进的方面以及改进的措施确定下来。

每次评估必须相互独立，依次进行，后次评估者无权对前次评估结果进行更改。各次的评估者都应该站在自己的位置上，对事实进行独立判断，做出真实的绩效评估。

表中的"SABCD"表示绩效等级。B处于中心，表示中等水平，必须首先确定。评估等级的定义如下。

S：大大高于期望水平（非常出色，无可挑剔）。

A：高于期望水平（没有问题）。

B：尽管有些失误，存在一些问题，但基本上胜任本职工作。

C：达不到期望水平（有问题）。

D：完全达不到期望水平（有相当大的问题）。

绩效评估等级可以分次评定，也可以在几次评估后进行综合评定，如对销售经理有季度评估和年终评估，季度评估结果将作为年终绩效等级的参考依据。

特别需要说明的是，绩效评估表记载评估的主要内容和评估标准，因此绩效评估表必须在评估前完成、确定，并作为定期或不定期绩效评估的依据。

三、绩效评估的实施步骤

绩效评估实施一般可分为评估前沟通和培训，绩效评估实施，评估信息记录、评估结果分析和统计。

1. 评估前沟通和培训

绩效管理的目的在于员工能力的提高和绩效的持续改进。绩效评估作为绩效管理的重要环节，需要全员参与。绩效评估在程序上要强调公开、透明、充分沟通。

（1）评估前沟通。沟通的内容包括以下几点。

1) 宣传绩效评估的目的和意义，让各级主管和员工充分理解评估对企业和员工本人的作用。

2) 通告评估的程序和方法，提高员工对绩效评估合理性和公平性的认知。

3) 通告时间安排及参与人员的责任，让员工了解绩效评估实施的要求。

（2）评估前培训。绩效评估前培训包括对管理人员和员工的培训。通过培训确保全体人员掌握绩效评估的程序和要求，尤其是管理人员应掌握相应的知识和技巧，避免在评估中出现人为误差。评估前的培训内容包括绩效管理的含义、用途和目的，企业各岗位绩效管理的内容，企业的绩效管理制度，评估的具体操作办法，评估评语的撰写方法，评估沟通的方法和技巧，评估的误差类型及其预防等。

2. 绩效评估实施

（1）员工自评。根据绩效评估表中的评估内容，员工首先进行自我评价，必要时可以自行采集有合作的其他人员的反馈。

（2）主管评估。主管根据绩效评估的指标对员工进行评价。主管评估可以与员工自评同时进行，也可以在员工完成自评后进行。

（3）评估面谈。基于以上两个程序，员工和主管对评估内容都有了初步的考虑和评价，高质量的双向沟通面谈是员工得到主管反馈、表达想法的重要环节，有助于双方就评估结果达成一致。

绩效评估按评估周期分为定期评估和不定期评估。一般企业在实践中，即使设定定期评估，也鼓励上下级之间进行不定期的即时评估，以便及时发现问题，及时纠正。

3. 评估信息记录

评估信息应通过绩效评估表进行记录，记录的内容包括员工自评内容、主管评估内容、评估面谈记录和评估结果。

主管和员工必须就绩效评估表进行签字确认，作为日后工作跟踪的依据。

4. 评估结果分析和统计

在员工绩效评估完成后，由所在部门或人力资源部门对所有绩效评估进行统计并分析，从中审核绩效管理的落实情况。例如，各项结果占总人数的比例是多少？其中优秀与不合格的比例各多少？不合格的主要原因是什么？是态度问题还是能力问题？是否出现员工自评和主管评估差距过大的现象？如有，原因是什么？有无明显的评估误差？如有误差，是哪种？如何预防？胜任工作岗位的员工比例占多少？

企业人力资源部门可以根据不同的需要，进行不同的统计和分析，这样有助于人力资源部门更科学地实施人力资源管理政策。

绩效评估汇总表可参考表12-6和表12-7。

表12-6　　　　　　　　　绩效评估汇总表（根据考核成绩汇总）　　　　　　　　　分

序号	姓名	部门	评分情况			
			总经理（占30%）	部门经理（占30%）	专业负责人（占25%）	其他同事（占15%）
1						
2						
3						
4						
5						
6						
7						

制表：　　　　　　　　　　　　　　　　部门负责人：

表12-7　　　　　　　　　绩效评估汇总表（根据考核时间汇总）　　　　　　　　　分

序号	姓名	1—4季度平均得分（占60%）				年终考核得分（占40%）	年度考核得分
		第一季度	第二季度	第三季度	第四季度		
1	张三	85	85	85	85	90	87.0
2							
3							
4							
5							
6							
7							
8							
9							
考核得分	≥105	95~104	80~94	65~79	<65		
考核等级	特优（S）	优（A）	合格（B）	基本合格（C）	不合格（D）		
分布占比	0%~5%不限	10%	75%~80%	10%	0%~5%不限		
考核系数	0~1.3	1.2	1.0	0.85	0~0.6		

说明：考核工资=考核工资额度×考核系数（考评分在同一等级时，按占比从高往低强制分布原则调整）

制表：　　　　　　　　　　　　　　　　部门负责人：

四、绩效评估过程中的沟通

绩效沟通是绩效管理的核心。它主要分成绩效目标制定中的沟通、绩效实施过程中的沟通、绩效反馈过程中的沟通和绩效改进过程中的沟通。绩效沟通需要高层管理者、中层管理者、基层员工积极参与。通过绩效沟通，有利于设定共同认可的绩效目标，有利于绩效目标的顺利实施，有利于绩效评估结果被认同并接受。一般来说，绩效沟通分为正式绩效沟通和非正式绩效沟通两类。正式绩效沟通是指事先计划和安排好绩效沟通方法，如定期的绩效书面报告、正式的绩效面谈等。非正式的绩效沟通是指未列入计划的即兴绩效沟通，如非正式的会议、闲聊、吃饭时交谈等。绩效评估过程中的沟通，一定要注意技巧和方法，好的方法能保证沟通的顺利进行。其中最重要的是培养倾听能力，要善于听、乐于听，并及时给予反馈，让对方感受到尊重、理解。反之，绩效沟通就有可能失败。通过绩效沟通，对管理层来说，可以帮助下属提升绩效，调整工作状态，提高员工满意度；对员工来说，可以发现自己的不足，可以有机会表达自己的意见，提高自身参与度。

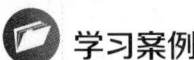

学习案例

　　罗芸在飞宴航空食品公司担任地区经理快一年了。此前，她在一所重点大学获得MBA学位，又在本公司总部科室承担过四年多职能性管理工作。她负责管理十家供应站，每站有一名主任，负责向一定范围内的客户提供服务。

　　飞宴公司不仅服务于航空公司，也为成批订购中、西餐盒装的单位提供所需食品。飞宴公司采购全部原料，并按客户要求烹制食品，不搞分包供应。供应站主任主要负责制订计划、编制预算、监控分管指定客户的销售服务员等。

　　罗芸上任期间，主要是巡视各供应站，了解业务情况，熟悉各站的工作人员，通过巡视，她收获不小，也增加了自信。

　　罗芸手下的十名主任中，资历最老的是马伯雄。他只念过一年大专，后来进入飞宴公司，从厨房代班长干起，直到三年前当上了供应站的主任，老马很善于与人交际，他与客户、下属都保持不错的关系。他的客户都是"铁杆"，三年来没有一个客户转向飞宴公司的对手去订货；他招来的部下，经过他的指点培养，有好几位已经提升为地区经理。

　　不过他的不良饮食习惯给他带来了严重的健康问题，身体过胖、心血管加胆囊结石，导致他这一年请了三个月的病假。其实，医生早给他提过警告，但他置若罔闻。另外，他太爱表现自己了，做了一点小事，也要打电话向罗芸表功。他给罗芸打电话的次数，超过其他九位主任的电话总数。罗芸不大喜欢老马的工作风格。

　　由于业务的扩展，公司中已有传言要给罗芸添一名副手。老马已公开说过，站主任中他资格最老，他觉得地区副经理非他莫属。但罗芸觉得老马若来当她的副手，两人的管理风格太悬殊，罗芸反而束手束脚；再者，罗芸觉得老马的健康状况不适合担任地区副经理一职。

　　年终的绩效评估开始了。公正地讲，老马这一年的工作，总体是不错的。飞宴的年度

179·

绩效评估表是十级制，10分为最优；7~9分属良，但程度有所不同；5~6分属于合格、中等；3~4分是差；1~2分是非常差。罗芸不知道该给老马评几分。评高了，会坚定他得到职位提升的信心；太低了，他会大为恼火，会认为对他不公平。

老马自我感觉良好，他性格豪迈，爱去走访客户，也爱跟手下人打成一片，他最得意的是指导部下某种新操作方法，卷起袖子亲自下厨，示范手艺。跟罗芸谈过几次后，他就知道罗芸讨厌他事无巨细，老打电话表功，有时一天打两三次，不过他还是想让她知道自己干的每项成绩。他也知道罗芸对他不听医生劝告，饮食无节制有看法。但他认为罗芸跟他比，实际经验少多了，只是多学了点理论，到基层来干，未见得能比他优秀。他认为自己学历不高，但成绩有目共睹，觉得这副经理非他莫属，而这是他实现更大抱负过程中的一个台阶。

考虑再三，罗芸给他的绩效评了6分。她觉得这是有充分理由的：因为他不注意卫生，病假三个月。她知道这分数远低于老马的期望，但她要用充分理由来支持自己的评分。然后她开始给老马各项评估指标打分，并准备跟老马面谈的措辞，向他传达评估结果。

讨论题

1. 你认为罗芸对老马的绩效评估是否合理？罗芸对老马的评估属于什么类型的评估？
2. 如果老马对罗芸给出的绩效评估结果有强烈不满，罗芸应怎样处理？

本章思考题

1. 简述绩效评估的内容。
2. 简述绩效评估的原则。
3. 简述绩效评估的方法。
4. 简述绩效评估表的编制方法。

第五篇
薪酬管理

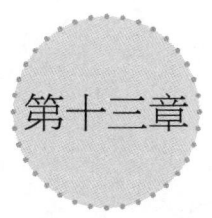

第十三章

薪酬管理概述

 引导案例

　　薪酬管理无疑是人力资源管理的一个重要工具,管理者每天都在思考薪酬问题,思考怎样采取有效的薪酬政策,才能既合理控制人工成本,又提高员工工作热情。然而,许多管理者实践的结果与他们的良好愿望并不一致,他们对薪酬问题的认识往往是错误的或者顾此失彼的。

　　某电子公司是一家集生产、物流与销售为一体的企业,为了进一步降低人工成本,同时提高员工的工作效率,在新一年的薪酬设计上进行了以下几方面的变革。

　　第一,降低员工的年度涨薪幅度。

　　第二,加大薪酬与绩效挂钩的力度,把绩效工资由占原来薪酬总额的30%调整为占薪酬总额的50%。

　　第三,在公司每个部门内部实行按绩效定薪酬的强制分布,但部门的薪酬总额不变。

　　第四,大幅度拉大年终评优中优秀员工与其他员工的年终奖金差距,每位优秀员工的年终奖金约是其他员工的八倍。

　　该电子公司的薪酬变革是许多公司薪酬改革的典型行为。暂不估量这些行为的最终效果,但从这些事件的出发点来看,其对薪酬的认识存在以下几个典型的误区:一是工资率与人工成本是一回事;二是提高绩效工资比例,就可以提高员工积极性;三是部门内部薪酬强制分布更能激发员工的斗志;四是对优秀员工的突出奖励,能激励其他员工积极工作。

案例思考
1. 薪酬是什么？
2. 薪酬应如何管理和设计？

第一节 薪酬概述

在劳动经济学里，工资是指以货币形式按期付给劳动者的劳动报酬。国际劳工组织曾对工资做的定义是：工资是指不论名称或计算方式如何，由一位雇主对一位受雇者，为其已完成和将要完成的工作或已提供或将要提供的服务，以货币结算并由共同协议或国家法律或条例予以确定而凭书面或口头雇用合同支付的报酬或收入。上述定义表明，工资的支付者是雇主（企业），领受者是雇员（劳动者）；工资支付的依据是劳动者"已完成和将要完成的工作或已提供或将要提供的服务"；工资支付的形式是货币，而不论名称或计算方式；工资支付的标准是依据"共同协议或国家法律或条例予以确定而凭书面或口头雇用合同"形成的合约。

工资按其表现形式分为货币工资与实际工资。货币工资也称名义工资，它是以货币数量结算的工资。实际工资是劳动者得到的货币工资实际能够购买到的生活资料和服务（包括房租、水电、交通、教育等各项支出）的数量。货币工资的购买能力受劳动者必需的生活资料和服务的价格所制约。在通货膨胀、货币贬值的条件下，即使货币工资提高，生活资料和服务价格的上涨可能使货币工资的增加水平赶不上物价的上涨水平，实际工资反而有可能下降；在货币工资不变的条件下，物价上升、房租提高、赋税增加、赡养的失业人口增加等原因也可能使货币工资的购买力下降，导致实际工资降低。因此，货币工资实际上是一种名义工资。

随着社会的发展，人们逐渐使用薪酬这个概念，有的甚至将薪酬和工资这两个词综合起来，使用薪资这个词。因为人们认为劳动者从工作中获得的不仅仅是货币性报酬，还有更多，它包括工资、奖金、补贴、津贴、养老保险、医疗保险以及其他各项福利收入，甚至还包括成就感、荣誉感等。

薪酬一般分为基本薪酬、可变薪酬和间接薪酬。基本薪酬是指员工通过为某个企业工作所获得的比较稳定的报酬，通常情况下，其他薪酬（如可变薪酬和间接薪酬）都是以基本薪酬为依据来确定的。可变薪酬又称浮动薪酬或奖金，它是与员工工作所取得的成绩或者工作效率直接挂钩的，在现代企业中，企业员工的绩效已经引申为员工团队的绩效。企业的管理者认为，只有最大限度地发挥员工团队或员工群体的绩效，才能最大限度地为企业创造效益。间接薪酬是指员工福利或者是企业为员工提供的福利性服务，如失业金、养老金、免费午餐、医疗费、带薪休假、免费交通、廉价住房等。

在后续的章节里，我们主要使用薪酬这个概念，其内涵和外延更广。

一、薪酬的概念

从本质上说，薪酬表现的是雇主（企业）与雇员（劳动者）的平等交换关系。一方面，雇主向雇员支付货币、实物，提供工作环境和其他服务；另一方面，雇员向雇主提供劳动，为雇主创造价值等。

1. 狭义的薪酬

薪酬的狭义指的是企业为员工提供的服务（包括付出的劳动、时间，实现的绩效等）支付相应的回报，包括直接薪酬（包括基本工资、加班工资、津贴、绩效奖金等）和间接薪酬（包括保健计划等）。

2. 一般意义上的薪酬

一般意义上的薪酬是指员工所获回报的总和。不仅包括各项货币性和实物性回报，还包括外在的非财性回报，如偏爱的办公室装潢、宽裕的午餐时间、特定的停车位置等。这部分回报仍然是基于员工对企业的贡献，对员工来说是有效的激励，满足他人对自己认可和自己对自己认可的需要，如名誉、地位、尊严等。

3. 广义的薪酬

广义的薪酬是企业给予员工的内在和外在回报的总和，其中内在回报包括参与决策的权利、较大的工作自主权、较大的责任、较有兴趣的工作、个人成长机会、活动的多元化等。可以看出，内在回报主要是跟工作本身相关的，是对员工个人成长的激励，满足的是员工自我实现的需要，可激发员工的潜能，帮助员工实现自我价值。尽管内在回报和外在回报有所区别，但两者是紧密相关的。一般来说，企业向员工提供外在回报的同时也向员工提供了内在回报。例如，员工的薪资增加了，这不仅仅是货币收入的增加，同时意味着企业对员工工作的肯定和鼓励，从而使员工产生成就感，促进其个人成长。

薪酬的组成如图13-1所示。

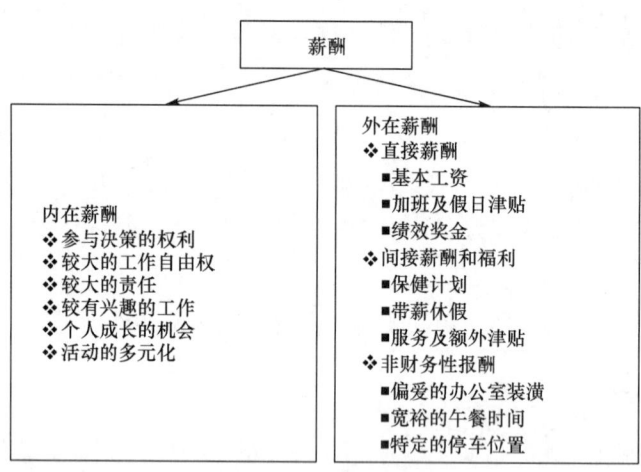

图 13-1 薪酬的组成

二、薪酬的职能

良好的薪酬体系是以企业发展战略为导向，具有公平性、激励性和竞争性，能够促使员工自我努力和发展，实现企业目标的一种重要手段。

从企业的角度出发，薪酬是一种资本投资，是考评员工绩效、激发员工工作积极性，使企业获得回报、实现经营目标的一种手段。从员工的角度出发，薪酬是他们的劳动所得，是维持生活、提高生活质量的重要前提，是劳动力再生产的保障，是实现个人价值的一种表现。

薪酬的主要职能有以下几点。

1. 补偿职能

薪酬通过对员工在劳动过程中体力与脑力消耗的补偿，以及员工为了提高自身素质进行教育投资的补偿，来保证劳动力的再生产和劳动者自身素质的提高。

2. 激励职能

企业通过合理的薪酬制度，吸引和留住高素质的员工，激励员工，提高员工工作效率。

3. 调节职能

薪酬的调节职能主要表现在引导劳动者合理流动上。在劳动力市场中，劳动供求量的短期决定因素是薪酬。薪酬高，劳动供给数量就大；薪酬低，劳动供给数量就小。因此，科学合理地运用薪酬这个经济参数，就可以引导劳动者向合理的方向流动，使其从不急需的产业（部门）流向急需的产业（部门）。同时，薪酬还能引导劳动者努力学习和钻研企业急需的业务知识，从人才过剩的职业向人才紧缺的职业流动，既满足了行业的需要，又平衡了人力资源的结构。宏观上如此，在企业的微观环境里，也可利用薪酬这个调节杠杆，引导员工向企业倡导的方向努力和发展。

4. 效益职能
薪酬投入是为了换来劳动投入，而劳动是经济效益的源泉。正常情况下，一个劳动者创造的劳动成果总是大于其薪酬收入，剩余部分就是企业的经济效益。

5. 统计与监督职能
通过薪酬可以把劳动量与消费量直接联系起来，即对薪酬支付的统计与监督，实际上也就是对劳动消耗的统计与监督，进而也是对消费量的统计与监督。这就有助于国家从宏观上考虑合理安排消费品供应量与薪酬增长的比例关系，以及薪酬增长与劳动生产率增长、国内生产总值增长的比例关系。

6. 降低成本职能
企业进行有效的薪酬管理，可以节约大量人工成本。企业参考劳动力市场及对薪酬制度的研究，可以推行和监察企业的薪酬制度，省去不必要的劳动力成本，保持良好的工作效率。

三、薪酬的组成

一般讲的薪酬是指狭义薪酬，主要由四个部分组成，即基本工资、绩效工资、激励工资和福利。

1. 基本工资
基本工资是企业按照岗位职责或员工能力支付给员工的现金报酬，其作用是补偿员工的劳动付出、保障员工及其家庭的基本生活需要。基本工资反映的是工作或技能价值，而往往忽视了员工之间的个体差异。

2. 绩效工资
绩效工资是对员工过去工作行为和已取得成绩的认可，作为基本工资的补充。绩效工资往往随员工业绩的变化而调整。

3. 激励工资
激励工资和业绩直接挂钩。它可以是长期的（如股份等），也可以是短期的（如奖金等）；它可以与员工的个人业绩挂钩，也可以与团队的业绩挂钩。激励工资和绩效工资是不同的。虽然两者都受到员工业绩的影响，但激励工资以支付工资的方式影响员工将来的行为；而绩效工资侧重于对过去突出业绩的认可。绩效工资通常会加入基本工资，是对基本工资永久的增加；而激励工资是一次性付出，对劳动成本没有永久的影响。

4. 福利

福利包括假期（带薪休假）、服务和社会保障（如医疗保险、养老金等）。

薪酬除了以上形式外，还包括挑战性的工作和学习机会、地位、权利等。

一个企业欲向外界吸引所需要的人才，最根本的是看其制定的工资标准在社会上有无竞争力；一个企业欲留住所需要的人才，最重要的是看其工资标准能否为其员工所认可。经济性报酬会在中短期时间内激励员工并调动员工的积极性，但是经济性报酬不是万能的，非经济性报酬对员工的激励是中长期的。企业应把经济性报酬和非经济性报酬结合起来，让员工感受到自己的价值并看到自己的发展前景，努力工作。

第二节　薪酬管理概述

对员工而言，薪酬不仅是自己的劳动所得，它还在一定程度上代表着员工自身的价值，代表企业对员工工作的认同，甚至还代表着员工的个人能力和发展前景。科学有效的薪酬机制能够让员工发挥出最大的潜能，为企业创造更大的价值。如何设计和管理薪酬的整个分配和运作过程，评价员工的工作绩效，促进劳动数量和质量的提高，激励员工的劳动积极性，使企业获得最大限度的回报，成为企业管理者的重要职责。

一、薪酬管理的概念与原则

1. 薪酬管理的概念

薪酬管理，就是企业对本企业员工薪酬的支付标准、发放水平和要素结构进行确定、分配和调整的过程。在这一过程中，企业必须就薪酬水平、薪酬结构、薪酬体系、薪酬形式以及特殊员工群体的薪酬做出决策。同时，作为一个持续的组织过程，企业还要持续不断地调整薪酬计划、拟定薪酬预算、就薪酬管理问题与员工进行沟通，同时对薪酬系统的有效性进行及时评估并予以改善。

薪酬管理在人力资源管理体系中占有重要地位（见图13-2），同时也是企业高层管理者和员工最为关注的内容。

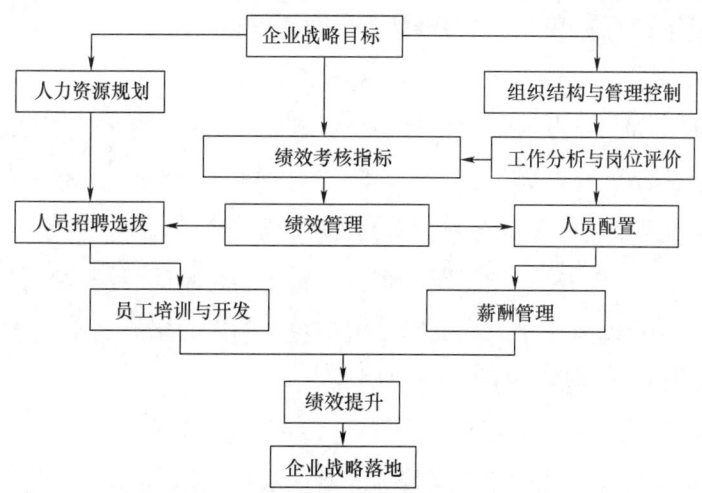

图 13-2　薪酬管理在人力资源管理体系中的地位

传统的薪酬管理看重物质分配，而现代薪酬管理更加关注人的需求，这表现在：物质分配内容多样化，如福利的丰富化、奖金的多样化等；更加注重内在报酬，如得到认可、获得更好的发展机会、晋升等。

2. 薪酬管理的原则

（1）合法性原则。合法性就是指企业的薪酬管理政策要符合国家法律法规和政策的有关规定，这是薪酬管理应遵循的基本原则。随着管理的现代化和法制化，企业推出任何一项政策都应首先考虑其合法性。

（2）公平性原则。公平性是企业实施薪酬管理时应遵循的重要原则。

1）对外具有竞争性。企业支付薪酬，不仅要考虑到自身的支付水平，更要与劳动力市场的工资水平，尤其是竞争对手的薪酬水平进行比较，支付等于或高于劳动力市场水平的薪酬可以使企业招聘到高素质的员工，确保企业经营目标的实现。否则，企业在劳动力市场上就会失去竞争力。有学者也将这一点总结为竞争性原则。

2）对内具有公平性。内部公平性要求企业按照员工岗位的相对价值支付薪酬。在企业内部，不同岗位的薪酬水平应当与这些岗位对企业的贡献相符，否则就会使员工产生不公平感，影响员工的工作积极性。同时，在薪酬制度制定和薪酬日常管理过程中也应该体现公平性。总体上要体现价值公平、机会公平和过程公平。

3）对员工具有激励性。根据员工的实际贡献付酬，并且适当拉开薪酬差距，使不同业绩的员工能在心理上觉察到这个差距，并产生激励作用，从而使业绩好的员工认为得到了鼓励，业绩差的员工认为值得改进自身绩效，以获得更高的回报。

（3）及时性原则。及时性是指薪酬的发放及对员工的激励应当及时。首先，薪酬是员工生活的主要来源，如果不及时发放，势必会影响他们的正常生活。其次，薪酬是一种重要的激励手段，特别是可变薪酬，是对员工有效行为的一种奖励。而按照激励理论的解释，这种奖励只有及时兑现，才能够充分发挥对员工的激励作用。

（4）经济性原则。作为经济型组织，企业需要根据自身的经济状况和经营状况确定员工薪酬水平。如果企业薪酬水平太高，则会增加企业的人力资源成本，影响企业的竞争水平和盈利水平。企业在确定员工的薪酬水平时要有成本意识。

（5）动态性原则。这主要表现在两个方面：一是企业整体的薪酬水平、薪酬结构和薪酬形式要保持动态性，与其他行业、同行等的薪酬水平保持动态的平衡；二是员工个人的薪酬具有动态性，要根据其工作年限、岗位变动、绩效表现进行薪酬调整。

二、薪酬管理的内容

1. 目标管理

薪酬的目标管理是指企业应保证薪酬制度以支持企业战略为根本，适应企业现实和未来的发展，满足员工的需要。

2. 水平管理

薪酬的水平管理是指薪酬要满足内部一致性和外部竞争性的要求，还要根据员工绩效、能力特征和行为态度进行动态调整，包括确定管理团队、技术团队和营销团队薪酬水平，确定跨国公司各子公司和外派员工的薪酬水平，确定稀缺人才的薪酬水平，以及确定与竞争对手相比的薪酬水平等。

3. 体系管理

薪酬的体系管理不仅包括基础工资、绩效工资、期权期股等方面的管理，还包括给员工提供个人成长、工作成就感、良好的职业预期和就业能力等方面的管理。

4. 结构管理

薪酬的结构管理是指正确划分合理的薪级，确定合理的级差，还包括适应组织结构扁平化和员工岗位大规模轮换的需要，合理确定薪酬结构。

5. 制度管理

薪酬的制度管理是指薪酬决策应确定在多大程度上向所有员工公开和透明化，指定专人负责设计和管理薪酬制度,建立薪酬管理的预算、审计和控制体系,进行薪酬的评估和沟通。

三、薪酬管理的影响因素

1. 企业外部因素

(1) 人力资源市场的供需关系。薪酬高低无疑是吸引和争夺人才的一个关键因素。因此,本地区、本行业、本国乃至全世界的其他企业,尤其是竞争对手的薪酬政策与水准,对企业确定员工的薪酬影响很大。

(2) 地区及行业的特点与惯例。行业性质、特点及地区的道德观与价值观等会在一定程度上影响薪酬管理(如传统的"平均""稳定至上"的观点若仍主宰着该地区,那么拉开收入差距的措施就不易被接受)。因此,经济发达地区和经济相对落后地区之间的差异,基础行业与高科技行业、国有大中型企业密集地区与三资企业集中地区之间的差异,必然会反映到企业薪酬政策上。

(3) 当地的生活水平。这个因素从两个层次影响企业的薪酬体系。一方面,员工对生活水平的期望无形中给企业形成提高薪酬标准的压力;另一方面,由于物价指数的上涨,为保证员工生活购买力不下降,企业必须考虑适当调整工资。

(4) 国家的相关法律法规。随着我国法制的日臻完善,有关员工薪酬待遇方面的法律必然日益增多,企业薪酬体系的确定应当遵守国家制定的各类相关法律法规。

2. 企业内部因素

(1) 本单位的业务性质与内容。对于传统劳动力密集型企业,员工主要从事简单的体力劳动,劳动力成本在总成本中占较大比重;对于高新技术等资本密集型企业,相对于先进的技术设备,劳动力成本在总成本中的比重不大。

(2) 企业的经营状况与实际支付能力。一般来说,资本雄厚的大企业及盈利丰厚且正处于上升阶段的企业,对员工的付酬较慷慨;反之,规模不大或不景气的企业,在付酬上不得不量入为出。

(3) 企业的管理哲学和企业文化。这里主要指企业领导对员工本性的认识及态度。把员工当作"经济人"的领导,认为员工所要的就是钱,只有经济刺激才能让员工好好干活;把员工当作"社会人"的领导,认为员工从本性上有多方面的追求,金钱绝非唯一的动力,员工还追求有趣的且具有挑战性的工作。这两类领导在薪酬决策上会有截然不同的观点。

四、薪酬设计的流程

1. 确定薪酬管理目标

薪酬管理目标根据企业人力资源战略而定，主要包括以下几个方面。

（1）建立具有竞争性的薪酬，吸引和留住企业需要的员工。

（2）对员工的贡献给予相应的回报，激励员工高效工作。

（3）合理控制人力资源成本，确保企业产品和服务的市场竞争力。

（4）通过薪酬制度和薪酬管理将员工利益与企业目标相联系，促进企业文化建设。

2. 选择薪酬政策

薪酬政策就是企业管理者对企业薪酬管理运行的目标、任务、手段的选择和组合，是企业在员工薪酬上采取的策略，主要包括以下几个方面。

（1）企业薪酬成本投入政策。例如，根据企业发展的需要，采取扩张劳动力成本或紧缩劳动力成本政策。

（2）根据企业自身情况选择合理的薪酬制度。例如，采取与岗位薪酬制度相结合的稳定员工收入策略，或采取与绩效工资制度相结合的激励员工策略。

（3）确定企业的薪酬结构及薪酬水平。例如，采取降低薪酬水平策略或提高薪酬水平策略。

薪酬政策是企业管理者审时度势的结果，如果决策正确，企业薪酬机制就会充分发挥作用，运行就会畅通、高效。反之，决策失误，管理就会受到影响，会引起一系列的企业管理困扰。

3. 编制薪酬计划

薪酬计划包括企业预计要实施的员工薪酬支付水平、支付结构、薪酬管理重点等。企业要通盘考虑，同时把握以下两个原则。

（1）与企业管理目标相协调的原则。在企业人事管理非规范化阶段，员工的薪酬管理缺乏科学性。一些企业不是根据企业自身发展的需要选择薪酬制度和薪酬标准，而是在很大程度上模仿其他企业。事实上，并不存在一个对任何企业都适用的薪酬模式。对此，一些企业明确指出，企业薪酬计划应该与企业的经营计划相结合。例如，在薪酬支付水平上，很多企业都不再单纯考虑与同行业工资水平的差别，而主要综合三个要素考虑，一是该水平是否能够留住自己需要的人才，二是企业的支付能力，三是该水平是否符合企业的发展目标。

（2）增强企业竞争力的原则。薪酬是企业的成本支出，压低薪酬有利于提高企业的竞争能力，但是过低的薪酬又会导致激励的弱化。企业既要根据外部环境的变化，又要从内部管理的角度选择和调整适合企业经营发展的薪酬计划。任何薪酬计划都不是固定的，在实施过程中，必须根据需要适时调整。

4. 设计薪酬结构

薪酬结构是指企业员工之间的各种薪酬比例及其构成，包括企业薪酬成本在不同员工之间的分配，职务和岗位薪酬率的确定，员工基本和浮动薪酬的比例，以及基本薪酬及奖励薪酬的调整等，即不同员工之间和同一员工不同薪酬形式之间的组成。

对薪酬结构的确定和调整要掌握一个基本原则，即给予员工最大的激励。公平付薪是企业管理的宗旨，避免出现同一岗位员工薪酬差距过大的现象。同时，薪酬结构的确定必须与企业的人力资源结构一致。

5. 确定薪酬水平

当岗位的薪酬结构确定后，就要通过薪酬调查确定各个岗位的薪酬标准，即每个岗位对应的薪酬，从而确保企业的薪酬水平具有竞争力。

6. 薪酬预算、控制和评估

通过薪酬预算控制薪酬成本，并在薪酬管理的过程中加强人工成本、工时等的控制，且不断进行评估，调整薪酬计划，确保薪酬管理真正达到预期效果。

第三节 全面薪酬

知识在企业价值创造中发挥主导作用，员工成为知识生产力的载体。企业管理者越来越意识到，吸引、保留和激励员工是企业获取竞争优势的关键因素。没有一个好的薪酬体系，企业就不能获取人力资源方面的竞争优势。因此，在知识经济时代，薪酬作为激励的关键要素，具备了前所未有的功能与特征。全面薪酬战略应运而生。

全面薪酬由薪酬、福利、工作与生活、绩效与认可、职业发展机会五大要素构成。每个要素都具有自身的项目、实践、元素及维度，共同构成并定义企业吸引、激励和保留员工的战略。

一、薪酬

薪酬是指企业为员工所提供的服务而支付的报酬，包括四个部分：第一，固定工资，也称基本工资，指无差异、无歧视性的报酬，即不针对绩效和成果而变化，通常由企业薪酬理念和结构来决定；第二，浮动薪酬，也称风险报酬，随绩效和成果水平的变化而变化，一般是在绩效评估之后一次性确定和支付；第三，短期薪酬激励，是可变薪酬的形式之一，重点在于奖励不超过一年或以下工作年限员工的绩效表现；第四，长期薪酬激励，也是可变薪酬的形式之一，旨在集中对一个较长时间（超过一年）员工绩效表现的奖励，典型形式包括股票期权、限制性股票、业绩股票、绩效单元、现金等。

二、福利

福利是指企业补充员工现金报酬的项目或支付计划，旨在保护员工及其家庭抵御财务风险，可分三个类别：第一，社会保险，包括失业保险、社会保障、工伤保险等；第二，团体保险，包括医疗、心理健康、人寿、残疾、退休、储蓄等方面的保险；第三，不工作时期支付的薪酬，以保障员工在没有参与工作时间的收入流，包括工作中（休息、休整时间、统一变更时间等）和工作外（休假、私人时间等）的收入保障。

三、工作与生活

工作与生活是指企业通过政策引导、具体方案实施等手段，帮助员工实现工作和生活双赢的一项员工管理活动。企业支持员工高效工作与生活的活动内容涉及工作场所的灵活性、有偿和无偿休假、健康和福祉、家属关怀、财政支持、社区参与、参与管理、文化变革干预等。

四、绩效与认可

绩效是评价一个企业成功的关键。绩效管理涉及为实现目标而对企业、团队和个人努力进行的整合。包括三方面：第一，绩效计划，即在个人、团队和企业绩效目标期望之间实现连接的建立过程，在过程中需采取审慎态度，以确保在所有层级上目标的一致；第二，绩效表现，即员工展示其技能或能力的方式；第三，绩效反馈，即对员工绩效与期望、绩效标准及目标之间的差距进行有效沟通，绩效反馈可以激励员工提高绩效。

认可是指对于员工的行动、努力、行为或表现给予承认或特别关注。它有助于支持企业战略实施，以及持续促进员工的绩效改善。对员工认可的奖励可以是现金或非现金形式（如口头承认、奖杯、证书、门票等）。

五、职业发展机会

发展是指企业推进人才开发的策略。它通过设置一系列旨在提高员工应用技能和能力的学习经历，促进其绩效水平的提高。职业发展机会是指促进员工整体职业生涯目标的计划，包括在企业中的晋升。职业发展机会包括：第一，学习机会，如学费援助、企业大学、新技术培训、研讨会、在线教育、在职学习、岗位轮训、脱产学习等；第二，辅导/管理，领导力培训、访问专家/信息网、参与自己专业领域的活动、组织内部或外部专家正式或非正式指导等；第三，晋升机会，在整个职业生涯周期中提供明确且认可的"开放或封闭式上升通道"。

全面薪酬的五个元素形成企业特有的薪酬"工具箱"。企业管理者可以从中进行选择，以提供并调整自身的薪酬管理理念，形成依靠企业和员工共同创造价值的具有竞争力的整体薪酬战略，促进高满意度、高参与度和高生产率的员工队伍建设。元素之间不是相互排斥的，而是具有多功能性，并适合多种类型企业的管理需要。例如，绩效管理可以是一种薪酬驱动性活动，也可以分散于直线型组织结构内，成为正式的或非正式的管理工具。同样，认可也可以作为薪酬、福利、工作与生活的元素。

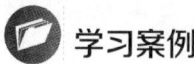 学习案例

涨薪，对于员工来说是个喜讯，但对于企业管理者和人力资源部门来说，却往往是一个充满技术和艺术的大课题。归结起来，这个课题包括几个方面：一是涨多少，二是给谁涨，三是涨薪的钱从哪儿来。一个让人尴尬的事实是：涨薪，并没有让员工的喜悦维持太久，而由此引发的矛盾却层出不穷。

由于担心"把好事办成坏事"，很多企业采取了"稳健"的做法——普调或等比例调整，俗称"齐步走"。然而，"齐步走"也有齐步走的问题，一些有能力的、薪酬偏低的员工感到委屈，觉得自己的价值没有得到体现，认为自己薪酬的涨幅应高于平均水平。

更多企业（特别是民企）的老板主动担起了涨薪这个责任，根据自己对于员工贡献、岗位重要性、人才稀缺度和市场薪酬水平的认识，按照"心中的尺子"给员工涨薪。涨薪的结果往往是：企业投入了资源，却得到了完全不希望看到的结果。那么，该如何建立科学的涨薪体系？如何进行科学的规划和组织呢？

第一步：明策略

涨薪是一个企业资源再分配的过程，有限资源的分配不可能让所有员工都满意，该让谁满意和该让谁绝对满意，都要有个明确的策略。

当前企业的薪酬策略主要有三种病态表现：第一种是"木讷型"，就是薪酬体系的导

向不明确,激励的方向不清晰,所有员工的绝对收入水平不低,但关键、核心人才的激励不到位;第二种是"强心针型",为了生存乃至上规模,一些企业在关键岗位不惜重金投入,挖人才、强激励,企业的人工成本居高不下,引发内部老员工的强烈不满;第三种是"随心所欲型",即采取随意性的薪酬体系——今年松、明年紧,薪酬体系缺乏连续性和目标性,该激励的员工没有很好地激励,不该花的人工成本又浪费了不少。

要把涨薪的工作做好,首先需要调整或明确的就是薪酬策略。薪酬水平保持在市场的何种分位、哪些是企业的骨干人才、对上述骨干人才准备采取什么样的激励组合和激励水平、涨薪的人工成本从哪里来、企业的经营情况能否承受等问题要明确下来,才能理清薪酬体系的方向,这样不但有利于把当次涨薪工作做好,也有利于向着期望的方向改造和推进企业的薪酬体系。

第二步:定水平

定水平是涨薪的基础性工作,具体有三方面的工作:一是确定本次涨薪之后的薪酬总额或人均增薪幅度,二是明确增薪之后在可比劳动力市场的竞争力水平,三是确定公司内部不同层级、不同职务、不同岗位类别人员的增薪幅度和相互关系。

定水平的操作看似简单,其实也有很多技巧。首先要确定薪酬总额,其次是确定在可比劳动力市场的竞争力水平。

第三步:改模式

归纳起来,短期激励的模式通常为计时/计件制、佣金制、年薪制,分别对应于一线作业、销售、管理等岗位。而很多企业在多年的经营活动中,已经形成了自己的薪酬体系,有的还存在一刀切的局面,没有根据岗位的特点进行薪酬模式的设计,或者形似而力度不够。

例如,某农化研发和生产企业,研发活动多以项目的形式存在,但在薪酬体系中却没有把对项目的考核和激励作为一个重要的内容固化下来,员工拿的还是年薪,项目做得好不好只是在年终奖上有微小的差别,这就大大影响了员工做项目的积极性,公司出现了员工对项目推三阻四的局面,项目的进度、成本等也得不到很好的控制。在新一年的增薪中,该企业针对与项目密切相关的研发员工制订了新的分配方案,新的分配方案没有简单地给员工涨固定工资,而是彻底调整了研发员工薪酬的分配模式,变年薪制为"固定工资+项目绩效奖"的模式,预期的涨幅部分调整为固定工资,部分纳入新建立的项目绩效奖模块,这使项目员工的总薪酬跟研发项目的完成情况、产生的效益关联起来。这一模式的改变,大大调动了研发员工的积极性,在研发员工数量不变的情况下,承接研发项目的数量比前一年增加了50%,项目的完成质量和进度控制也有了很大提高。

第四步：动结构

动结构是指在涨薪的同时调整薪酬科目的设置，使薪酬模式更为简洁，管理更为简单，激励指向更为明确。

很多企业存在这样的情况：某些薪酬科目名不符实，没有积极意义；更有甚者，由于这一科目的存在，对现有的管理工作产生了负面影响。

例如，某银行的电子银行部，在过去总行严控工资水平时一直有一个薪酬科目叫作"加班费"，设立这个科目的初衷是为了补贴收入偏低的员工，甚至作为对一些基层管理岗位的变相津贴。现在总行把薪酬管理权限放开了，而这个叫作"加班费"的科目依然存在，甚至占全年人工成本的20%～30%。同时，对于近千人的机构来说，由于无法甄别必须的"加班"和为了获取加班费的"加班"，这个成本实际上处于失控状态。在后来的涨薪调整中，该部门彻底取消了"加班费"这一科目，代之以基本工资和绩效工资，也从根本上解决了"加班费"带来的管理难题。

第五步：调弹性

薪酬的弹性也称为固浮比。低弹性的模式，薪酬的稳定性好，员工的忠诚度高、流动性低，但企业的刚性成本高；高弹性的模式，薪酬的激励性好，但收入的波动大，引起员工的不安全感，员工忠诚度降低，但对企业控制成本有利。企业应在薪酬弹性的调整中找到最佳的平衡点。

在涨薪的过程中，也同样存在把增薪比例加在固定部分还是浮动部分的问题，加在固定部分，大家的感受是实实在在增薪，而加在浮动部分，则可以加大激励的力度。也有不少企业，在增薪的同时实现了对薪酬体系弹性的再设计，效果不错。

例如，某客车制造公司中原高管的年薪是固定的，没有浮动部分，在新一年增薪的过程中，董事会给每位高管的平均增幅是15%，但要求把每位高管年薪的30%拿出来，与年度公司级KPI（每人承担2～3项重要的公司级KPI指标）挂钩。这一弹性调整方案将高管们的收入与公司的战略绩效评估关联起来，对公司年度目标的实现起到了很好的促进作用，公司实现了业绩翻番的目标。

第六步：变差距

作为一个市场化的企业，由于不同层级人员的责任、能力要求不同，高层、中层、基层人员的薪酬应当有一个合适的比例（一般情况下，应遵循9∶3∶1或4∶2∶1的等比序列）。比例若不合理，将会给企业带来很多的管理问题。

例如，湖南某国有房地产公司，脱胎于大型国有工程企业，薪酬采用传统的"大锅饭"分配模式，中层干部的年收入约为基层员工的1.2倍，仅是行业水平的30%～50%，导致大量优秀人才流失，企业所需的专业人才长期处于紧缺状态。

第七步：讲公平

薪酬分配的原则一般是"效率优化、兼顾公平"，这里的"公平"有着丰富的含义，除了技术上的公平外，还有一个心理感受上的公平。具体到涨薪的实践来说，在水平、模式、结构、弹性、差距等技术环节都基本确定的情况下，最后一个需要考虑的因素是特定历史原因的影响，员工的心理公平感和企业、社会的和谐与稳定。

例如，地区差问题是一个很多全国经营的企业都必须面对的问题。没有涨薪，员工呼吁不公平；涨薪，如何定、差距多少，又会给人员的调动带来麻烦。部分上市的国有企业，上市的主业人员执行一个薪酬标准，存续部分的非主业人员执行另外一个薪酬标准，两者如何平衡？

类似的问题很多，因此，许多企业在增薪的过程中，也要提前把这些问题纳入考虑范畴。以上是一个完整的涨薪体系的运行过程。

讨论题

1. 企业调整薪酬的目的是什么？
2. 你认为本案例中涨薪的步骤是否合理？

❓ 本章思考题

1. 简述广义和狭义的薪酬。
2. 简述薪酬管理的原则。
3. 简述薪酬管理的内容。
4. 简述薪酬设计的流程。

第十四章

员工福利与社会保障

 引导案例

张某在北京市某技术公司工作,月工资为18 000元。签订合同时,技术公司对张某说,可以给你较高的工资,但除了工资以外,公司不再提供任何的福利待遇,医疗、养老、失业等问题均由自己解决,公司不再承担任何责任。由于张某对社会保险不太了解,也就同意了单位提出的条件,与技术公司签订了为期3年的劳动合同。合同明确约定,公司不为张某缴纳社会保险费。工作以后,张某为解决自己的后顾之忧,每月从工资中拿出一部分钱,在保险公司投保了一份商业保险。后来,张某通过法律咨询才知道,企业为职工缴纳各项社会保险费是企业的法定义务,因此,张某要求技术公司为他缴纳社会保险费。技术公司以劳动合同有约定公司不为张某缴纳社会保险费,且张某已经在保险公司投保了商业保险为由,拒绝了张某的请求,张某遂向劳动争议仲裁委员会申请仲裁。

案例思考

1. 张某与技术公司签订劳动合同中有关不缴纳社会保险费的约定是否有效?
2. 技术公司是否应当为张某缴纳社会保险费?

第一节　员工福利

完善的薪酬体系对吸引和留住员工非常重要，也是企业人力资源系统是否健全的一个重要标志。除了基本薪酬外，福利薪酬设计得好，能给员工带来保障，解除其后顾之忧，提高员工对企业的忠诚度。

有效的福利甚至比高薪更能激励员工，高薪只是短期内人力资源市场供求关系的体现，而福利则反映了企业对员工的长期承诺。也正是这一点，使众多在企业里追求长期发展的员工更认同福利，而非仅仅是高薪。

随着时代的发展，企业为员工提供的福利越来越多，单纯从投入产出的角度来看，管理者也应该发挥福利的激励作用，而不能仅仅将福利停留在员工保障的层面上。

一、福利概述

1. 福利的含义与作用

福利是整体报酬体系的一部分，是企业通过各种措施建立的各种补贴，为员工生活提供方便，减轻员工经济负担的一种非直接支付形式的报酬。

企业提供的福利与员工的工作绩效、贡献大小无关，仅仅是作为一个平等报酬。企业的每一位成员都享受福利。福利的积极作用概括起来，主要有两点。

第一，福利具有维持劳动力再生产的作用。企业中的福利可以满足员工的一些基本生活要求，解决员工的后顾之忧，给员工创造一个安全、稳定、舒适的工作和生活环境，对员工体力与智力起积极作用。

第二，福利是激励员工的重要手段。福利计划的推行有利于满足员工的生存和安全需要，增强其职业安全感。同时，福利措施也体现了企业对员工生活的关心，可以增强员工对企业的认同感，使员工对企业更加忠诚，有助于员工与企业结成利益共同体。

福利"润物细无声"，使员工对企业更加忠诚。例如，某企业的员工食堂每顿都有三菜一汤，而且节假日都有加菜，同时它在营养搭配方面很讲究，给员工提供了很多的选择。这种福利能够给员工带来很多方便，而这些方便增加了员工对企业的忠诚度。

随着员工工作和生活质量的不断提高，人们对福利的要求也越来越高，因为相对于工资、奖金只满足员工单方面需求来说，福利具有满足员工多方面、多层次需求的作用，具体表现在以下几个方面：满足员工的经济与生活需要，如加班、交通、伙食、住房等津贴与补助；满足员工社交与休闲的需要，如各种有组织的集体文化与旅游活动、带薪休假等；满足员工的安全需要，如健康保险、因公伤残津贴、补充养老金、抚恤金等；满足自我充实、自我发展的需要，如业余进修补助或报销、书报津贴等。

因此，企业可以通过建立科学而完善的福利制度吸引和留住优秀人才，提高企业的生产效率，降低运营成本，从而全面提高和改善企业的经济效益。

2. 福利的特点

（1）补偿性。员工福利是对劳动者所提供劳动的一种物质补偿，享受员工福利需以履行劳动义务为前提。

（2）均等性。员工福利在员工之间的分配和享受，具有一定程度的机会均等和利益均沾的特点。每个员工都有享受本企业员工福利的均等权利，能享受本企业分配的福利补贴，参与举办的各种福利事业。

（3）补充性。员工福利是对按劳分配的补充。因为实行按劳分配难以避免各个劳动者由于劳动能力、供养人口等因素的差别所导致的个人消费品满足程度不平等和部分员工的生活困难，员工福利可以在一定程度上减小按劳分配带来的差别。

（4）集体性。员工福利的主要形式是举办集体福利事业，员工主要通过集体消费或共同使用公共设施的方式分享员工福利。虽然某些员工福利项目要分配给个人，但那并不是员工主要的福利。

（5）间接性。在企业薪酬体系中，工资具有基本的保障功能，奖金具有明显而直接的激励作用，而福利的积极作用则是间接而巨大的。

3. 影响福利的因素

（1）政府的政策法规。许多国家和地区都明文规定，企业员工应该享受哪些福利，一旦企业不为员工提供相应的福利就是违法。

（2）高层管理者的经营理念。有的管理者认为员工福利能省则省，有的管理者认为员工福利只要合法就行，还有的管理者认为员工福利应该尽可能多。这些反映了管理者不同的经营理念。

（3）工资的控制。一般企业为了控制成本，不能提供很高的工资，但可以提供良好的福利，这也是政府所提倡的措施。

（4）医疗费的急剧增加。近年来世界各地的医疗费大幅度增加，员工一旦没有相应的福利支持，如果患病，尤其是重大疾病，往往会造成很大的经济压力。

（5）竞争的压力。由于同行业的类似企业都提供了某种福利，迫于竞争压力，企业不得不为员工提供该种福利，否则会影响员工的积极性。

（6）工会的压力。工会经常会为员工福利问题与企业资方谈判，有时资方为了缓解与劳方的冲突，不得不提供某些福利。

二、福利的类型

鉴于福利在企业生产经营中具有不可忽视的作用和影响，企业除了法律、政策规定的福利以外，还可以提供其他有利于员工发展的福利项目，福利可以分为法定福利、企业自主福利等。

1. 法定福利的类型

（1）社会保险和公积金。按国家规定，企业的每个劳动者都应享受养老保险、医疗保险、失业保险、工伤保险、生育保险和公积金。

（2）带薪假期。企业的每个劳动者都享有带薪休息休假的权利。带薪节假日主要有法定节日、带薪年休假、探亲假等。对于带薪节假日的使用，国家有相关规定。企业里，尤其是一些专业团队，如果绩效优异，可用带薪休假进行奖励，作为福利，而不是以奖金形式进行奖励，这样也能使这些专业团队受到激励，并且更好地休息调整。

2. 企业自主福利的类型

（1）实物性福利。企业为员工兴建文化、体育、卫生、娱乐等设施，以免费、减费等优惠待遇供员工使用，或者举办各种文化、体育、卫生、娱乐活动，以充实和丰富员工的业余生活，提高员工的生活质量。

（2）机会性福利。如企业内在职或短期脱产培训，企业外公费（业余、部分脱产或全脱产）进修，俱乐部成员资格，有组织的集体文体活动（晚会、舞会、郊游、野餐、体育竞赛等），企业内部提升政策，员工参与民主化管理，具有挑战性的工作机会等。

（3）优惠性福利。如廉价公房出租或出售给本企业员工，提供购房低息或无息贷款、个人交通工具低息贷款、低价工作餐、部分公费医疗、优惠疗养等，折扣价电影、戏曲、表演、球赛票券等，优惠车、船、机票等，信用储金、存款户头特惠利率等，优惠价提供本企业产品或服务，优惠的法律咨询服务等。

（4）荣誉性福利。如以本企业员工名义向大学捐助专用奖学金、授予各种荣誉头衔等。

（5）服务性福利。如免费或廉价通勤车服务，食品集体折扣代购，免费提供计算机或其他学习设施服务等，全部公费医疗，免费定期体检及防疫注射，职业病免费防护，免费咨询性服务，代办机票、火车票的订购等。

企业可以根据自身条件和现状，也可以根据不同岗位设计不同的福利。

第二节 社会保障

一、社会保障制度的概念与意义

社会保障作为一种国民收入再分配形式是通过一定的制度实现的。由法律规定的、按照某种确定规则经常实施的社会保障政策和措施体系称为社会保障制度。在不同的国家和不同的历史时期，社会保障制度的内容各有不同，但有一点是共同的，那就是为满足社会成员的多层次需要，相应地安排多层次的保障项目。

社会保障制度是社会主义市场经济体制的重要组成部分，是市场经济条件下政府弥补市场机制缺陷、维护社会稳定、促进经济发展的"安全网"和"稳定器"，是加强国家宏观经济调控的重要手段，也是在鼓励竞争、追求效率的同时，维护社会公平的重要措施。加快社会保障制度改革，建立和完善多层次的社会保障体系，对于深化社会改革、促进社会发展、保持社会稳定都具有重要的意义。

二、社会保险

为了规范社会保险关系，维护公民参加社会保险和享受社会保险待遇的合法权益，使公民共享发展成果，促进社会和谐稳定，2010年10月28日第十一届全国人民代表大会常务委员会第十七次会议通过《中华人民共和国社会保险法》，根据2018年12月29日第十三届全国人民代表大会常务委员会第七次会议《关于修改〈中华人民共和国社会保险法〉的决定》修正。

我国的社会保险制度坚持广覆盖、保基本、多层次、可持续的方针。社会保险水平应当与经济社会发展水平相适应。社会保险包括养老保险、医疗保险、工伤保险、失业保险和生育保险。

中华人民共和国境内的用人单位和个人需依法缴纳社会保险费，社会保险费实行集中、统一征收。缴费单位、缴费个人应当按时足额缴纳社会保险费，并有权查询缴费记录、个人权益记录，有权要求社会保险经办机构提供社会保险咨询等相关服务。个人依法享受社会保险待遇，有权监督本单位为其缴费情况。

企业应严格按照《社会保险费征缴暂行条例》进行各项费用的按时征缴。

1. 养老保险

（1）养老保险的概念与意义。养老保险是国家和社会根据一定的法律法规，为解决劳动者在达到国家规定的解除劳动义务的劳动年龄界限，或因年老丧失劳动能力退出劳动岗位后的基本生活而建立的一种社会保险制度。养老保险是世界各国普遍实行的一种社会保障制度。

法律规定的养老保险又称老年社会保障，是社会保障系统中的一项重要内容。它是针对退出劳动领域或无劳动能力的老年人实行的社会保护和社会救助措施。老年是人生中劳动能力不断减弱的阶段，意味着永久性"失业"。每个人都会进入老年，从这种意义上说，由老年导致的无劳动能力是一种确定的和不可避免的风险。

随着工业化和现代化的发展，全世界大多数国家都已实行社会保险制度。联合国的统计资料表明，在多种社会保险项目中，养老保险的项目覆盖面最大，对社会稳定的保护作用也最大。

（2）养老保险的特点

第一，由国家立法强制实行，用人单位和个人必须参加，符合养老条件的人可向社会保险部门申领养老金。

第二，养老保险费用一般由国家、单位和个人三方或单位和个人双方共同负担，并实现广泛的社会互济。

第三，养老保险具有社会影响大、享受者多而且时间较长、费用支出庞大的特点。

（3）养老保险的组成

1）基本养老保险。基本养老保险是按国家统一政策规定强制实施的、为保障广大离退休人员基本生活需要的一种养老保险制度，居于多层次的养老保险体系中的第一层次（或称基础层次）。

2）企业补充养老保险。企业年金是一种补充性养老金制度，又称为"企业退休金计划"或"职业养老金计划"，是指企业及其职工在依法参加基本养老保险的基础上，自愿建立的补充养老保险制度。企业年金是对国家基本养老保险的重要补充，是我国正在完善的城镇职工养老保险体系的"第二支柱"。

3）个人储蓄性养老保险。职工个人储蓄性养老保险是我国多层次养老保险体系的一个组成部分，是由职工自愿参加、自愿选择经办机构的一种补充保险形式。由社会保险机构经办的职工个人储蓄性养老保险，由社会保险主管部门制定具体办法，职工个人根据自己的工资收入情况，按规定缴纳个人储蓄性养老保险费，记入当地社会保险机构在有关银行开设的养老保险个人账户,并应按不低于或高于同期城乡居民储蓄存款利率计息,以提倡和鼓励职工个人参加储蓄性养老保险,所得利息记入个人账户,本息一并归职工个人所有。职工达到法定退休年龄经批准退休后,凭个人账户将储蓄性养老保险金一次总付或分次支付给本人。职工跨地区流动,个人账户的储蓄性养老保险金应随之转移。职工未到退休年龄而死亡,记入个人账户的储蓄性养老保险金应由其指定人或法定继承人继承。

2. 医疗保险

医疗保险是指当人们生病或受到伤害后,由国家或社会给予的一种帮助,即提供医疗服务或经济补偿的一种社会保障制度。我国的基本医疗保险费由用人单位和职工共同缴纳。基本医疗保险基金由统筹基金和个人账户构成。

(1)医疗保险的类型。我国目前实行的医疗保险包括职工基本医疗保险、新型农村合作医疗保险和城镇居民基本医疗保险。个人跨统筹地区就业的,其基本医疗保险关系随本人转移,缴费年限累计计算。

1)职工基本医疗保险。职工应当参加职工基本医疗保险,由用人单位和职工按照国家规定共同缴纳基本医疗保险费。无雇工的个体工商户、未在用人单位参加职工基本医疗保险的非全日制从业人员以及其他灵活就业人员可以参加职工基本医疗保险,由个人按照国家规定缴纳基本医疗保险费。

2)新型农村合作医疗保险。国家建立和完善新型农村合作医疗制度,新型农村合作医疗的管理办法由国务院规定。

3)城镇居民基本医疗保险。城镇居民基本医疗保险实行个人缴费和政府补贴相结合。享受最低生活保障的人、丧失劳动能力的残疾人、低收入家庭六十周岁以上的老年人和未成年人等所需个人缴费部分,由政府给予补贴。

(2)医疗保险的作用

1)有利于提高劳动生产率,促进生产的发展。医疗保险是社会进步、生产发展的必然结果,医疗保险制度的建立和完善又会进一步促进社会的进步和生产的发展。一方面医疗保险解除了劳动者的后顾之忧,使其安心工作,从而可以提高劳动生产率,促进生产的发展;另一方面也保证了劳动者的身心健康,保证了劳动力正常再生产。

2)调节收入差别,体现社会公平性。医疗保险通过征收医疗保险费和偿付医疗保险服务费用来调节收入差别,是政府一种重要的收入再分配的手段。

3)维护社会安定。医疗保险对患病的劳动者给予经济上的帮助,有助于消除因疾病带来的社会不安定因素，是调整社会关系和社会矛盾的重要社会机制。

4）促进社会文明和进步。医疗保险和社会互助共济的社会制度，通过在参保人之间分摊疾病费用风险，体现出了"一方有难，八方支援"的新型社会关系，有利于促进社会文明和进步。

5）医疗保险制度是推进经济体制改革特别是国有企业改革的重要保证。

3. 工伤保险

工伤保险是指国家为了保障劳动者在工作中遭受事故伤害或患职业病后获得医疗救治、经济补偿和职业康复的权利，分散工伤风险，促进工伤预防的一种社会保障手段。工伤保险要与事故预防、职业病防治相结合。

职工应当参加工伤保险，由用人单位缴纳工伤保险费。国家根据不同行业的工伤风险程度确定行业的差别费率，并根据使用工伤保险基金、工伤发生率等情况在每个行业内确定费率档次。行业差别费率和行业内费率档次由国务院社会保险行政部门制定，报国务院批准后公布施行。社会保险经办机构根据用人单位使用工伤保险基金、工伤发生率和所属行业费率档次等情况，确定用人单位缴费费率。用人单位应当按照本单位职工工资总额，根据社会保险经办机构确定的费率缴纳工伤保险费。

（1）工伤的认定。

1）职工有下列情形之一的，应当认定为工伤。

①在工作时间和工作场所内，因工作原因受到事故伤害的。

②工作时间前后在工作场所内，从事与工作有关的预备性或者收尾性工作受到事故伤害的。

③在工作时间和工作场所内，因履行工作职责受到暴力等意外伤害的。

④患职业病的。

⑤因工外出期间，由于工作原因受到伤害或者发生事故下落不明的。

⑥在上下班途中，受到非本人主要责任的交通事故或者城市轨道交通、客运轮渡、火车事故伤害的。

⑦法律、行政法规规定应当认定为工伤的其他情形。

2）职工有下列情形之一的，视同工伤。

①在工作时间和工作岗位，突发疾病死亡或者在48小时之内经抢救无效死亡的。

②在抢险救灾等维护国家利益、公共利益活动中受到伤害的。

③职工原在军队服役，因战、因公负伤致残，已取得革命伤残军人证，到用人单位后旧伤复发的。

3）职工符合上述1）、2）的规定，但是有下列情形之一的，不认定为工伤或者视同工伤。

①故意犯罪的。

②醉酒或者吸毒的。

③自残或者自杀的。

（2）工伤认定申请。提出工伤认定申请应当提交下列材料：工伤认定申请表，与用人单位存在劳动关系（包括事实劳动关系）的证明材料，医疗诊断证明或者职业病诊断证明书（或者职业病诊断鉴定书）。工伤认定申请表应当包括事故发生的时间、地点、原因以及职工伤害程度等基本情况。工伤认定申请人提供材料不完整的，社会保险行政部门应当一次性书面告知工伤认定申请人需要补正的全部材料。申请人按照书面告知要求补正材料后，社会保险行政部门应当在15日内做出受理或者不予受理的决定。

社会保险行政部门受理工伤认定申请后，根据审核需要可以对事故伤害进行调查核实，用人单位、职工、工会组织、医疗机构以及有关部门应当予以协助。社会保险行政部门在进行工伤认定时，对申请人提供的符合国家有关规定的职业病诊断证明书或者职业病诊断鉴定书，不再进行调查核实。

职工或者其近亲属认为是工伤，用人单位不认为是工伤的，由用人单位承担举证责任。

4. 失业保险

失业保险是指为遭遇失业风险、收入暂时中断的失业者设置的一道安全网，是国家通过立法强制实行的，由社会集中建立基金，对因失业而暂时中断生活来源的劳动者提供物质帮助的制度。职工应当参加失业保险，由用人单位和职工按照国家规定共同缴纳失业保险费。

（1）失业保险基金的构成

1）城镇企业事业单位、城镇企业事业单位职工缴纳的失业保险费。

2）失业保险基金的利息。

3）财政补贴。

4）依法纳入失业保险基金的其他资金。

（2）失业保险基金用于下列支出

1）失业保险金。

2）领取失业保险金期间的医疗补助金。

3）领取失业保险金期间死亡的失业人员的丧葬补助金和其供养的配偶、直系亲属的抚恤金。

4）领取失业保险金期间接受职业培训、职业介绍的补贴，补贴的办法和标准由省、自治区、直辖市人民政府规定。

5）国务院规定或者批准的与失业保险有关的其他费用。

（3）领取失业保险金的人员范围

1）按照规定参加失业保险，所在单位和本人已按照规定履行缴费义务满1年的。

2）非因本人意愿中断就业的。

3）已办理失业登记，并有求职要求的。

失业人员在领取失业保险金期间，按照规定同时享受其他失业保险待遇。

（4）停止领取失业保险金，并同时停止享受其他失业保险待遇的情形

1）重新就业的。

2）应征服兵役的。

3）移居境外的。

4）享受基本养老保险待遇的。

5）被判刑收监执行或者被劳动教养的。

6）无正当理由，拒不接受当地人民政府指定的部门或者机构介绍的工作的。

7）有法律、行政法规规定的其他情形的。

5. 生育保险

生育保险是指国家通过立法，对怀孕、分娩的女职工给予生活保障和物质帮助的一项社会政策。其宗旨在于通过向职业妇女提供生育津贴、医疗服务和产假，帮助她们恢复劳动能力，重返工作岗位。职工应当参加生育保险，由用人单位按照国家规定缴纳生育保险费，职工不缴纳生育保险费。用人单位已经缴纳生育保险费的，其职工享受生育保险待遇；职工的未就业配偶按照国家规定享受生育医疗费用待遇。所需资金从生育保险基金中支付。生育保险待遇包括生育医疗待遇和生育津贴。

生育医疗待遇包括生育的医疗费用，计划生育的医疗费用，法律法规规定的其他项目费用。

生育津贴按照职工所在用人单位上年度职工月平均工资计发。

三、住房公积金制度

住房公积金是指国家机关、国有企业、城镇集体企业、外商投资企业、城镇私营企业及其他城镇企业、事业单位、民办非企业单位、社会团体（以下统称单位）及在职职工缴

存的长期住房储金。职工个人缴存的住房公积金和职工所在单位为职工缴存的住房公积金，属于职工个人所有。住房公积金的管理实行住房公积金管理委员会决策、住房公积金管理中心运作、银行专户存储、财政监督的原则。

1. 公积金的缴存

（1）住房公积金管理中心应当在受委托银行设立住房公积金专户。单位应当向住房公积金管理中心办理住房公积金缴存登记，并为本单位职工办理住房公积金账户设立手续。每个职工只能有一个住房公积金账户。住房公积金管理中心应当建立职工住房公积金明细账，记载职工个人住房公积金的缴存、提取等情况。

（2）新设立的单位应当自设立之日起30日内向住房公积金管理中心办理住房公积金缴存登记，并自登记之日起20日内，为本单位职工办理住房公积金账户设立手续。单位合并、分立、撤销、解散或者破产的，应当自发生上述情况之日起30日内由原单位或者清算组织向住房公积金管理中心办理变更登记或者注销登记，并自办妥变更登记或者注销登记之日起20日内，为本单位职工办理住房公积金账户转移或者封存手续。

（3）单位录用职工的，应当自录用之日起30日内向住房公积金管理中心办理缴存登记，并办理职工住房公积金账户的设立或者转移手续。单位与职工终止劳动关系的，单位应当自劳动关系终止之日起30日内向住房公积金管理中心办理变更登记，并办理职工住房公积金账户转移或者封存手续。

（4）职工住房公积金的月缴存额为职工本人上一年度月平均工资乘以职工住房公积金缴存比例。单位为职工缴存的住房公积金的月缴存额为职工本人上一年度月平均工资乘以单位住房公积金缴存比例。

（5）新参加工作的职工从参加工作的第二个月开始缴存住房公积金，月缴存额为职工本人当月工资乘以职工住房公积金缴存比例。单位新调入的职工从调入单位发放工资之日起缴存住房公积金，月缴存额为职工本人当月工资乘以职工住房公积金缴存比例。

（6）职工和单位住房公积金的缴存比例均不得低于职工上一年度月平均工资的5%；有条件的城市，可以适当提高缴存比例。具体缴存比例由住房公积金管理委员会拟定，经本级人民政府审核后，报省、自治区、直辖市人民政府批准。

（7）职工个人缴存的住房公积金，由所在单位每月从其工资中代扣代缴。单位应当于每月发放职工工资之日起5日内将单位缴存的和为职工代缴的住房公积金汇缴到住房公积金专户内，由受委托银行计入职工住房公积金账户。

（8）单位应当按时、足额缴存住房公积金，不得逾期缴存或者少缴。对缴存住房公积金确有困难的单位，经本单位职工代表大会或者工会讨论通过，并经住房公积金管理中心审核，报住房公积金管理委员会批准后，可以降低缴存比例或者缓缴；待单位经济效益好转后，再提高缴存比例或者补缴缓缴。

2. 公积金的提取和使用

（1）可以提取职工住房公积金账户内存储余额的情形

1）购买、建造、翻建、大修自住住房的。

2）离休、退休的。

3）完全丧失劳动能力，并与单位终止劳动关系的。

4）出境定居的。

5）偿还购房贷款本息的。

6）房租超出家庭工资收入的规定比例的。

依照前款第2）、3）、4）项规定，提取职工住房公积金的，应当同时注销职工住房公积金账户。

职工死亡或者被宣告死亡的，职工的继承人、受遗赠人可以提取职工住房公积金账户内的存储余额；无继承人也无受遗赠人的，职工住房公积金账户内的存储余额纳入住房公积金的增值收益。

（2）职工提取住房公积金账户内的存储余额的，所在单位应当予以核实，并出具提取证明。职工应当持提取证明向住房公积金管理中心申请提取住房公积金。住房公积金管理中心应当自受理申请之日起3日内做出准予提取或者不准提取的决定，并通知申请人；准予提取的，由受委托银行办理支付手续。

（3）缴存住房公积金的职工，在购买、建造、翻建、大修自住住房时，可以向住房公积金管理中心申请住房公积金贷款。住房公积金管理中心应当自受理申请之日起15日内做出准予贷款或者不准贷款的决定，并通知申请人；准予贷款的，由受委托银行办理贷款手续。住房公积金贷款的风险，由住房公积金管理中心承担。申请人申请住房公积金贷款的，应当提供担保。

（4）住房公积金管理中心在保证住房公积金提取和贷款的前提下，经住房公积金管理委员会批准，可以将住房公积金用于购买国债。住房公积金管理中心不得向他人提供担保。

（5）住房公积金的增值收益应当存入住房公积金管理中心在受委托银行开立的住房公积金增值收益专户，用于建立住房公积金贷款风险准备金、住房公积金管理中心的管理费用和建设城市廉租住房的补充资金。

（6）住房公积金管理中心的管理费用，由住房公积金管理中心按照规定的标准编制全年预算支出总额，报本级人民政府财政部门批准后，从住房公积金增值收益中上交本级财政，由本级财政拨付。住房公积金管理中心的管理费用标准，由省、自治区、直辖市人民政府建设行政主管部门会同同级财政部门按照略高于国家规定的事业单位费用标准制定。

四、工作时间和休息休假

休息休假时间是劳动者根据法律法规规定，在国家机关、社会团体、企业、事业单位以及其他组织任职期间内，不必从事生产和工作而自行支配的时间。

1. 休息日标准

休息日又称公休假日，是劳动者满一个工作周后的休息时间。《劳动法》第三十八条规定，用人单位应当保证劳动者每周至少休息1天。1995年颁布的《国务院关于修改〈国务院关于职工工作时间的规定〉的决定》（国务院令第174号）规定，职工每日工作8小时，每周工作40小时。该《决定》同时规定，国家机关、事业单位实行统一的工作时间，星期六和星期日为周休息日；企业和不能实行国家规定的统一工作时间的事业单位，可以根据实际情况灵活安排周休息日。

2. 法定年节假日标准

法定年节假日是由国家法律法规统一规定的用以开展纪念、庆祝活动的休息时间，也是劳动者休息时间的一种。2007年颁布的《国务院关于修改〈全国年节及纪念日放假办法〉的决定》（国务院令第513号）将清明、端午、中秋和除夕设为法定节假日。将我国传统节日设定为法定节假日，有利于弘扬和传承我国优秀传统文化，提升中国文化在国际上的影响，提高全世界华人的文化凝聚力。

我国现行法定年节假日标准为11天，全体公民放假的节日根据2013年《国务院关于修改〈全国年节及纪念日放假办法〉的决定》（国务院令第644号）执行。

全体公民放假的节日：
- 新年，放假1天（1月1日）；
- 春节，放假3天（农历正月初一、初二、初三）；
- 清明节，放假1天（农历清明当日）；
- 劳动节，放假1天（5月1日）；
- 端午节，放假1天（农历端午当日）；
- 中秋节，放假1天（农历中秋当日）；

- 国庆节，放假3天（10月1日、2日、3日）。

部分公民放假的节日及纪念日：
- 妇女节（3月8日），妇女放假半天；
- 青年节（5月4日），14周岁以上的青年放假半天；
- 儿童节（6月1日），不满14周岁的少年儿童放假1天；
- 中国人民解放军建军纪念日（8月1日），现役军人放假半天。

少数民族习惯的节日，由各少数民族聚居地区的地方人民政府，按照各该民族习惯，规定放假日期。二七纪念日、五卅纪念日、七七抗战纪念日、九三抗战胜利纪念日、九一八纪念日、教师节、护士节、记者节、植树节等其他节日、纪念日，均不放假。全体公民放假的假日，如果适逢星期六、星期日，应当在工作日补假。部分公民放假的假日，如果适逢星期六、星期日，则不补假。

3. 带薪年休假标准

带薪年休假是劳动者连续工作满1年后每年依法享有的保留职务和工资的一定期限连续休息的假期。《劳动法》第四十五条规定，国家实行带薪年休假制度。2007年颁布的《职工带薪年休假条例》（国务院令第514号）明确规定，机关、团体、企业、事业单位、民办非企业单位、有雇工的个体工商户等单位的职工连续工作1年以上的，享受带薪年休假。
- 职工累计工作已满1年不满10年的，带薪年休假5天。
- 已满10年不满20年的，带薪年休假10天。
- 已满20年的，带薪年休假15天。

国家法定休假日、休息日不计入带薪年休假的假期。2008年，《机关事业单位工作人员带薪年休假实施办法》和《企业职工带薪年休假实施办法》公布实施。至此，全面建立起适用于各类用人单位的带薪年休假制度。带薪年休假制度的施行，使职工得到更好的休息，这有利于劳动者的身体健康，也有利于劳动者在经过充分的休息后以更充沛的精力投入生产和工作。

4. 探亲假标准

《国务院关于职工探亲待遇的规定》于1981年3月14日由国务院公布施行，规定了国家机关、人民团体和全民所有制企业、事业单位的职工探亲假标准。根据规定，职工工作满1年，与配偶不住在一起，又不能在公休假日团聚的，可以享受探望配偶的假期待遇（每年1次，假期30天），与父亲、母亲都不能住在一起，又不能在公休假日团聚的，可以享受探望父母的假期待遇（未婚职工每年1次，假期20天；已婚职工每4年1次，假期20天）。同时，单位应根据需要给予路程假。探亲假期包括公休假日和法定节日在内。

5. 婚丧假标准

按照1980年颁布的《国家劳动总局、财政部关于国营企业职工请婚丧假和路程假问题的通知》规定，职工本人结婚或职工的直系亲属（父母、配偶和子女）死亡时，可以根据具体情况，由单位酌情给予1~3天的婚丧假。另外可根据路程远近，给予路程假。

五、残疾人就业保障金

残疾人就业保障金简称残保金，是为保障残疾人权益，由未按规定安排残疾人就业的机关、团体、企业、事业单位和民办非企业单位缴纳的资金。由用人单位所在地的地方税务局负责征收，没有分设地方税务局的地方，由国家税务局负责征收。

1. 人数要求

《残疾人就业条例》第八条规定，用人单位安排残疾人就业的比例不得低于本单位在职职工总数的1.5%。具体比例由各省、自治区、直辖市人民政府根据本地区的实际情况规定。

用人单位安排残疾人就业达不到所在地省、自治区、直辖市人民政府规定比例的，应当缴纳残保金。

2. 雇佣要求

用人单位将残疾人录用为在编人员或依法与就业年龄段内的残疾人签订1年以上（含一年）劳动合同（服务协议），且实际支付的工资不低于当地最低工资标准，并足额缴纳社会保险费的，方可计入用人单位所安排的残疾人就业人数。

用人单位安排1名持有《中华人民共和国残疾人证》（1至2级）或《中华人民共和国残疾军人证》（1至3级）的人员就业的，按照安排2名残疾人就业计算。

用人单位跨地区招用残疾人的，应当计入所安排的残疾人就业人数。

3. 费用计算

《残疾人就业保障金征收使用管理办法》第八条规定，保障金按上年用人单位安排残疾人就业未达到规定比例的差额人数和本单位在职职工年平均工资之积计算缴纳。计算公式如下：

保障金年缴纳额=（上年用人单位在职职工人数×所在地省、自治区、直辖市人民政府规定的安排残疾人就业比例－上年用人单位实际安排的残疾人及就业人数）×上年用人单位在职职工年平均工资。

《关于完善残疾人就业保障金制度更好促进残疾人就业的总体方案》规定，将残保金由单一标准征收调整为分档征收，用人单位安排残疾人就业比例1%（含）以上但低于本省（区、市）规定比例的，三年内按应缴费额 50% 征收；1% 以下的，三年内按应缴费额 90% 征收。

4. 减免政策

暂免征收小微企业残保金。对在职职工总数 30 人以下（含 30 人）的小微企业，暂免征残保金。

用人单位遇不可抗力自然灾害或其他突发事件遭受重大直接经济损失，可以申请减免或者缓缴保障金。具体办法由各省、自治区、直辖市财政部门规定。

用人单位申请减免保障金的最高限额不得低于 1 年的保障金应缴额，申请缓缴保障金的最大期限不得超过 6 个月。

5. 征收流程

用人单位每年应当根据本单位安排残疾人就业情况，在规定时间内进行申报年审和申报缴费。

（1）申报年审。自 2019 年开始，每年 4 月 1 日至 6 月 30 日，已安排残疾人就业的用人单位，需要进行申报年审，审核确认已安排残疾人就业人数。未安排残疾人就业的用人单位，无须进行申报年审。未在规定时限申报年审的用人单位，均视为未安排残疾人就业。

（2）申报缴费：每年 8 月 1 日至 11 月 30 日，用人单位均应如实申报在职职工人数和工资总额，并按规定缴纳保障金。

（3）申报方式

1）网络申报

①申报年审：由用人单位登录"地方网上办事大厅"进行办理。单击"政务公开"→"省（区、市）残联"→"按比例安排残疾人就业年审电子政务系统"→"在线申办"。

②申报缴费：由用人单位登录"地方电子税务局"进行办理。

2）上门申报

①申报年审：由用人单位到所在地的镇（街道）残疾人就业服务机构申报本单位上年安排的残疾人就业人数。市直属机关、事业单位和所在辖区用人单位到市残疾人劳动就业管理办公室申报。

②申报缴费：由用人单位到所在地的税务机关申报缴纳保障金。

3）申报信息及报送资料

①申报年审：用人单位需要网上填写或现场提交《按比例安排残疾人就业申报表》、残疾人职工身份证、残疾人证、劳动合同及用人单位为残疾人职工发放工资和缴纳社会保险

费的有效凭证等材料。

②申报缴费：用人单位需要网上填写或现场提交《残疾人就业保障金缴费申报表》，并缴纳保障金。

六、社会保险专项审计

社会保险专项审计（以下简称社保审计）是指审计机关对政府部门管理的和社会团体受政府部门委托管理的社会保障基金财务收支的真实、合法、效益进行的审计监督。从严格意义上讲，企业为员工足额缴纳五险一金是法定义务，但是全国不同地区社保政策不同，缴费基数和比例不同，企业对社保政策理解不同，因此国家各省、自治区、直辖市人力资源和社会保障局经常会委托专业的第三方会计师事务所对企业进行专项审计。

社会保障基金审计有利于保证社会保障基金安全与完整，促进国家保障体系建立与完善，充分发挥社会保障基金使用的经济效益与社会效益，保障人民群众基本生活的权益，维护社会的稳定。

1. 社保审计法律依据

《中华人民共和国社会保险法》

第八十条规定，社会保险经办机构应当定期向社会保险监督委员会汇报社会保险基金的收支、管理和投资运营情况。社会保险监督委员会可以聘请会计师事务所对社会保险基金的收支、管理和投资运营情况进行年度审计和专项审计。审计结果应当向社会公开。

《社会保险费征缴暂行条例》

第五条规定，国务院劳动保障行政部门负责全国的社会保险费征缴管理和监督检查工作。县级以上地方各级人民政府劳动保障行政部门负责本行政区域内的社会保险费征缴管理和监督检查工作。

第十三条规定，缴费单位未按规定缴纳和代扣社会保险费的，由劳动保障行政部门或者税务机关责令限期缴纳；逾期仍不缴纳的，除补缴欠缴数额外，从欠缴之日起，按日加收千分之二的滞纳金。滞纳金并入社会保险基金。

《劳动保障监察条例》

第十一条规定，劳动保障行政部门对用人单位参加各项社会保险和缴纳社会保险费的情况实施劳动保障监察。

第十五条规定，劳动保障行政部门实施劳动保障监察，有权委托会计师事务所对用人单位工资支付、缴纳社会保险费的情况进行审计。

2. 社保审计范围

对缴费单位社会保险费情况实施社会保险专项审计检查，是劳动保障部门社会保险基金行政监督机构在基金征缴环节对参加社会保险统筹并缴纳社会保险费的用人单位的缴费情况，委托专业中介机构（通常为会计师事务所）实施审计检查，并对经审计确认漏逃社会保险费予以追缴的监管过程。专项审计由政府拨出专门的资金对企业进行检查，无须企业承担审计费用。

企业要严格执行《中华人民共和国社会保险法》，维护员工的利益就是维护企业的根本利益。社会保险专项审计主要检查单位在一个缴纳年度内是否按照法律法规的规定核定基数足额缴纳各项社会保险、是否有基数差额造成的社会保险差额、是否有人员漏缴问题等。

社会保险专项审计一般审查的资料主要包括人力资源管理中的工资资料、劳动关系资料、社会保险缴费资料、财务管理中的相关付款凭证、托收凭证，以及单位的相关资料。

3. 社会保险审计报告

在社会保险专项审计中，会计师事务所专业人员到场后会要求企业相关负责人员提供资料，社保审计是封闭的，审计人员会在审核资料时提出相关疑问，并要求企业相关负责人员进行解释或提供补充资料。

审计人员最终会根据所有资料进行审核，并出具审计报告，直接报给委托部门，即人力资源社会保障局。

学习案例

记者抽查发现，能够根据《职工带薪年休假条例》标准按工作年限完全使用带薪休假的员工只能占被调查对象的 60%，很多员工表示没有时间休假、不敢休假。

19 岁的黔西姑娘小石在一家私营美容院工作，她告诉记者，美容院规定每两周有一个休息日，其他的休假就没有了。有事休事假，有病休病假，事假和病假不仅没有工资拿，而且还影响每个月的全勤奖，每个月事假或病假超过 1 天，工资就要受影响。小石说，如果能有个三四天的假期，哪怕不带薪也行，她最想回家探望父母，没有假，只能等每年过年才能回去一次。

邓女士是一家服装公司的业务主管，提起带薪休假，邓女士无奈地说："哪里有时间休，业务员可能还能休上两天，我们管理层每天工作强度这么大，稍一放松，这个月的业绩就可能受影响，要拿出完整的时间去休假太不现实。"

在一家建筑设计单位工作的小古，工作已有两三个年头，小古告诉记者，公司没有明确规定每年有多少天带薪假期,但是如果手上没有急活儿,请个五六天假基本上领导都批。不过至今小古只申请过一次休假,之后再也没有申请了,理由是一想到别人都在上班,自己却在休假,说不定这几天时间就可能错过参与某个大项目的机会,年终收入也要受影响,于是心里越想越慌,索性不休假。

在一家私营企业担任中层的张先生表示,单位根据国家规定对职工实行标准的带薪休假制度,不过近3年的年假,他仅休过一次,原因是每次都担心会有私事要用到休假,不敢休,等到年底又因为压在手头的工作太多,只能放弃休假。

一般来说,职业紧张是由于工作的要求与工作者的能力、可运用的资源不相符及自身需求得不到满足时,产生的有害的生理与心理反应。长期紧张工作,缺乏必要的身心调整,易形成综合征,如工作效率低下、人际关系不好、职业倦怠感增强等。所以,适当的休息调整对于工作效率的提升有促进作用。

合理的休假是为了更好地工作,无论是管理者还是职工自身都应该认识到休假的真正意义所在。

讨论题

1. 带薪休假难以执行的主要原因是什么?
2. 如何正确看待带薪休假制度?

本章思考题

1. 简述员工福利的类型。
2. 简述社会保险的内容。
3. 简述可认定为工伤的情形。
4. 简述公积金的缴存制度。

第十五章

薪酬管理信息核算与分析

 引导案例

某公司成立于2008年,主营教育培训,成立之初只有10个人。跟中国大部分的小微企业一样,公司没有专门的人力资源管理部门,员工工资的计算与支付由财务部负责。但经过10年的发展,公司员工已经发展到近300人,销售额达到2.5亿。最近,负责员工工资的张林感觉越来越吃力,因为公司进入了跨越式发展阶段,每年员工流动很频繁。加之,员工偏年轻化,几乎每月都会发生结婚、怀孕、生产等情况,大大增加了她的工作强度。上个月,一个女职工因怀孕保胎,张林在计算工资时发生错误,引发了一起劳动纠纷。张林多次向公司提出,增加人手,建立人力资源管理信息系统,提高薪酬管理的科学性、系统性。

案例思考
1. 该公司在薪酬管理中存在什么问题?
2. 简述人力资源管理信息系统在薪酬管理中的作用。

第一节　薪酬信息核算

一、常规工资

1. 计时工资

（1）计时工资的含义。计时工资可分为周工资制、日工资制和小时工资制。计时工资制是按照职工的技术熟练程度、劳动繁重程度和工作时间的长短来计算和支付工资的一种分配形式。它由两个因素决定：一是工资标准；二是实际工作时间。工资标准是指每个职工在单位时间内所得的工资额。根据按劳分配的原则，职工的工种不同、职务不同，其工资标准也不同，而对于同工种、同级别的职工来说，计时工资反映的是他们在一定时间内付出的劳动量平均数，而不能完全反映他们实际付出的劳动量，所以还需要其他的报酬形式来补充。

《劳动法》第五十一条规定，劳动者在法定休假日和婚丧假期间以及依法参加社会活动期间，用人单位应当依法支付工资。

若按工时定额计算计件单价，计算公式为：

$$计件单价 = 某等级职工的日（小时）工资标准 \times 单位产品的工时定额$$

（2）计时工资的特点

1）直接以劳动时间计量报酬，适应性强。

2）考核和计量容易实行，具有适应性和及时性。

3）具有明显的不足，不能直接反映劳动强度和劳动效果。

2. 计件工资

（1）计件工资的含义。计件工资是根据职工完成的劳动数量和按事先规定的计件单价计算并支付的工资。计件单价一般应以工作等级、定额水平和相应的标准工资进行计算，计件工资制能够准确反映职工实际付出的劳动量，有利于调动职工劳动积极性，提高劳动生产效率。企业对实行计件工资的职工，除按国家的规定实行原材料节约奖外，一般不再实行其他经常性的生产奖励。

计件工资按照合格产品的数量和预先规定的计件单位来计算，不直接用劳动时间来计量劳动报酬，而是用一定时间内的劳动成果来计算劳动报酬。计件工资是由计时工资转化而来的，是变相的计时工资。

工资形式的差别，并不改变工资的本质。计件工资和计时工资的本质是相同的，它们都是劳动力价值或价格的转化形式。

若按计件定额计算计件单价，计算公式为：

$$计件单价 = 某等级职工的日（小时）工资标准 \div 日（小时）产量定额$$

举例：在实行计时工资时，每日工作8小时，职工的日工资额为400元，每日的产量为10件，其小时工资标准为400÷8=50元，单位产品的工时定额为8÷10=0.8小时，计件单价为50×0.8=40元；而在实行计件工资时，计件单价是按照日工资额除以日产量来确定的，即400÷10=40元。

（2）计件工资的特点

1）计件工资将劳动报酬与劳动成果直接、紧密地联系在一起，能够直接、准确地反映劳动者实际付出的劳动量，使不同劳动者之间以及同一劳动者在不同时间上的劳动差别在劳动报酬上得到合理反映。因此，计件工资能够更好地体现按劳分配原则。

2）计件工资的实行有助于促进企业经营管理水平的提高。

3）计件工资的计算与分配事先都有详细、明确的规定，在企业内部工资分配上有很高的透明度，职工清楚自己所付出的劳动对应的劳动报酬，因此具有很强的物质激励作用。

4）计件工资收入直接取决于劳动者在单位时间内生产合格产品数量的多少，因此可以刺激劳动者从物质利益上关心自己的劳动成果，努力学习科学文化，不断提高技术水平与劳动熟练程度，提高工时利用率，加强劳动纪律，这对于企业员工素质和劳动生产率的提高都是十分有利的。

（3）计件工资的分类。计件工资可分个人计件工资和集体计件工资。个人计件工资适用于个人能单独操作而且能够制定个人劳动定额的工种；集体计件工资适用于工艺过程要求集体完成，不能直接计算个人完成合格产品数量的工种。

1）个人计件工资。个人计件工资是计件工资的一种形式，指以劳动者个人所完成的工作量来计算工资。实行个人计件有利于克服平均主义，也有利于调动职工的积极性，但应注意加强职工之间的互助合作精神。

劳动定额采用产量定额时，计算公式为：

$$个人应得计件工资 = 计件单价 \times 生产的合格产品数量$$

劳动定额采用工时定额时，计算公式为：

$$个人应得计件工资 = 小时计件单价 \times 实际完成的定额工时$$

举例：某工厂实行个人计件工资，某职工当月生产的合格产品共120件，生产一件产品的计件单价为9元，计算其应得的计件工资。

根据公式，则为：

$$个人应得计件工资 = 9 \times 120 = 1\,080（元）$$

举例：某工厂实行个人计件工资，某职工当月完成定额工时为 250 小时，小时计件单价为 4 元，计算其应得的计件工资。

根据公式，则为：

$$个人应得计件工资 = 4 \times 250 = 1\,000（元）$$

2）集体计件工资。集体计件工资一般是在集体操作机器设备或集体控制生产工艺过程不能准确计算个人产品数量和质量的情况下实行的，如冶金企业中高炉炼铁、转炉炼钢等工种。对于某些产品数量虽然可以进行个人计算，但在生产过程中需要相互配合的，根据管理需要也可实行集体计件，同一班组职工的工资计算方式应统一。集体计件工资是用集体劳动成果的数量乘以集体计件单价计算出集体应得计件工资总额，再在集体内各职工之间进行合理分配。

二、加班工资

加班工资指劳动者按照用人单位生产和工作的需要在规定工作时间之外继续生产劳动或者工作所获得的劳动报酬。劳动者加班，延长了工作时间，增加了额外的劳动量，应当得到合理的报酬。

对劳动者而言，加班费是一种补偿，因为其付出了过量的劳动；对于用人单位而言，支付加班费能够有效抑制用人单位随意延长工作时间，保护劳动者的合法权益。

《劳动法》第四十四条规定，有下列情形之一的，用人单位应当按照下列标准支付高于劳动者正常工作时间工资的工资报酬：

- 安排劳动者延长工作时间的，支付不低于工资的百分之一百五十的工资报酬；
- 休息日安排劳动者工作又不能安排补休的，支付不低于工资的百分之二百的工资报酬；
- 法定休假日安排劳动者工作的，支付不低于工资的百分之三百的工资报酬。

加班费发放额的关键是工资基数。加班费的基数可以由企业和职工协商来确定，否则企业应按照劳动者本人正常劳动应得的工资确定。企业计算加班工资的工资基数，首先应当按照劳动合同约定的劳动者本人所在岗位相对应的工资标准确定。如果劳动合同、集体合同没有约定的，职工代表可与用人单位通过工资集体协商确定，协商结果应签订工资集体协议（用人单位经批准实行不定时工作制度的，则不执行上述规定）。

假期工资是指劳动者在国家法定节假日（元旦1天假期，春节3天长假，清明节1天假期，五一1天假期，端午节1天假期，中秋节1天假期，国庆3天长假）以及休息日等假期时间加班，其工作单位发放的加班费。根据加班时间不同，假期工资也有差异。在法定假期内，假期工资应不低于平时工资的3倍，如若加班时间是休息日，假期工资应不低于平时工资的2倍。

例如，10月1日至7日均加班，10月1日至3日为法定节假日，应按不低于日或者小时工资基数的3倍支付加班工资；其余4天为休息日，加班工资为基数的2倍。

法定节假日加班工资 = 月工资基数 ÷ 21.75 天 × 300% × 加班天数

休息日加班工资 = 月工资基数 ÷ 21.75 天 × 200% × 加班天数

工资基数可按以下方式确定：一是按照劳动合同约定的劳动者本人工资标准确定；二是劳动合同没有约定的，按照集体合同约定的加班工资基数确定；三是劳动合同、集体合同均未约定的，按照劳动者本人正常劳动应得的工资确定。同时，加班工资基数不得低于当地规定的最低工资标准。

实行月工资制的用人单位在将劳动者月工资折算为日或小时工资时，应当按照《关于职工全年月平均工作时间和工资折算问题的通知》（劳社部发〔2008〕3号）的规定执行，即日工资以月计薪天数（21.75天）进行折算，小时工资在日工资基础上除以8小时进行折算。

某职工月工资标准为8 000元，如果用人单位安排该职工在法定节假日10月1日至3日期间加班1天，其加班工资为：

8 000（元）÷ 21.75（天）× 300% × 1（天）= 1 103.45（元）

如果用人单位安排该职工在10月4日至7日期间加班1天且不能补休，其加班工资为：

8 000（元）÷ 21.75（天）× 200% × 1（天）= 735.63（元）

三、年终奖

年终奖是指企业每年度末给予员工的奖励，是对一年来工作业绩的肯定。

年终奖的发放额度和形式一般由企业根据实际情况调整。完善的年终奖办法具备合理的考评指标、评价方法、发放规则等相应的各项制度，可以有效激励员工，增加企业凝聚力。

为确保新个税法顺利平稳实施，稳定社会预期，让纳税人享受税改红利，《关于个人所得税法修改后有关优惠政策衔接问题的通知》（以下简称《通知》）对纳税人在2019年1月1日至2021年12月31日期间取得的全年一次性奖金，可以不并入当年综合所得，以奖金全额除以12个月的数额，按照综合所得月度税率表，确定适用税率和速算扣除数，单独计算纳税,以避免部分纳税人因全年一次性奖金并入综合所得后提高适用税率。

对部分中低收入者而言,如将全年一次性奖金并入当年工资薪金所得,扣除基本减除费用、专项扣除、专项附加扣除等后,可能根本无须缴税或者缴纳很少税款。在此情况下,如果将全年一次性奖金采取单独计税方式,反而会产生应纳税款。同时,如单独适用全年一次性奖金政策,可能在税率换档时出现税款增加的"临界点"现象。因此,《通知》专门规定,居民个人取得全年一次性奖金的,可以自行选择计税方式,请纳税人自行判断是否将全年一次性奖金并入综合所得计税。也请扣缴单位在发放奖金时注意把握,以便于纳税人享受减税红利。

2022年1月1日起,居民个人取得全年一次性奖金,将并入当年综合所得计算缴纳个人所得税。

四、个人所得税

个人所得税是调整征税机关与自然人(居民、非居民)之间在个人所得税的征纳与管理过程中所发生社会关系的法律规范的总称。

2018年8月31日,《关于修改〈中华人民共和国个人所得税法〉的决定》经第十三届全国人民代表大会常务委员会第五次会议表决通过,基本减除费用标准调至每月5 000元,2018年10月1日起实施。

计算方法:

应纳税所得额 = 月度收入 − 5 000元(起征点)− 专项扣除(个人缴纳的社会保险费和住房公积金等)− 专项附加扣除 − 依法确定的其他扣除。

个税专项附加扣除细则如下。

1. 子女教育

纳税人的子女接受全日制学历教育的相关支出,按照每个子女每月1 000元的标准定额扣除。

2. 继续教育

纳税人在中国境内接受学历(学位)继续教育的支出,在学历(学位)教育期间按照每月400元定额扣除。同一学历(学位)继续教育的扣除期限不能超过48个月。纳税人接受技能人员职业资格继续教育、专业技术人员职业资格继续教育的支出,在取得相关证书的当年,按照3 600元定额扣除。

3. 大病医疗

在一个纳税年度内,纳税人发生的与基本医保相关的医药费用支出,扣除医保报销后个人负担(指医保目录范围内的自付部分)累计超过15 000元的部分,由纳税人在办理年度汇算清缴时，在 80 000 元限额内据实扣除。

4. 住房贷款利息

纳税人本人或者配偶单独或者共同使用商业银行或者住房公积金个人住房贷款为本人或者其配偶购买中国境内住房，发生的首套住房贷款利息支出，在实际发生贷款利息的年度，按照每月 1 000 元的标准定额扣除，扣除期限最长不超过 240 个月。纳税人只能享受一次首套住房贷款的利息扣除。

5. 住房租金

纳税人在主要工作城市没有自有住房而发生的住房租金支出，可以按照以下标准定额扣除：

● 直辖市、省会（首府）城市、计划单列市以及国务院确定的其他城市，扣除标准为每月 1 500 元；

● 除上一项所列城市以外，市辖区户籍人口超过 100 万的城市，扣除标准为每月 1 100 元；市辖区户籍人口不超过 100 万的城市，扣除标准为每月 800 元。

6. 赡养老人

纳税人赡养一位及以上被赡养人的赡养支出，统一按照以下标准定额扣除：

● 纳税人为独生子女的，按照每月 2 000 元的标准定额扣除；

● 纳税人为非独生子女的，由其与兄弟姐妹分摊每月 2 000 元的扣除额度，每人分摊的额度不能超过每月 1 000 元。可以由赡养人均摊或者约定分摊，也可以由被赡养人指定分摊。约定或者指定分摊的须签订书面分摊协议，指定分摊优先于约定分摊。具体分摊方式和额度在一个纳税年度内不能变更。

例如，已婚人士小李在北京上班，他有一个姐姐，小李月收入 1 万元，"三险一金"专项扣除为 2 000 元，每月房屋租金 4 000 元，有一儿子正在上一年级，同时父母已经 60 多岁。

根据新政策，小李可以享受住房租金 1 500 元扣除、子女教育 1 000 元扣除、赡养老人 1 000 元扣除（跟姐姐分摊扣除额），"三险一金" 2 000 元扣除，加上超征点 5 000 元扣除，其每月可免交个人所得税。

五、最低工资

最低工资指劳动者在法定工作时间提供了正常劳动的前提下，其雇主或用人单位支付的最低金额的劳动报酬。

最低工资一般既不包括加班工资、特殊工作环境、特殊条件下的津贴，也不包括劳动者保险、福利待遇和各种非货币的收入。最低工资应以法定货币按时支付，一般由一个国家或地区通过立法制定。

最低工资可以用月薪制定，也可以用每小时的时薪制定。最低工资的制定反映了监管机构对劳动者权益的保护。

最低工资的概念包含以下三个含义：获得最低工资的前提是劳动者在法定工作时间内提供了正常劳动；最低工资标准是由政府通过立法确定的；只要劳动者提供了法定工作时间的正常劳动，用人单位支付的劳动报酬不得低于政府规定的最低工资标准。

主要特点包括：最低工资保障范围，不仅包括劳动者本人的基本生活需要，而且也包括劳动者赡养的家庭成员的生活需要；最低工资数额由最低工资率确定；最低工资只确定了劳动者的最低工资标准，它要求所有的用人单位在向本单位劳动者支付工资或通过劳动合同约定工资数额时，均不得低于最低工资率确定的工资标准，否则约定无效，并按最低工资标准执行。

确定最低工资标准一般考虑城镇居民生活费用支出、职工个人缴纳社会保险费、住房公积金、职工平均工资、失业率、经济发展水平等因素。

六、最低生活保障制度

1. 含义与特点

最低生活保障是指一种社会保障制度类型，指国家对家庭人均收入低于当地政府公告的最低生活标准的人口给予一定现金资助，以保证该家庭成员基本生活所需的社会保障制度。最低生活保障线也即贫困线。

最低生活保障的主要特点如下：是保证基本生活的生活费用补贴；是为贫困人口提供的一种救济；具有临时性，原先享受最低生活保障的人口或家庭，如果收入有所增加，超过了规定的救济标准，则不再享受最低生活保障救济。

我国《城市居民生活最低保障条例》经国务院审定并于1999年10月1日在全国施行，是我国社会救助工作发展的一个重要标志。

2. 申请对象

根据《关于做好国有企业下岗职工基本生活保障失业保险和城市居民最低生活保障制度衔接工作的通知》（劳社部发〔1999〕13号）的规定，下岗职工、失业人员、企业离退休人员和在职职工，在领取基本生活费、失业保险金、养老金、职工工资期间，家庭人均收入低于当地最低生活保障标准的，可以申请城市居民最低生活保障金。各地劳动保障部门要定期将本地国有企业下岗职工基本生活费、失业保险金、离退休人员养老金发放情况通报同级民政部门。民政部门要将本地职工家庭享受城市居民最低生活保障情况，以及因未按时足额领取工资（最低工资）、基本生活费、失业保险金或养老金而造成家庭人均收入低于当地城市居民最低生活保障标准的情况，及时反馈给劳动保障和财政部门。

下列三类人员可以申请城市居民最低生活保障金：无生活来源、无劳动能力、无法定赡养人或抚养人的居民；领取失业救济金期间或失业救济期满仍未能重新就业，家庭人均收入低于最低生活保障标准的居民；在职人员和下岗人员在领取工资或最低工资、基本生活费后以及退休人员领取退休金后，其家庭人均收入仍低于最低生活保障标准的居民。

七、社会平均工资

1. 含义

社平工资是社会职工平均工资的简称，通常指某一地区或国家一定时期内（通常为一年）全部职工工资总额除以这一时期内职工人数后所得的平均工资，通常由政府根据上年度的情况公布。

社平工资一定程度上反映了社会发展程度和人民生活水平。

2. 其他方法

在很多国家和地区，在统计平均工资等民生指标时，还会运用"中位数"统计法。"中位数"指的是将一组数据由小到大排序后，取出位于中间位置的数值。这种算法的好处是，能够反映多数人的工资状况和收入的结构性问题。对比"中位数"，人们也很容易找到自己工资所处的水平。

第二节　薪酬信息统计

一、企业薪酬统计指标与方法

企业薪酬统计指标主要包括工资总额和平均工资两项指标。

工资总额是指各单位在一定时期内直接支付给本单位全部职工的劳动报酬总额。工资总额的计算应以直接支付给职工的全部劳动报酬为根据。各单位工资总额之和，即全社会的全部职工的工资总额。

在统计工资总额时不管是预算内资金，还是预算外资金；不管是单位自筹资金，还是上级（或财政部门）下拨资金；在财务账上不管是工资科目，还是其他科目，只要符合劳动报酬性质的，都应统计在工资总额中。

平均工资是指一定时期内（如月度、季度、年度等）员工平均每人所得的工资数额。

1. 工资总额统计

按照国家的有关规定，工资总额由六个部分组成，即计时工资、计件工资、奖金、津贴和补贴、加班加点工资、特殊情况下支付的工资。

（1）计时工资。计时工资是指按计时工资标准（包括地区生活费补贴）和工作时间支付给个人的劳动报酬，包括对已做工作按计时工资标准支付的工资、实行结构工资制的单位支付给员工的基础工资和职务（岗位）工资、新参加工作员工的见习工资（学徒的生活费）、运动员体育津贴。

（2）计件工资。计件工资是指对已做工作按计件单价支付的劳动报酬，包括超额累进计件、直接无限计件、限额计件、超定额计件等按劳动部门或主管部门批准的定额和计件单价支付给个人的工资，按工作任务包干的方法支付给个人的工资，按营业额提成或利润提成办法支付给个人的工资。

（3）奖金。奖金是指支付给员工的超额劳动报酬和增收节支的劳动报酬，包括生产奖，节约奖，劳动竞赛奖，机关、事业单位的奖励工资，其他奖金。

（4）津贴和补贴。津贴和补贴是指为了补偿员工特殊或额外的劳动消耗和因其他特殊原因支付给员工的津贴，以及为了保证员工工资水平不受物价影响支付给员工的物价补贴。津贴包括补偿员工特殊或额外劳动消耗的津贴、保健性津贴、技术性津贴、年功性津贴及其他津贴。物价补贴包括为保证员工工资水平不受物价上涨或变动影响而支付的各种补贴。

（5）加班加点工资。加班加点工资是指按规定支付的加班工资和加点工资。

（6）特殊情况下支付的工资。特殊情况下支付的工资包括根据国家法律法规和政策规定，因病、工伤、产假、计划生育假、婚丧假、事假、探亲假、定期休假、停工学习、执行国家或社会义务等原因按计时工资标准或计时工资标准的一定比例支付的工资；附加工资和保留工资。

下列各项为不列入工资总额的范围：根据国务院发布的有关规定颁发的发明创造奖、自然科学奖、科学技术进步奖和支付的合理化建议和技术改进奖以及支付给运动员、教练员的奖金；有关劳动保险和员工福利方面的各项费用；有关离休、退休、退职人员待遇的各项支出;劳动保护的各项支出;稿费、讲课费及其他专门工作报酬;出差伙食补助费、误餐补助、调动工作的旅费和安家费;对自带工具、牲畜来企业工作员工所支付的工具、牲畜等的补偿费用;实行租赁经营单位的承租人的风险性补偿收入;对购买本企业股票和债券的员工所支付的股息(包括股金分红)和利息;劳动合同制员工解除劳动合同时由企业支付的医疗补助费、生活补助费等;因录用临时工而在工资以外向提供劳动力单位支付的手续费或管理费;支付给家庭工人的加工费和按加工订货办法支付给承包单位的发包费用;支付给参加企业劳动的在校学生的补贴;计划生育独生子女补贴。

2. 平均工资统计

从生产过程的投入角度考察,平均工资反映出生产单位对每一职工的投入,即支付给职工工资的一般水平;和职工的劳动生产率相比较,表明劳动投入的产出效益。从职工的收入和生活角度观察,平均工资反映职工的技术水平和劳动熟练程度,以及所得到的回报水平,从而反映出职工的一般经济状况和生活水平。

因此,平均工资是研究职工生活水平、职工内部工资关系、从业人员的生活差异以及工资增长与劳动生产率增长的速度之间关系的一个重要指标。其计算公式是:

$$职工平均工资 = 工资总额 \div 职工总人数$$

计算平均工资时,一定要遵循可比性原则,即分母与分子项必须保持空间和时间的完全一致,密切注意两者的内在必然联系与关系。

根据不同的研究目的,计算平均工资时可以计算全社会职工的平均工资,也可分别计算各行业、各部门、各地区、各经济类型以及各基层单位职工的平均工资。在时间上,可以计算月、季、半年、年等不同时间长度的平均工资。

3. 工资效益统计

工资效益是指工资投入所产生的直接经济效益,即每支付一定量工资产生多少产品或创造与实现多少价值,它反映投入的工资成本所能得到的利润。工资效益统计可以量化地反映实行某种薪酬制度所取得的经济效益。

二、企业薪酬统计结果分析与运用

企业通过薪酬统计结果可以分析企业的薪酬效率是否达到目标,从而改进企业的薪酬管理,使其服务于企业的各项管理工作。

1. 改进薪酬制度

通过工资总额、人均工资、工资效益等薪酬统计指标,与同行、过去进行对比,观察企业的薪酬是否合理，从而改进薪酬制度。

2. 调整企业用人制度

通过薪酬统计结果可以分析企业在用人上是否合理，从而调整企业的用人制度。

3. 优化绩效管理制度

通过薪酬统计，采用对比分析的办法，可以观察企业的各项管理制度，尤其是绩效管理制度的效果，从而改进各项管理制度，推动企业健康有序发展。

4. 控制和优化人力资源成本

如通过统计分析观察企业哪类人员、哪些部门的工资效益比较好，哪些部分主要是成本消耗，从而控制和优化人力资源的使用，提升企业的用人效率。

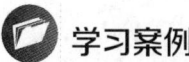 学习案例

一、唐钢对薪酬管理系统的要求

1. 功能层面

薪酬管理系统可以减少人为干预因素，降低参与者的基础工作量，同时还能对日常薪酬管理中的大量信息进行存储、分析，形成信息库，为高层决策提供辅助。而随着信息库的形成，也可以为企业带来战略方向的决策支持，为企业最大限度地发挥人力资源效能提供辅助。

2. 技术层面

（1）高度的功能完成性和集成化。

（2）友好的用户界面，提供可操作性和易用性。

（3）良好的网络性能和软件反应速度。

（4）丰富的数据接口，保证软件良好的开放性。

（5）良好的灵活性，企业能够实施"按需配置"。

（6）强大的报表输出和导入功能。

唐钢薪酬管理信息化项目从2008年4月开始进行，共有3个阶段。第一个阶段是薪酬项目整理、薪酬计算规则整理、薪酬实施范围确定；第二个阶段是相关薪酬数据导入、数据核对修改、薪酬管理信息系统使用培训、薪酬系统试算、试算数据分析；第三个阶段是薪酬管理信息系统上线试运行、薪酬系统维护。唐钢薪酬管理业务流程图如图15-1所示。

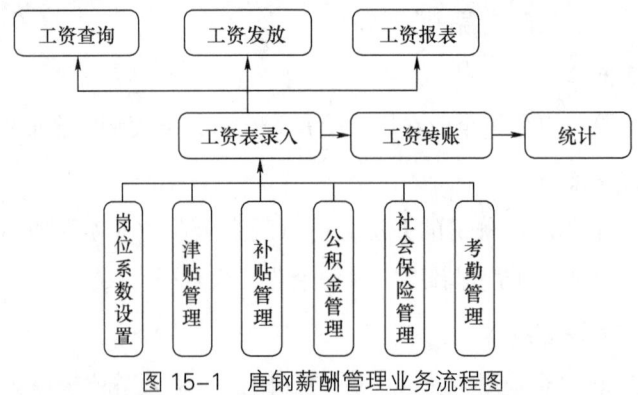

图 15-1 唐钢薪酬管理业务流程图

二、唐钢薪酬管理信息系统应用中的问题

1. 人员因素

（1）管理人员对整个薪酬系统的实施起重要作用。例如，管理人员对薪酬系统设计公司的选择，管理人员对薪酬系统在整个人力资源信息化中的定位等都将影响整个薪酬系统的实施。

（2）软件使用人员的素质减缓了薪酬管理信息化的进程。有些二级单位缺乏熟练掌握薪酬管理软件的使用人员。公司在刚开始推进人力资源管理信息化时，软件使用人员没有及时改变原有的工作习惯和方式。有些软件使用人员不严格按照操作手册操作或不按时间节点要求操作，影响了薪酬管理信息系统的正常运行。

（3）薪酬系统设计人员如果对所开发的项目缺乏充分调研，对相关政策没有深刻理解，那么其所开发的系统就会存在各种问题。另外，设计人员在设计过程中如果没有领会系统使用者的需求就盲目开始，往往会导致事倍功半或者完全达不到客户需求的局面。在此过程中，设计人员与需求者之间会产生需求的二义性。二义性可能会导致如下结果：用户认为是 A，需求获取人员认为是 B，设计完成后评估为 C。因此，在需求获取阶段相互了解、充分沟通是非常必要的。

2. 技术因素

（1）"信息孤岛"的形成。"信息孤岛"是由于人力资源各部门单纯考虑本部门应用而提出的系统建设需求造成的。例如，技术津贴一项，人事系统数据未经薪酬管理人员审批即进入薪酬系统，造成了薪酬管理人员对管理项的失控，人事系统与薪酬系统间各自形成了"信息孤岛"，使薪酬管理系统部分项目处于无序状态。

（2）缺乏整体规划意识，系统扩展性不佳，数据接口不丰富。在系统应用中组织结构发生的变化，在相应的薪酬系统中也应体现出来。而事实上，由于系统结构和技术上的原因，系统需要进行很烦琐的操作才能实现甚至实现不了这个功能，系统扩展性受到了限制。另外，薪酬系统与考勤系统、财务系统的衔接也存在问题，说明系统的接口有问题。薪酬管理业务存在多样性和多变性，这主要体现在新业务开发和旧业务流程改造上，这就要求系统能够灵活适应。

（3）报表分析个性化设置功能的开发和完善。虽然系统给出了薪酬发放台账表及台账汇总表、薪酬发放明细表、薪酬发放汇总表等，但是在实际工作中，人力资源部门往往希望通过报表分析的个性化设置功能来达到想要的效果，如薪酬人员结构分析表。通过薪酬人员结构分析表，可以了解企业中人员结构的薪酬成本分布情况，可用于指导人员结构调整等相关工作。企业对薪酬报表的需求不一，系统应能够提供灵活的个性报表设置功能，以满足不同的需求。

（4）在薪酬系统实施初期，由于信息化培训不够等原因造成了大量错误数据。

三、唐钢薪酬管理信息系统问题的应对策略

1. 完善信息化人才队伍知识结构，提高信息化人才素质

在薪酬管理信息化过程中，需要薪酬管理知识与信息技术知识的有机结合。但目前薪酬管理信息化人才队伍存在知识结构不够合理的现象。要解决知识结构不适应的矛盾，必须从人才队伍的知识结构上下功夫，弥补在管理、技术方面的不足，改善知识结构。

信息化人才素质是信息化的前提和保障，主要包括信息素质、业务素质、知识素质。薪酬管理信息系统建设急需大量的信息技术人才。要加强继续教育，通过委托代培、在职业务学习、专题讲座等形式培养人才。

2. 注重信息利用

（1）信息获取是信息得以利用的第一步，也是关键一步。

（2）信息整理是将收集到的信息按照一定的程序和方法进行科学加工，使之系统化、条理化、科学化，从而得出能够反映薪酬管理总体特征的信息。

（3）信息存储是对整理后的信息进行科学有序的存放、保管，以方便使用。

（4）信息积累不仅保证了电子文件的真实性，还为维护电子文件的系统性、完整性创造条件，防止存有电子文件的存储载体丢失、损毁，从而保护电子文件的安全。

3. 统观全局，实现系统整合

应用薪酬管理系统不能从一个局部的角度去看问题，因为业务流程中每个环节对整个系统的选择和影响都是不一样的。把一个整体割裂来看，人力资源每一个管理部门都会针对自己的业务情况需求选择软件，应对这些需求整合，从整体的目标出发，这种整体选择的策略和从局部作为基础进行选择的方法和逻辑是截然不同的。薪酬管理信息系统与人力资源管

理信息系统中其他业务流程的思维模式和侧重点很不一样，存在链接及整合问题，只有整体考虑建立接口通道，才能实现系统的整合，有利于实现整体信息化。

4. 有效应对电子化数据

（1）针对数据特点采取有针对性的措施。

（2）充分评估数据整理的工作量与难度，做好相关人员培训。

5. 高层参与，同时与项目团队成员步调一致

项目的成功离不开领导的支持，项目组应该时时保持和公司高层的有效沟通，了解高层对项目的期望与看法，告知高层项目阶段目标及可能碰到的问题，以利于资源的协调与问题的解决。

6. 正确处理好标准化与客制化的关系

现在绝大多数 eHR 在招投标或实施前，都会做系统分析，看系统的逻辑是否符合或支持企业的人力资源管理流程和方法。如果遇到不符合的情况，要么用客制化来做到与企业需要相符，要么放弃或让企业改流程。无论是供应商还是企业，在实施 eHR 前除了流程分析外，还要进行流程评估和优化，这些对产品标准化和客制化的取舍是非常有必要的。

唐钢薪酬管理信息系统实施前后效果比较如图 15-2 所示。

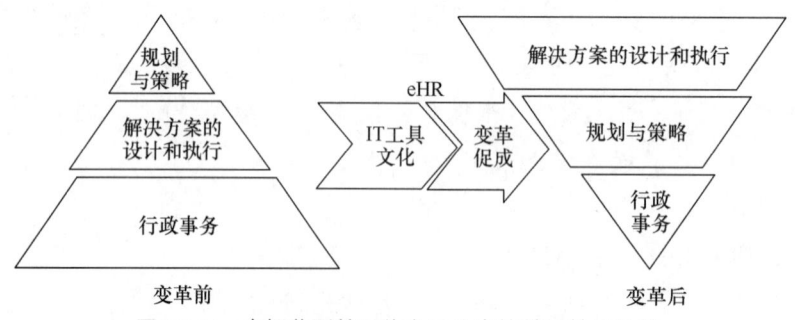

图 15-2　唐钢薪酬管理信息系统实施前后效果比较

四、对唐钢薪酬管理信息系统的思考

当前唐钢的薪酬管理信息系统还存在一些困难和问题。如果企业能够尽量做到以下方面，对企业的薪酬管理信息化工作将会起积极的作用。

1. 夯实管理基础

薪酬管理信息化的建立不仅要有技术基础，还要有管理基础。

企业的信息化实施往往陷入矛盾——是通过信息系统的实施解决企业的问题，还是先解决企业的问题再进行信息系统的实施。这一过程必须要把握一个原则：信息化只是固化的

工具，而不是管理的标尺。

2. 组织得力的信息项目实施团队

薪酬管理信息化是充分利用高新技术的过程，包括项目立项、开发、投入使用、维护，技术的变化、升级和更新。这对管理本身及使用人员的要求非常高，必须形成得力、稳定的信息项目实施团队，该团队包括管理人员、人力资源管理者、计算机专业人员，负责整个项目的组织协调、进度控制、数据分析和数据有效性的检查，提供相关建议，培训其他人员，建立系统和检查各部门的运行程序。信息项目实施团队成员工作职责明确，负责项目的开发、应用和维护，是运行人力资源管理信息系统的主要骨干和技术支持。

讨论题

1. 如何做好薪酬信息管理系统与实际工作的融合和发展？
2. 您对薪酬信息管理系统有什么建议？

本章思考题

1. 简述企业建设薪酬管理信息系统的重要性。
2. 如何计算假期工资？
3. 如何计算个人所得税？
4. 简述企业薪酬统计指标与方法。

第六篇
劳动关系管理

第十六章

劳动法律制度

 引导案例

小刘两年来一直在某连锁饭店担任厨师,饭店和小刘的住所都在城北,上班也比较方便。然而一年后,单位人力资源部门经理突然通知小刘,由于工作需要,准备把他抽调到城南的另一连锁店工作。小刘听了很郁闷,他已经习惯了目前的工作状态,各方面都比较熟悉,交通也方便,所以不想轻易调动,之后他主动和人力资源部门沟通,却遭到了拒绝。然而,更让他意外的是,三天后,单位向他发出了辞退通知书。

为了维护自己的权益,小刘把单位告上了仲裁法庭,要求饭店撤销之前下发的辞退通知书,恢复双方的劳动关系,并支付自己自被辞退之日起至恢复劳动关系之日的全部工资。仲裁法庭上,小刘说,单位在没有提前和他协商的情况下,突然要求他到另一连锁店上班,他和单位协商后,没有任何结果,却很快就收到了单位的辞退通知书。

小刘认为,单位没有说明调岗的合理性,也没有尽到提前和员工协商的义务;而饭店代表则辩称,虽然合同中约定小刘的工作地点在此分店,但饭店的性质属连锁经营,当初小刘是与总店签订的劳动合同,而总店有调动员工岗位的权力,所以小刘不服从用人单位调动的行为,严重违反了饭店的规章制度,所以辞退小刘符合法律规定。

案例思考

1. 小刘的请求合理吗,为什么?
2. 劳动法律的主客体包括哪些?

第一节　劳动法及其规定

一、劳动法的概念

劳动法是关于企业与员工之间关系的法律。劳动法有狭义与广义两种形式。狭义的劳动法仅指《中华人民共和国劳动法》。广义的劳动法是指调整劳动关系以及与劳动关系有密切联系的其他社会关系的法律规范的总称，即指劳动法律制度，除劳动法外还包括就业促进法、劳动合同法、工会法等其他法律、行政法规。此外，广义的劳动法还包括公司法、企业法、侵权法等相关的法律法规。

我国劳动法调整两种法律关系，一是劳动关系，二是与劳动关系密切联系的其他社会关系。劳动关系是劳动法调整的主要社会关系。劳动法调整的其他社会关系是指在劳动关系运行过程中及其前后因实现劳动关系而发生的社会关系。

劳动关系不是孤立的社会关系，在社会化大生产条件下，劳动关系的状态直接关系国民经济的整体运行。同时，由于劳动力的社会性，劳动关系直接影响社会的安定。因此还存在一些以劳动关系为中心，并与劳动关系密切联系的其他社会关系。换言之，这些关系有的是发生劳动关系的必要前提，有的是劳动关系的直接后果，有的是随劳动关系而附带产生的，这些关系包括以下几个方面。

第一，处理劳动争议而发生的关系。这是有关国家机关、人民法院和工会组织由于调节、仲裁和审理劳动争议而发生的关系。

第二，执行社会保险而发生的关系。这是指社会保险机构与企事业单位及职工之间因执行社会保险而发生的关系（职工包括离退休人员）。

第三，监督劳动法令的执行而发生的关系。这是指有关国家机关、工会组织与企事业单位、机关团体因管理劳动工作而发生的关系。

第四，工会组织与企事业单位、国家机关之间的关系。

第五，因劳动行政管理而发生的关系。这是指劳动行政部门因企事业单位、国家团体实施劳动工作管理而发生的关系。

这些社会关系中最重要的是劳动行政管理关系。劳动行政管理关系是在协调和保护劳动关系的过程中产生的，它以建立和谐、稳定的劳动关系为基本目标，以维护社会利益为价值取向。它以管理与服务相结合的重要方式，通过公权力的介入，弥补市场机制的缺陷，避免效率与公平之间的不均衡。

二、劳动法的渊源

劳动法的渊源是指劳动法的来源，根据法律效力的高低层次，有宪法、法律、行政法规、规章、地方性法规与规章、法律解释、国际条约。

1. 宪法

宪法是我国的根本大法，它规定了我国国家生活和社会生活最基本的原则。宪法具有最高的法律效力，一切法律法规都不得同宪法相悖。《中华人民共和国宪法》第二章公民的基本权利和义务规定了劳动者的权利和义务，如劳动者有接受教育、劳动、休息、退休、获得物质帮助等权利和义务。

2. 法律

法律是指全国人民代表大会及其常务委员会通过的规范性文件。劳动法、劳动合同法、就业促进法、劳动争议调解仲裁法、社会保险法、工会法都是与劳动关系相关的重要法律。法律的效力仅次于宪法，高于行政法规。

3. 行政法规

行政法规是由国务院根据宪法和法律制定的行政性规范文件，如劳动合同法实施条例、工伤保险条例。行政法规的效力高于地方性法规与规章，但其规定不可与上位法相悖。

4. 规章

规章是由国务院各部委员会、中国人民银行、审计署等具有行政管理职能的直属机构根据法律和国务院的行政法规、决定、命令，在本部门的权限范围内制定的规范文件。人力资源社会保障部颁布的规范性文件即属于规章，如就业服务与就业管理规定等。规章的法律效力低于行政法规。

5. 地方性法规与规章

地方性法规是指省级人民代表大会及其常务委员会通过的规范文件，如《上海市劳动合同条例》《上海市集体合同条例》。地方性规章是指省级人民政府及其职能部门制定的规范性文件，如《上海市工伤保险实施办法》。这两类规范性文件一般针对当地具体情况，根据劳动法律、行政法规、规章而制定，其效力限于制定机关所在行政区域。地方性法规法律效力高于本级和下级地方政府规章，但不得同宪法、法律、行政法规相悖。

6. 法律解释

法律解释是对法律规范含义的说明，可分为立法解释、司法解释和行政解释三种。立法解释权属于全国人民代表大会常务委员会，它是对法律条文本身进一步明确界限或做补充规定，其法律解释与法律具有同等效力。司法解释是由国家最高司法机关对适用法律过程中就具体应用法律问题所做的解释，包括最高人民法院和最高人民检察院的解释。行政解释是由国务院及其主管部门负责的解释。

7. 国际条约

国际条约是国家、国际组织间所缔结的以国际法为准并确定其相互关系中权利和义务的国际书面协议，具体包括协定、议定书、条约、公约等。一个国家签订了条约或批准加入公约，则对其具有拘束力。经我国人民代表大会常务委员会批准、在我国生效的国际劳工公约，也是我国劳动法的表现形式。

三、劳动法的主要内容

《劳动法》为我国劳动法律体系建立了基本框架，《劳动法》共有13章107条，包括第一章总则、第二章促进就业、第三章劳动合同和集体合同、第四章工作时间和休息休假、第五章工资、第六章劳动安全卫生、第七章女职工和未成年工特殊保护、第八章职业培训、第九章社会保险和福利、第十章劳动争议、第十一章监督检查、第十二章法律责任和第十三章附则。

总则包括劳动法的立法宗旨、法律适用范围、劳动者基本权利与义务、用人单位的基本职责、国家对劳动管理应履行的职责、国家对待劳动的态度和指导方针、工会在调整劳动关系方面的地位以及民主管理等规定。

国家在劳动方面的基本职责是采取各种措施，促进劳动就业，发展职业教育，制定劳动标准，调节社会收入，协调劳动关系，逐步提高劳动者的生活水平。国家的劳动基本方针是提倡劳动者参加社会义务劳动，开展劳动竞赛和合理化建议活动，鼓励和保护劳动者进行科学研究、技术革新和发明创造，表彰奖励劳动模范和先进工作者。

劳动法律内容包括劳动基准法、劳动关系法、劳动保障法和劳动行政法（见图16-1）。

劳动基准法又称为劳动标准法，是有关劳动报酬和劳动条件最低标准的法律规范的总称。其内容包括工作时间和休息休假、工资、劳动安全卫生、女职工和未成年工特殊保护。劳动基准法属于强行性法律规范，具有单方面的强制性，当事人必须严格执行，不能经协议予以变更。

劳动关系法主要是实现劳动关系运行协调的各项劳动法律制度，包括劳动合同、集体合同、劳动争议等。劳动合同制度涉及劳动合同的订立、履行、变更、解除、终止。集体合同制度涉及集体合同协商、订立、履行、监督检查等。劳动争议处理制度是为了保证劳动实体法的实现而制定的有关劳动争议处理的调解程序、仲裁程序和诉讼程序的规范，以及劳动争议处理机构的组成，调解、仲裁程序应遵循的原则等。

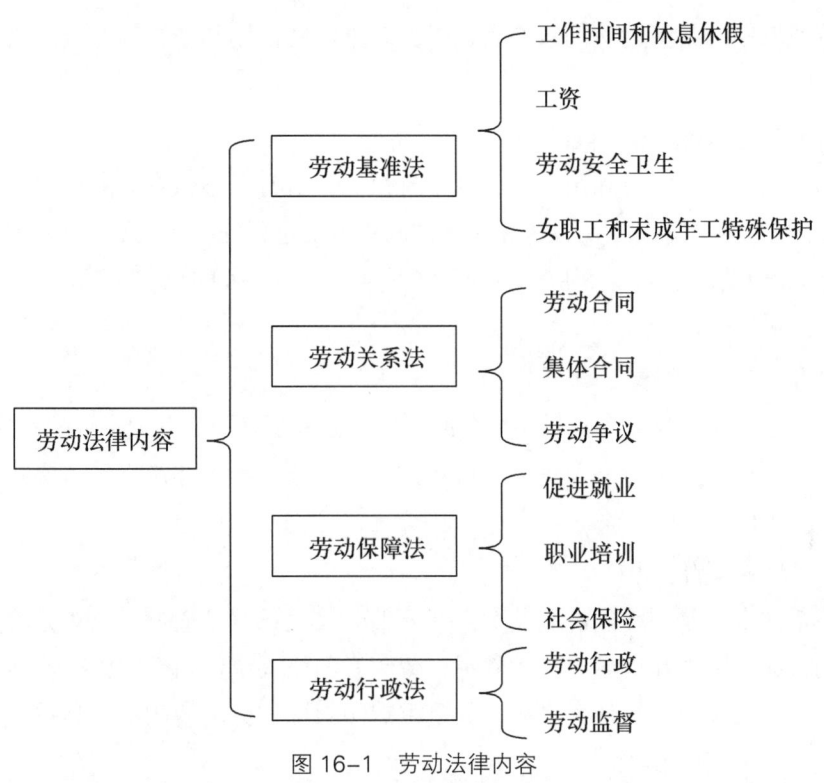

图 16-1 劳动法律内容

劳动保障法是保障劳动者实现劳动权利、劳动关系正常运行的社会条件，包括促进就业、职业培训和社会保险。促进就业法律制度主要内容是规范国家在促进就业方面的职责。职业培训制度规定政府有关部门和用人单位在发展培训事业和开发劳动者职业技能方面的职责、管理权限、职业分类、通用标准和职业技能考核鉴定制度。这些法律主要是保障劳动者就业权及公平就业。社会保险制度在于保障劳动者的物质帮助权，其功能是使劳动者在年老、患病、工伤、失业、生育等情况下能够获得帮助和补偿，社会保险制度的主要内容包括：社会保险的体制，社会保险的项目、种类，社会保险的适用范围，享受社会保险待遇的资格条件和标准，保险待遇的支付原则以及社会保险基金的筹集、运营和管理等。

劳动行政法由劳动行政、劳动监督等法律构成。劳动行政法律由行政行为法和行政程序法构成，行政行为法规定政府劳动行政主体和行政权的设定、规范行政权的行使，行政程序法规范行政权的运行程序。劳动监督法律由规范行政权监督的行政监督法、行政救济法等组成。

四、劳动法的基本原则

劳动法的基本原则是贯穿于劳动法各项具体制度中的基本准则，它体现了劳动法的立法宗旨和价值取向，是劳动法的核心，也是劳动立法的准则与依据，在劳动执法中具有指导和制约的作用。

1. 劳动关系主体权利与义务统一

在劳动关系中，劳动者和用人单位都享有权利，负有义务，双方的权利与义务相互对应，彼此依存。这不仅表现了劳动关系主体之间对劳动过程的共同支配，而且反映了主体间相互制约的辩证关系。因此，在协调劳动关系时，权利与义务的规范处于同一重要的位置，相辅相成，相互统一。

2. 劳动力资源合理配置

劳动关系是劳动力与生产资料相结合的一种社会关系，即劳动力资源配置的社会形式，调整劳动关系就是要实现劳动力资源的合理配置。在市场经济体制下，需要同时追求劳动力资源的高效配置和公平配置。

3. 对劳动者的倾斜保护

劳动关系的本质是一种经济利益关系，调整劳动关系就是通过规范双方的劳动行为实现对经济利益的保护。在市场经济条件下，劳动者和用人单位两个主体有着不同的利益取向和追求。劳动关系协调的任务之一，就是重点倾斜保护劳动者的经济利益不受侵犯，从而保证劳动关系和谐有序运行。

4. 促进经济发展与社会进步

经济发展与社会进步既是人们从事生产劳动的重要目标之一，又是人们进行生产劳动不可缺少的环境条件。保护劳动者和用人单位的权益，维护和发展稳定和谐的劳动关系，建立良好的劳动秩序，调动劳动者的积极性，提高劳动生产率，最后都要落实到经济发展和社会进步上。劳动关系作为生产关系的重要组成部分，从调整劳动关系全局和局部的观点看，调整劳动关系只能是社会关系的局部，而经济发展和社会进步才是全局。这两者是不可分割、相互作用的。

第二节 劳动关系与劳动法律关系

一、劳动关系

1. 劳动关系的含义

劳动关系有不同的称谓，如雇佣关系、员工关系、劳资关系、劳工关系和产业关系，都强调劳动过程中劳动者与用人单位之间的相互关系。

劳动法是调整劳动关系的法律规范总和。劳动法视劳动关系为劳动法律关系。

通常劳动关系的概念包含三个方面：第一，是指由劳动者个人与用人单位之间构成的个别劳动关系；第二，是由工会为代表的劳动者与用人单位构成的集体劳动关系；第三，是指社会劳动关系，即实现劳动过程中劳动者与劳动力使用者以及相关的社会组织之间的社会经济关系。

2. 劳动关系的特点

（1）劳动关系是因劳动者与生产资料相结合而产生的社会关系，即形成劳动关系需要三个条件：第一，劳动者是自由的独立个体，具有人格上的独立性，能自由支配其劳动力；第二，劳动者需以工作为谋生手段，通过出售劳动力换取劳动报酬；第三，掌握生产资料的劳动力使用者需要劳动者的劳动。劳动关系是劳动力拥有者与劳动力使用者两个独立个体相结合的产物。

（2）劳动关系是一种经济利益关系。劳动关系中劳动者向用人单位付出自己的劳动力，用人单位向劳动者支付劳动报酬。劳动者获得工资，用人单位取得利润，联系两者之间关系的纽带就是经济利益。除此以外，非货币因素如工作环境、伤害风险、管理者的个性、是否得到公平的对待、工时弹性等也是重要的利益因素。

（3）劳动关系是具有人身从属性的社会关系。虽然劳动者具有人格上的独立性，与用人单位之间的交换是一种平等的市场关系，但是劳动力与人身不能分离，因此在付出劳动力的同时，人身也被限定在组织之中，劳动者需要服从用人单位的指示与管理，劳动者处于被支配与控制的地位，与用人单位之间构成从属关系，在某种程度上丧失了独立性。

（4）劳动关系双方的谈判力量不对等。从法律上说，劳动关系双方的地位和权利是平等的，双方自由、自愿、平等地建立或解除劳动关系。然而现实中，劳动关系双方的地位和力量存在明显的不对等，劳动者在争取就业条件（劳动报酬、工作条件等）方面存在系统性的弱势。产生谈判力量不平等的主要原因是：第一，对劳动关系的依赖不同，对劳动者来说，他们结成劳动关系是为了生存，而对生产资料所有者来说，结成劳动关系只是为了获利，生存和获利对人的重要性是完全不同的，因此依赖于劳动关系的劳动者其权利被削弱；第二，资本的稀缺性，与劳动力相比，掌握生产资料的资本具有稀缺性，在劳动力供大于求的社会，失业是对劳动者的普遍威胁，用人单位掌握和控制工作岗位的供给，劳动者缺少灵活选择的余地，由此产生谈判力量的弱化；第三，信息的不对称，由于就业条件的信息是由用人单位提供的，而劳动者因为不完全掌握信息而做出无益于自身的决策，由此也可能产生利益的损害。

（5）劳动关系是冲突与合作的统一。由于劳动关系双方的目的不同，彼此之间会产生矛盾与冲突。劳动者追求工资与福利最大化，用人单位则追求利润最大化；劳动者希望在工作中追求自由，用人单位则强调纪律与管理。各自的利益诉求不同，双方都在努力争取有利于自己的结果，由此产生矛盾。然而劳动关系的双方又彼此相互依赖。劳动者依赖用人单位的经营获取工资，用人单位则通过劳动者的劳动取得利润，双方之间唯有通过合作才能达成各自的目的。劳动关系通过冲突与合作的统一达成双方的共同利益。

（6）劳动关系是受法律调整的社会关系。在市场经济中，法律对市场交换的直接干预较少，但是在劳动力市场中，法律对用人单位的权利则有一些限制。因为劳动者在谈判中处于弱势地位，且与用人单位存在隶属关系，为保障劳动者人格上的独立性，国家通过颁布一系列规定调整劳动关系双方的力量对比，保护劳动者的权益，促进劳动关系的和谐发展。

二、劳动法律关系

1. 劳动法律关系的含义与认定

（1）劳动法律关系的含义。劳动法律关系是指劳动关系受劳动法律规范调整而形成的一种权利和义务关系。劳动法律关系的产生使一般的劳动关系上升为法律关系。

劳动法律关系与劳动关系是两个不同范畴的概念。劳动关系表现的是社会物质关系，属于经济基础的范畴，一定的劳动关系直接联系着一定的生产关系，是生产关系的组成部分。劳动法律关系则是一种思想关系，属于上层建筑的范畴，它依据国家制定的劳动法律规定而产生，体现了国家的意志。

（2）劳动法律关系的认定。《关于确立劳动关系有关事项的通知》（劳社部发〔2005〕12号）指出，用人单位招用劳动者未订立书面劳动合同，但同时具备下列情形的，劳动关系成立：第一，用人单位和劳动者符合法律、法规规定的主体资格；第二，用人单位依法制定的各项劳动规章制度适用于劳动者，劳动者受用人单位的劳动管理，从事用人单位安排的有报酬的劳动；第三，劳动者提供的劳动是用人单位业务的组成部分。

企业经营中存在许多以提供劳动为标的的劳务给付关系，如承揽加工、委托代理、劳务合同、承包合同、招募大学生实习、聘请退休人员等。但是这些劳动给付关系均不是劳动法律关系。因为大学生、退休人员不具备劳动者的主体资格；某些雇主属非劳动法规定的用人单位。故这些劳务给付关系都不是劳动关系。

2. 劳动法律关系的主体

劳动法律关系的主体是指依劳动法享有权利和承担义务的劳动法律关系当事人，包括自然人和法人。劳动法律关系包括个别劳动法律关系和团体劳动法律关系，其主体包括劳动者、用人单位和工会。

（1）劳动者。我国从年龄、健康、智力、行为自由标准这四个方面对自然人成为劳动法律关系的主体做出了规定。

1）年龄标准。一般规定年满16周岁为法定就业年龄，禁止用人单位招用未满16周岁的未成年人。从事特种作业的人员必须年满18周岁。对某些特殊的职业，如文艺、体育和特种工艺单位可以招用未满16周岁的未成年人，但是必须依照国家有关规定，履行审批手续，并保障其接受义务教育的权利。

2）健康标准。劳动者与用人单位建立劳动关系，不得患有与岗位所禁忌或不宜的疾病；残疾人应从事与其残疾相适应的职业；女职工、未成年工也应遵守劳动法有关规定，从事规定范围内的劳动。

3）智力标准。劳动法所确定的智力标准与民法不同，民法注重公民的精神健全与否，而劳动法的智力标准还包括文化条件和职业资格。

职业资格是指从事某一职业所必备的知识、技术和能力的基本要求。职业资格包括从业资格和执业资格。从业资格是指从事某一专业或工种所需的学识、技术和能力的起点标准。有些职业的从业资格是强制性规定，如特种作业人员取得中华人民共和国特种作业操作证方可上岗作业。从业资格通过学历认定或考试取得。执业资格是指政府对某些责任较大、社会通用性强、关系公共利益的专业或工种实行准入控制，是依法独立开业或从事某一特定专业（工种）必备的学识、技术和能力标准，如律师、医生执业均需要获得执业资格。执业资格通过考试取得。

4）行为自由标准。行为自由标准主要是指公民是否具有人身自由，对于被依法剥夺人身自由的公民，虽然具有劳动能力，但他们已经无权自由支配这种劳动能力。《劳动法》第二十五条第四款明确"劳动者被依法追究刑事责任的，用人单位可以解除劳动合同"。

劳动法规定，公民的劳动能力只能由本人依法行使，而不能由他人代理、代替，否则是无效的、非法的，其后果是劳动法律关系的消灭。这不同于公民可以委托他人代理行使自己的民事权利能力和民事行为能力。

我国目前尚无法律明文规定公民劳动者可参加多个劳动法律关系，也没有禁止参加多个劳动法律关系。一般来说，只有在终止一个劳动法律关系之后，才能参加另一个劳动法律关系。

（2）用人单位。不管是经营型单位、事业型单位，还是政府机关，用人单位只有在具备法律所规定的条件时，才能取得劳动力使用者的资格，即获得劳动法律关系主体的资格。经营型企业获得用人单位资格应该依公司法或企业法设立登记。用人单位一般应满足的条件包括生产条件和组织条件。

1）生产条件。用人单位只有具备一定的归自己独立支配的生产资料和一定的技术手段，并符合法定要求的劳动条件，才能使用劳动力。

2）组织条件。用人单位只有形成一定的组织机构，才能使劳动力与生产资料协作运行。用人单位的法定代表人的职务行为就是法人行为。而用人单位的委托代理人则是通过法定代表人授权委托形成的，只能在授权范围以内进行职务活动。用人单位在法律规定的范围内，对其行为后果负完全责任。

（3）工会。《中华人民共和国工会法》(简称《工会法》)第十四条规定，中华全国总工会、地方总工会、产业工会具有社会团体法人资格。我国各级工会在维护人民总体利益的同时，维护本单位职工的合法权益；同时也支持用人单位依法行使职权，协助企事业单位办好集体福利事业，做好劳动工资、劳动保护、社会保险等方面的工作。

3. 劳动法律关系的客体

劳动法律关系的客体是劳动权利和劳动义务指向的对象，也就是劳动力。

（1）劳动行为。劳动行为是指劳动者为完成用工单位安排的劳动任务而支出劳动力的活动，是劳动法律关系的基本客体。它作为被支出和使用的劳动力的外在形态，在劳动法律关系存续期间连续存在于劳动过程中，在劳动法律关系双方当事人的利益关系中主要承载或体现用工单位的利益。

（2）劳动待遇和劳动条件。劳动待遇和劳动条件是指劳动者因支出劳动力而有权获得的、用工单位因使用劳动力而有义务提供的各种待遇和条件，是劳动法律关系的辅助客体。其中，劳动待遇是对劳动者支出劳动力的物质补偿，劳动条件是劳动者完成劳动任务和保护安全健康所必需的物质技术条件。它们从属和受制于劳动行为，主要承载或体现劳动者的利益。

4. 劳动法律关系的内容

（1）劳动者的权利和义务。在劳动法律关系中，权利和义务直接与劳动力所有权和支配权的分离相关。按劳动法规定，劳动者基于劳动法律关系而享有的权利有：选择职业的权利、取得劳动报酬的权利、休息休假的权利、获得劳动安全卫生保护的权利、接受就业技能培训的权利、享有社会保险和福利的权利、参加工会与民主管理的权利、提请劳动争议处理的权利以及法律规定的其他劳动权利。劳动者还有民主管理的权利。劳动者的义务是：劳动者应当完成劳动任务，提高职业技能，执行劳动安全卫生规程，遵守劳动纪律和职业道德。

（2）用人单位的权利和义务。就劳动而言，用人单位的权利与义务是围绕劳动力的使用权而产生的，而且与劳动者的权利与义务相对应。换言之，劳动者的权利是用人单位的义务；而劳动者的义务则反映了用人单位的权利。用人单位的权利包括招工权、辞退权、用人权、奖惩权、分配权等。《劳动法》第四条规定，用人单位应当依法建立和完善规章制度，保障劳动者享有劳动权利和履行劳动义务。

（3）工会的权利和义务。工会不仅面向用人单位，而且面向社会。工会法和劳动法律对工会的权利义务做了规定。在调整劳动关系方面，工会具有参与权、缔约权、监督权、调处权等。工会还有会同用人单位和有关方面协商解决劳动争议，协助用人单位办好集体福利、开展培训等有关活动的义务。

劳动法律关系的构成包括主体、客体和内容三大要素。

第三节　劳动法律

一、劳动法律规范

1. 劳动法律规范概述

（1）劳动法律规范的含义。法律规范（又称法律规则）是由权威部门颁布或认可的关于人们行为的准则、标准、规定等。劳动法律规范是由国家机关及其授权机构制定或认可的涉及劳动关系的行为准则，是劳动法律构成的基本单位，具体规定用人单位、劳动者及其他相关主体的权利、义务及法律后果等内容。

需要说明的是，法律规范与法律条文不同。法律条文是法律规范的文字表达形式，是规范性法律文件的基本构成要素；法律规范是通过法律条文表达的，法律条文是法律规范的表现形式。但是，法律条文与法律规范不是一一对应的关系。一项法律规范的内容可以表现在不同的法律条文甚至不同的规范性法律文件中，一个法律条文可反映若干法律规范的内容。例如，《劳动法》第四十八条规定的"国家实行最低工资保障制度。最低工资的具体标准由省、自治区、直辖市人民政府规定，报国务院备案"是一条法律规范，但是这项法律具体条文内容由省、自治区、直辖市人民政府规定。

（2）法律规范的逻辑结构。法律规范通常有严密的逻辑结构，逻辑是指法律规范有逻辑表达结构上的组织部分或要素，通常包括行为模式和法律后果两部分。行为模式中具有假定与处理的内容，法律后果则包含合法获得保障与非法受到制裁。假定是指法律规范中指出适用该规范的前提、条件和情况；处理是指法律规范中具体要求人们可以做什么，应该做什么、禁止做什么。后果是指法律规范所规定的应当承担的法律后果，表达法律规范对主体的具有法律意义的行为的态度。后果可分为合法后果与违法后果。例如，《劳动法》第八十九条规定，用人单位制定的劳动规章制度违反法律、法规规定的，由劳动行政部门给予警告，责令改正；对劳动者造成损害的，应当承担赔偿责任。其中，用人单位制定的规章制度违反法律规定，是此规范的假设，此假设隐含的处理是用人单位不应违反法律规定，其法律后果是受到警告并改正或承担赔偿责任。

2. 法律规范的分类

法律规范的分类有助于对法律规范的理解，确定其效力等级、适用范围等。依据不同的标准和目的，可对法律规范做出不同的分类。

（1）从法律规范内容上看，可以分为授权性规则和义务性规则。

1）授权性规则是指示人们可以作为、不作为或要求别人作为、不作为的规则，其特点是为权利主体提供一定的选择自由，对于权利主体来说不具有强制性，它既不强令权利人作为，也不强令权利人不作为，通常采用"可以""有权利""有……自由"等用语。如"劳动者提前三十日以书面形式通知用人单位，可以解除劳动合同"即为授权性规则。

2）义务性规则是直接要求人们作为或不作为的规则。与授权性规则不同，义务性规则具有强制性，包含作为义务与不作为义务。作为义务的义务性规则常采用"应当""应该""必须"等术语，如"建立劳动关系，应当订立书面劳动合同"。不作为义务的义务性规则常使用"不得""禁止""严禁"等术语，如"禁止用人单位招用未满十六周岁的未成年人"。

（2）从法律规范的强制性程度上来看，可分为强行性规则和任意性规则。

1）强行性规则和任意性规则的区分依据是根据法律规范是否允许当事人进行自主设计或调整权利与义务的标准。强行性规则是指所规定的义务具有确定的性质，不允许任意变动或伸缩的法律规范，通常属于义务性规则。

2）任意性规则是指在法定范围内允许当事人自行确定其权利与义务的具体内容的法律规范。它允许人们自行选择或协商约定作为或不作为的方式，以及法律关系中权利与义务的具体内容。根据任意性规则协商确定的规则，在当事人之间具有法律拘束力，只有在当事人没有约定的情况下，才适用法律的一般规定。

（3）从法律规范的明确性程度上来看，可将它分为确定性规则和非确定性规则。这是根据法律规范内容的确定性程度进行的分类。

1）确定性规则是指法律规范内容已经完备明确，无须再援引或参照其他规范来确定其内容的法律规范。

2）非确定性规则是指没有明确具体的行为模式或者法律后果，需要引用其他法律规范来说明或补充的规则，包括委任性和准用性规则。

①委任性规则是指只规定某种概括性指标，具体内容由国家相关机关通过相应程序加以确定的法律规范。例如，《劳动法》第四十五条规定，国家实行带薪年休假制度。劳动者连续工作一年以上的，享受带薪年休假。具体办法由国务院规定。

②准用性规则本身没有具体的规则内容，是规定可以援引或参照其他有关规定内容的法律规范。例如，《劳动合同法》第二条第二款规定，国家机关、事业单位、社会团体和与其建立劳动关系的劳动者，订立、履行、变更、解除或者终止劳动合同，依照本法执行。

二、劳动法律解释方法

1. 一般解释方法

一般解释方法主要包括语言解释、逻辑解释、系统解释、历史解释、目的解释、当然解释等。

语言解释又称为文义解释，是根据语法规则对法律条文的含义进行分析，以说明法律规则的内容。逻辑解释是运用形式逻辑的方法分析法律规则的结构、内容、适用范围及其所用概念之间的相互关系，以保持法律内部统一。系统解释是指将需要解释的法律条文与其他法律条文联系起来，全面系统地分析该法律条文的含义和内容，防止孤立、片面地理解该法律条文的含义。历史解释是指通过研究立法时的历史背景资料、立法机关审议情况、草案说明报告及档案资料，说明立法当时立法者准备赋予法律的内容和含义。目的解释是指从法律的目的出发对法律规则做说明，以防止解释偏离立法目的和立法意图。当然解释是指在法律没有明文规定的情形下，根据现有的法律规则，某一行为当然应该纳入该规定的适用范围时，对适用该规定的说明。

2. 特殊解释方法

特殊解释方法按照解释尺度的不同，可以分为字面解释、扩充解释和限制解释。字面解释是指对法律所做的忠于法律文字含义的解释。这种解释不扩大、也不缩小法律的字面含义。扩充解释是指当法律条文的字面含义过于狭窄，不足以表现立法意图、体现社会需要时，对法律条文所做的宽于其文字含义的解释。当然扩充解释不能任意扩大法律的内容，必须以立法意图、目的和法律原则为基础。限制解释是指当法律条文的字面含义较之立法意图明显过宽时，对法律条文所做的窄于其文字含义的解释。

特殊解释也可按照解释自由度的不同，分为狭义解释和广义解释。狭义解释又称严格解释，是指严格按照法律条文的字面含义对法律的解释。它与字面解释的不同之处在于，狭义解释不仅忠于法律条文的文字含义，而且主要是忠于整个被解释法律的精神。广义解释是指不拘泥于法律条文的文字含义，对法律的比较自由的解释。

三、劳动法律检索

法律检索是高效利用网络资源和书面资源，寻找解决相关法律问题的过程。法律检索也是人力资源管理者在信息化大数据时代必备的基本能力，这种能力有助于人力资源从业者获取劳动法律的必要基础知识和信息，在集体协商、劳动合同签订、规章制度制定、劳动争议解决等方面获取初步的法律支持。

法律检索流程主要包括三个阶段，即检索计划阶段、检索实施阶段和结果总结阶段。

检索计划阶段包括事实收集、事实分析，根据相应法律原则，找出事实要点和法律要点，制订检索计划。法律检索是为了解决某些法律问题，因此首先需要确定引发法律问题的事实，结合企业实际情况，保留有关事实的相关证据材料，识辨资料中所呈现的法律问题。其次将法律问题归类至相关法律原则和法律规则下，创建一系列关键词（用于索引或书目文献的不同词汇或短句）。最后制订检索计划，列出检索关键词、检索信息渠道，做好检索信息分析与汇总提纲。

检索实施阶段是具体收集资料的过程，主要包括两方面的工作，一是选择不同的信息源，二是利用检索方法检索信息。检索信息途径有线下与线上两种方式。有关法律的信息源检索主要有《中华人民共和国全国人民代表大会常务委员会公报》及其合订本检索、法律汇编检索，也可通过中国人大网检索。有关行政法规的信息源检索主要有《中华人民共和国国务院公报》检索、行政法律规范检索，也可通过中国政府法制信息网检索。地方性法规的检索主要有五种途径，一是公报检索，二是汇编检索，三是当地重要报纸检索，四是网络检索，五是通过当地市民热线等途径获取信息。通常可用标题关键词、全文关键词、发文字号、发布日期、分类检索等方法进行检索，检索方法中关键工作是关键词的选择与检索符号的运用，检索符号的运用有助于提高检索结果的精确度。

结果总结阶段是分析与评估检索结果的有效性。在评估检索结果时，首先需要注意收集信息的权威性、时效性、相关性、准确性。权威性是指信息公布的部门与出处是具有公信力与权威性的机构，以避免获取的"伪或假"信息。时效性是指收集的信息是现行有效的法律规则，避免失效信息。相关性与准确性是指收集的资料与要解决的问题直接相关，并且能帮助评估者做出准确判断。在分析的基础上，需要将检索结果加以整理，并对要解决的问题提出建议措施。总结阶段工作是人力资源部门知识管理的一部分，将检索结果归类存档有助于部门不断积累知识，为今后解决类似问题提供便利。

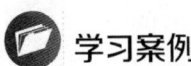

学习案例

原告蔡某系被告公司职工，2010年7月31日公司因经营不善而停业，公司与全体员工解除了劳动合同。解除合同后，因公司厂房等需要看护，同年8月，蔡某又被被告聘用做看厂守护工作，但每月只发500元钱。这期间，没有签订劳动合同。2018年7月被告将公司财产交给其他公司看管，让原告交钥匙走人。蔡某要求被告确定其与被告之间构成劳动关系，签订无固定期限劳动合同，支付社会保险费，补发最低工资差额及加班费用。

被告辩称：蔡某与本公司已经解除劳动关系。蔡某留在工厂的原因是利用工厂养猪、养鸡赚钱，而主动提出为公司代管部分财物，只要求公司给予部分津贴和免除场地租赁费。公司同意了蔡某的方案，也按约定每月向原告支付相关费用。但后来原告没有挣到钱，公司要他们离厂时，原告坚持不走。在双方僵持阶段，原告停发每月500元的劳务报酬。事实上，原告一家三口一直住在公司，利用公司资源。要求法院驳回起诉。

法院认为，原告与被告解除劳动关系后，又被雇佣，其间存在的是雇佣关系，而非事实劳动关系，因此对原告要求的确认劳动关系不予支持。但被告在解除雇佣关系时应由公司出面接管财产，付清原告的劳务报酬，不能只让原告交钥匙走人。

讨论题

1. 企业在劳动关系中的权利与义务是什么？
2. 原告与被告之间的主要争议点是什么？

本章思考题

1. 简述劳动法的主要内容。
2. 简述劳动关系的含义和特点。
3. 简述劳动法律关系的含义。
4. 简述劳动法律关系的主体、客体、内容。

第十七章

劳动合同法

 引导案例

王某在某国际俱乐部上班,担任俱乐部的前厅经理。2012年7月,俱乐部进行部门整合让王某担任客户经理。王某不同意公司安排,俱乐部就根据《员工手册》的规定,解除了与王某的劳动关系。双方诉至法院,法院经审理认为,俱乐部将王某的职务由前厅经理变更为客户经理,是对王某劳动岗位的变更。在没有与王某协商的情况下,公司单方面调整他的工作岗位并且还以王某不服从安排为由与其解除劳动合同,违反法律规定。最终法院支持了王某的主张,由俱乐部赔偿王某违法解除劳动合同的赔偿金33万余元。

案例思考
1. 劳动合同法的作用是什么?
2. 本案中公司如何才能调整王某的工作岗位?

第一节 劳动合同概述

一、劳动合同的概念

劳动合同是劳动者与用人单位之间确立劳动关系、明确双方权利和义务的协议。《劳动合同法》第十条规定,用人单位与劳动者建立劳动关系,应当订立书面劳动合同。

二、劳动合同的分类

1. 以劳动者主体为标准的分类

根据劳动者主体不同，劳动合同可分为个人劳动合同与集体劳动合同。个人劳动合同是劳动者个人与用人单位签订的劳动合同，个人劳动合同只在劳动者和用人单位之间产生约束力。集体劳动合同是由劳动者集体代表或工会与用人单位签订的劳动合同，集体劳动合同对用人单位的全体劳动者均有约束力，在有集体劳动合同的用人单位中，个人劳动合同的工作条件不得低于集体劳动合同的标准。

2. 以用工方式为标准的分类

根据用工方式不同，可将劳动合同分为一般劳动合同、非全日制劳动合同与劳务派遣合同。这种分类方式的法律意义是法律依据和法定内容有所不同。一般劳动合同适用最普遍的劳动用人方式，劳动者根据标准工时为企业提供劳动服务。非全日制劳动合同属于临时工性质的劳动合同，劳动者提供的劳动时间每周不超过24小时。劳务派遣合同是由实际用工单位和劳务派遣公司首先签订劳动派遣协议，之后由劳务派遣公司代替用工单位招聘员工，并与劳动者签订，将其派遣至用工单位工作的合同。

3. 以合同期限为标准的分类

根据劳动合同有效期限的不同，可将劳动合同分为固定期限劳动合同、无固定期限劳动合同与以完成一定工作任务为期限的劳动合同。无固定期限劳动合同又称为终身劳动合同，即在合同中不规定终止时间，劳动合同在法定终止原因和当事人约定的终止原因出现后才能终止，如劳动者达到退休年龄。固定期限劳动合同，即在劳动合同中规定合同起始和终止日期的劳动合同。以完成一定工作任务为期限的劳动合同，即合同的期限与完成某项工作任务的日期联系在一起，工作任务完成时劳动合同自行终止。

4. 以劳动合同形式为标准的分类

根据劳动合同的形式不同，可将劳动合同分为主件与附件。主件是指在确立劳动关系时所订立的书面劳动合同。附件是指法定或约定作为劳动合同主件的补充，即劳动关系当事人为了明确劳动关系中的特定权利与义务，在平等自愿、协商一致的基础上达成的补充契约。

实践中劳动合同的附件主要有用人单位的内部劳动规章和专项劳动协议。专项劳动协议是指已经确立劳动关系的劳动者与用人单位就某种事项所签订的专项契约，其内容一般可包括服务期协议、培训协议、保守商业秘密协议、竞业限制协议、补充保险协议等。专项劳动协议是对劳动合同中特定权利的补充，与劳动合同具有同等效力，可以在订立劳动合同时约定，也可以在合同履行的过程中根据需要加以约定。

三、劳动合同的内容

劳动合同条款是劳动合同内容的文字表述，它将劳动关系双方当事人的权利和义务具体化。因而，完备和明确是法律对劳动合同条款的基本要求。劳动合同条款有法定必备条款和约定条款。

1. 劳动合同的法定必备条款

法定必备条款（又称必要条款、法定条款）是指根据《劳动合同法》的规定必须具备的条款。根据《劳动合同法》第十七条第一款规定，劳动合同应当具备以下条款：用人单位的名称、住所和法定代表人或者主要负责人；劳动者的姓名、住址和居民身份证或者其他有效身份证件号码；劳动合同期限；工作内容和工作地点；工作时间和休息休假；劳动报酬；社会保险；劳动保护、劳动条件和职业危害防护；法律、法规规定应当纳入劳动合同的其他事项。

本书对部分条款做解释说明。

（1）劳动合同期限。劳动合同期限是指劳动合同法律关系开始和终止的时间界限，是劳动合同具有法律约束力的时间。《劳动合同法》规定，用人单位与劳动者协商一致，可以订立无固定期限劳动合同。有下列情形之一，劳动者提出或者同意续订、订立劳动合同的，除劳动者提出订立固定期限劳动合同外，应当订立无固定期限劳动合同：1）劳动者在该用人单位连续工作满十年的；2）用人单位初次实行劳动合同制度或者国有企业改制重新订立劳动合同时，劳动者在该用人单位连续工作满十年且距法定退休年龄不足十年的；3）连续订立二次固定期限劳动合同，且劳动者没有本法第三十九条和第四十条第一项、第二项规定的情形，续订劳动合同的。此外，用人单位自用工之日起满一年不与劳动者订立书面劳动合同的，视为用人单位与劳动者已订立无固定期限劳动合同。

（2）工作内容和工作地点。工作内容包括劳动者的工种和岗位，以及该岗位应完成的工作数量、质量、进度和责任要求，一般参考岗位说明书和绩效评估内容确定。工作地点则是指劳动合同的履行地。该条款是劳动合同的核心条款之一。该条款规定必须明确、具体，以便遵照执行。

（3）工作时间和休息休假。工作时间是指劳动者在用人单位从事工作或生产的时间；休息休假是指法律规定劳动者在劳动关系存续时不必从事工作或生产，可以自由安排和支配的时间。标准工作时间是指每天工作8小时，每周工作40小时，超过部分均应视为加班加点。

（4）劳动报酬。劳动报酬是劳动合同的核心条款，应当明确劳动者的工资、奖金、津贴的数额，计算方法，支付方式和扣除条件。为了保障劳动者的合法权益，劳动工资应以货币形式发放，每月至少支付一次，且工资水平不得低于集体合同的工资水平，不得低于最低工资标准。

（5）社会保险。社会保险包括养老保险、医疗保险、失业保险、工伤保险和生育保险。社会保险中的内容由国家法律与法规强制性规定，双方当事人不得协议变更这部分的规定。

（6）劳动保护、劳动条件和职业危害防护。劳动条件是指用人单位对劳动者从事某项劳动提供的必要条件，包括劳动保护条件和其他劳动条件。劳动保护条件是指用人单位为了防止劳动过程中的事故，减少职业危害，保障劳动者的生命安全和健康而采取的各种措施。其他劳动条件是指用人单位为使劳动者顺利完成劳动合同约定的工作任务，为劳动者提供的必要的物质和技术条件。用人单位应根据国家规定，为劳动者提供各项劳动安全和卫生方面的保护措施及基本设施，做好职业危害防护工作。

（7）法律、法规规定应当纳入劳动合同的其他事项。这些规定是指非《劳动合同法》中规定的，必须作为劳动合同的必备条款的规定。如《中华人民共和国职业病防治法》（简称《职业病防治法》）第三十三条规定，用人单位与劳动者订立劳动合同（含聘用合同，下同）时，应当将工作过程中可能产生的职业病危害及其后果、职业病防护措施和待遇等如实告知劳动者，并在劳动合同中写明，不得隐瞒或者欺骗。又如《中华人民共和国安全生产法》（简称《安全生产法》）第四十九条规定，生产经营单位与从业人员订立的劳动合同，应当载明有关保障从业人员劳动安全、防止职业危害的事项，以及依法为从业人员办理工伤社会保险的事项。生产经营单位不得以任何形式与从业人员订立协议，免除或者减轻其对从业人员因生产安全事故伤亡依法应承担的责任。

法定必备条款中还有一些特殊法定必备条款，这是指法律要求某种或某几种劳动合同必须具备的条款。例如，《劳动合同法》第五十八条规定，劳务派遣单位与被派遣劳动者订立的劳动合同，除应当载明本法第十七条规定的事项外，还应当载明被派遣劳动者的用工单位以及派遣期限、工作岗位等情况。

2. 劳动合同的约定条款

除法定必备条款以外，劳动合同还有约定条款（又称可备条款、约定必备条款），它是指劳动合同双方当事人经过自愿协商而形成的条款。它是法定必备条款的必要补充，其对劳动合同可否依法成立在一定程度上有决定性意义。约定必备条款与法定必备条款具有同样的法律效力，在订立合同的过程中，应当尽量具体化、细化，具有可操作性。《劳动合同法》第十七条第二款规定,劳动合同除前款规定的必备条款外,用人单位与劳动者可以约定试用期、培训、保守秘密、补充保险和福利待遇等其他事项。

(1)试用期。试用期是指包括在劳动合同期限内的,劳动关系还处于非正式状态,用人单位对劳动者是否合格进行考核,劳动者对用人单位是否适合自己要求进行了解的期限。《劳动合同法》第十九条规定,劳动合同期限三个月以上不满一年的,试用期不得超过一个月;劳动合同期限一年以上不满三年的,试用期不得超过二个月;三年以上固定期限和无固定期限的劳动合同,试用期不得超过六个月。

同一用人单位与同一劳动者只能约定一次试用期。以完成一定工作任务为期限的劳动合同或者劳动合同期限不满三个月的,不得约定试用期。试用期包含在劳动合同期限内。劳动合同仅约定试用期的,试用期不成立,该期限为劳动合同期限。

(2)保密义务条款和竞业限制。《劳动合同法》第二十三条规定,用人单位与劳动者可以在劳动合同中约定保守用人单位的商业秘密和与知识产权相关的保密事项。保密条款是指约定劳动者对用人单位的商业机密或知识产权的保密事项负保密义务的条款。商业秘密是指不为公众所熟悉,能为用人单位带来经济利益,具有实用性并经用人单位采取保密措施的技术信息和经营信息。保密条款包括对保密的内容、范围、期限、措施等的约定。

竞业限制是一种限制劳动者就业权的特殊保密条款,即约定禁止劳动者参与或者从事与用人单位同业竞争的活动以保守用人单位商业秘密的合同条款。《劳动合同法》第二十四条规定,竞业限制的人员限于用人单位的高级管理人员、高级技术人员和其他负有保密义务的人员。竞业限制的范围、地域、期限由用人单位与劳动者约定,竞业限制的约定不得违反法律、法规的规定。在解除或者终止劳动合同后,前款规定的人员到与本单位生产或者经营同类产品、从事同类业务的有竞争关系的其他用人单位,或者自己开业生产或者经营同类产品、从事同类业务的竞业限制期限,不得超过二年。

(3)服务期的约定。服务期是指劳动者与用人单位约定的劳动者必须为用人单位提供服务的期限。《劳动合同法》第二十二条规定,用人单位为劳动者提供专项培训费用,对其进行专业技术培训的,可以与该劳动者订立协议,约定服务期。约定服务期的培训有严格的条件:第一,用人单位需要提供专项培训费用,根据国家规定,用人单位必须按照本单位工资总额的一定比例提取培训费,对劳动者进行常规职业培训,这种培训不得与劳动者约定服务期;第二,对劳动者进行的是专业技术培训,劳动者进行必要的上岗培训、职业培训不属于专项技术培训。

劳动者违反服务期约定,提前解除合同,应当按照约定向用人单位支付违约金。用人单位与劳动者约定服务期的,不影响按照正常的工资调整机制提高劳动者在服务期期间的劳动报酬。

（4）违约金条款。违约金条款是指约定不履行劳动合同而应支付违约金或赔偿金的合同条款，涉及违约金或赔偿金的支付条件、项目、范围、金额等内容。《劳动合同法》对违约金的约定适用做了严格的限制。除了违反服务期、保密义务和竞业限制外，针对其他违约行为均不得约定违约金。

《劳动合同法》还对违反服务期的违约金做了金额与赔付的限制。劳动者违反服务期约定的，应当按照约定向用人单位支付违约金。违约金的数额不得超过用人单位提供的培训费用。用人单位要求劳动者支付的违约金不得超过服务期尚未履行部分所应分摊的培训费用。

除了以上条款外，用人单位还可以就职业技术培训、民主权利、工作时间、休息休假等多方面的内容进行协商，根据劳动合同订立时的情况和法律法规的规定确定劳动合同的内容。

四、劳动合同的签订、履行与变更

1. 劳动合同的签订

《劳动合同法》第三条规定，订立劳动合同，应当遵循合法、公平、平等自愿、协商一致、诚实信用的原则。它阐明了订立劳动合同所必须遵循的基本原则。

（1）合法原则。合法原则是指劳动合同的订立不得违反法律法规的规定。合法原则应包括实质内容合法和程序合法两个方面。

实质内容合法是指劳动合同的内容合法。当事人单位不得订立内容违法或对社会公共利益有损害的内容，如用人单位与劳动者不得订立盗窃同行业企业技术秘密的合同。实质内容违法的劳动合同无效，且当事人还应承担相应的法律责任。

程序合法是指劳动合同的订立程序要符合法律要求。程序合法，一是要求形式合法，劳动合同必须采取书面形式；二是要求主体合法，即一方面劳动者必须具备法定年龄和其他法律规定的条件，才能被用人单位录用，另一方面用人单位也必须具备法律规定的招工条件；三是要求录用合法，即用人单位在公开招聘时，要贯彻公开招收、自愿报名、全面考核、择优录用的原则。

（2）公平原则。公平原则要求劳动合同内容公平合理，用人单位不得以强势地位压制劳动者而制定显失公平的合同条款。

（3）平等自愿原则。平等是指劳动者和用人单位在法律上处于平等的地位，劳动者与用人单位享有同样的权利，任何一方都可以拒绝与对方签订合同，同时任何一方都不得强迫对方与自己签订合同。自愿是从平等原则引申的，当事人地位的平等性要求双方对劳动合同的订立不享有任何特权，当事人签订合同只能出自其内心意愿，用人单位和其他任何机关、团体和个人都无权强迫劳动者签订劳动合同；同理，用人单位也有权拒绝任何单位和个人在超出法律规定的情况下订立劳动合同的要求。

（4）协商一致原则。协商一致原则要求双方当事人就劳动合同的条款达成一致意见，如对具体条款意见不一致，劳动合同不能成立。由于实际中常见的是用人单位备有事先拟就印制的"定式合同"，又不允许劳动者对内容做改变，这时，其中违反平等互惠原则的条款、与劳动立法宗旨相矛盾的条款，以及限制劳动者主要权利以致合同目的难以达成的条款，不为法律所认定。

（5）诚实信用原则。诚实信用原则是劳动合同签订时的重要原则。这主要体现在：1）当事人为缔约而接触时发生的各种说明、告知、注意、保护等义务，违反此义务即构成缔约过失责任；2）当事人应当履行劳动合同约定的内容，因不履行劳动合同而使对方受到损失，应当承担责任；3）合同关系结束后，当事人应负有某种作为或不作为义务。

劳动合同的订立是用人单位与劳动者通过一定方式相互选择的过程，用人单位与拟录用的劳动者就劳动合同的具体内容达成共识，以确定劳动关系，明确相互权利与义务。

用人单位自用工之日起即与劳动者建立劳动关系。用人单位与劳动者在用工前订立劳动合同的，劳动关系自用工之日起建立。已建立劳动关系、未同时订立书面劳动合同的，用人单位应当自用工之日起一个月内订立书面劳动合同。

2. 劳动合同的履行

劳动合同的履行是指合同当事人履行劳动合同约定义务的法律行为，即劳动者与用人单位按照劳动合同的要求，共同实现劳动过程和各自合法权益。劳动合同依法订立就必须履行，这既是劳动合同法赋予合同当事人双方的义务，也是劳动合同对双方当事人具有法律约束力的主要表现。劳动合同的履行应当遵循以下几项原则。

（1）实际履行原则。该原则要求合同双方当事人应当按照合同约定的实际标的履行各自的义务、实现各自的权利，而不能用其他标的或方式代替。即使一方当事人违约，也不能用交付违约金或赔偿损失代替合同的履行，除非违约方的履行行为已无实际意义。如果当事人一方不履行合同，另一方有权请求法院强制执行。但是实际履行并不是绝对的。如果在合同履行过程中发生不可抗力，合同约定的目的发生变化，实际履行已不可能或者无必要时，当事人可以不履行合同。这种不实际履行合同的行为必须符合法律法规的规定，当事人不得任意借口情况发生变化而不实际履行劳动合同，否则违约方要承担相应的法律责任。

（2）全面履行原则。全面履行原则是指劳动合同当事人双方按照劳动合同约定的标的及其数量、种类、质量、时间、地点、方式等全面完成自己所承担的全部义务。这是合同履行的理想模式，只有这样，当事人双方全部的权利与义务才能实现，合同的目的才能达到。因此，履行的标的、期限、地点、方式都要明确，并且要全面履行，不能只履行一部分。

（3）亲自履行原则。合同当事人双方都必须以自己的行为履行各自依据劳动合同所承担的义务，而不得由他人代理。其中劳动者的义务只能由本人履行，用人单位的义务只能由单位行政管理机构和管理人员在其职责范围内履行。

（4）协作履行原则。劳动合同双方当事人的权利与义务是相对的，一方的义务同时也是另一方的权利，因此，当事人应当帮助另一方履行其义务，这其实也是为了自身权利的实现。当事人在实际、全面、亲自履行了合同条款的基础上，应当为对方履行义务提供条件，双方相互关心帮助，进行必要的相互检查和监督，对合同的履行提出合理化建议。由于不可抗拒、对合同的某些条款未做约定或者约定不明、当事人的过错等原因使合同不能全面履行时，双方应从大局出发，根据法律和合同的精神与实际情况及时解决，尽量避免相互指责，甚至仲裁和诉讼。

3.劳动合同的变更

劳动合同在依法订立后，用人单位与劳动者协商一致后对原合同内容做部分改变，称作劳动合同的变更。只要变更的行为和内容不涉及违法行为，变更即为有效。具备以下情形之一，可实行劳动合同的变更。

第一，由于发生不可抗力，使原合同履行不可能或失去了意义。不可抗力是指当事人不能预见、不能避免且不能克服的客观情况，这些情况会使当事人原来在劳动合同中设立的权利与义务成为不必要或不可能。例如，用人单位与劳动者签订了劳动合同，但因为自然灾害使该企业无法进行生产，这时劳动合同已无法履行，应该允许企业解除原先与劳动者签订的劳动合同。

第二，由于国家政策的变化，原先所订的劳动合同已不符合法律规定，已不能继续执行，或继续履行原合同可能会对国家经济造成冲击，甚至会违反现行法律，此时应考虑解除或变更劳动合同。

第三，劳动合同订立时的客观情况发生了重大变化，合同虽然仍可履行，但因此花费太大而在经济上失去了意义。劳动者一方也存在因劳动者的情况发生重大变化而无法履行原劳动合同的情况，这时劳动者也可以提出变更。

单方当事人提出变更劳动合同时，应该要求其提供有关的证明，如果确系以上的情形之一，对方当事人应予以同意。

劳动合同的变更一般经过提议、协商、改订三个阶段。如果在协商中无法达成一致意见，任何一方都有权向当地劳动争议仲裁机构申请仲裁。变更后的劳动合同对双方当事人均具有法律约束力。因变更合同而给一方造成经济损失的，一般应由另一方或致损一方承担经济赔偿责任，但不承担违反劳动合同的责任；若是非法或单方面变更合同而使对方受损的，则还需承担违反劳动合同的责任。

第二节 劳动合同的解除与终止

一、劳动合同的解除

劳动合同期限届满之前，当事人单方面或双方提前终止劳动关系的合法行为，称作劳动合同的解除。提前终止是指劳动合同所规定的当事人的权利与义务关系还没有完全履行前终止合同。

劳动合同的解除必定是基于当事人的意愿而生，否则，尽管在履行劳动合同的过程中出现各种各样的情况，劳动合同还会继续存在下去，一直到当事人的权利与义务完全履行。

1. 用人单位单方面解除劳动合同

就用人单位单方面解除劳动合同的情况，劳动法对过失性辞退、无过失性辞退、经济性裁员这三类情形做出了规定。

（1）过失性辞退。过失性辞退是指劳动者在劳动过程中存在某些重大过失时，用人单位有权解除劳动合同。《劳动合同法》第三十九条列举了六种用人单位可以单方面解除劳动合同的情况。

1）在试用期期间被证明不符合录用条件的。在试用期期间，用人单位与劳动者的劳动权利和义务关系尚处于一种不完全确定的状态。在试用期内，用人单位将从思想品质、工作能力、知识水平、身体状况等方面对劳动者进行进一步考察，了解其是否符合本单位的工作要求。如果发现劳动者不符合本单位的录用标准和条件，用人单位有权单方面解除劳动合同。

2）严重违反用人单位的规章制度的。劳动者严重违反劳动合同规定的劳动纪律或用人单位制定的其他规章制度而影响生产、工作秩序，或因此造成经济损失，或不服从正常调动，或无理取闹、打架斗殴、严重影响社会秩序等，经教育或行政处分仍然无效的，用人单位可与其解除劳动合同。

3）严重失职，营私舞弊，给用人单位造成重大损害的。严重失职也就是具有严重渎职行为，如因不负责任而造成事故的，对用人单位利益造成重大损害的。营私舞弊是指利用职权或机会，采用欺骗方式谋求不正当利益的行为，如利用职权取得非法收入等。这里要注意的是其适合的情况必须既有具体的失职和舞弊行为，又要因该行为给用人单位的利益造成了重大损害。

4）劳动者同时与其他用人单位建立劳动关系，对完成本单位的工作任务造成严重影响，或者经用人单位提出，拒不改正的。我国有关劳动方面的法律法规虽然没有对"兼职"做禁止性的规定，但作为劳动者完成本职工作是其应尽的义务。作为用人单位，对一个不能完成本职工作的人员，有权与其解除劳动合同。

5）因《劳动合同法》第二十六条第一款第一项规定的情形致使劳动合同无效的。

6）被依法追究刑事责任的。具体指被人民法院判处刑罚，即拘役、管制、有期徒刑、无期徒刑、死刑、剥夺政治权利等处罚。

用人单位做过失性辞退时，可以不向劳动者支付经济补偿金。

（2）无过失性辞退。无过失性辞退是指非劳动者本人的过失，但由于出现一些订立劳动合同时未曾预料到的因素或客观情况，用人单位可以单方面提出解除劳动合同。《劳动合同法》第四十条列举了用人单位可以解除劳动合同的三种情况，但是应当提前30日以书面形式通知劳动者本人或者额外支付劳动者一个月工资。

1）劳动者患病或者非因工负伤，在规定的医疗期满后不能从事原工作，也不能从事由用人单位另行安排的工作的。患病是每个劳动者都难以避免的客观现象，非因工负伤是属于工作之外的意外事故，其产生原因与用人单位并无直接联系，所以我国有关法规对患病或非因工负伤，根据劳动者工龄等条件确定一个相对合理的医疗期，而不是劳动者病伤治愈实际需要的医疗期。在法律、行政法规规定的医疗期内，用人单位不能解除劳动合同，医疗期满后，如果劳动者可以从事原工作，则劳动合同关系继续有效；如果劳动者不能从事原工作，也不能从事由用人单位另行安排的工作，用人单位可以解除劳动合同。

2）劳动者不能胜任工作，经过培训或者调整工作岗位，仍不能胜任工作的。不能胜任工作是指不能按要求完成劳动合同约定的任务或者同工种、同岗位人员的工作量。用人单位不得故意提高劳动定额标准，致使劳动者无法完成该工作。进行培训或调整工作岗位后，劳动者如果仍不能胜任，用人单位可单方面解除劳动合同。

3）劳动合同订立时所依据的客观情况发生重大变化，致使原劳动合同无法履行，经用人单位与劳动者协商，未能就变更劳动合同达成协议的。客观情况是指发生不可抗力或出现致使劳动合同全部或部分无法履行的情况。这项规定是情势变更原则在劳动合同中的运用。情势变更原则是指因不可归责于双方当事人的原因，使债的形成所依赖的客观情况发生了当事人不能预料的变化,致原债的关系显失公平时,双方应该变更债的内容,重新协调双方利益,达到新的平衡。劳动合同作为合同之债的一种,适用情势变更原则。

(3)经济性裁员。市场形势的变化和企业经营态势常使用人单位需要一次性裁减数量较多的员工(裁减人员20人以上或者裁减不足20人但占企业职工总数10%以上),以保护企业在市场竞争中渡过难关,求得未来的发展。但企业裁员又直接影响劳动者的利益,不利于社会稳定,因此应对企业裁减人员做一定限制。

经济性裁员的法定情形有:1)依照企业破产法规定进行重整的;2)生产经营发生严重困难的;3)企业转产、重大技术革新或者经营方式调整,经变更劳动合同后,仍需裁减人员的;4)其他因劳动合同订立时所依据的客观经济情况发生重大变化,致使劳动合同无法履行的。

由于我国劳动力从数量上处于供大于求的状态,为防止短期内大量裁员可能引起社会不安定和对职工权益的侵犯,法律对用人单位的经济性裁员从程序上做了一定限制。

一是要求用人单位在决定裁员时,应提前三十日向工会或全体职工说明情况,听取工会或职工的意见。虽然职工和工会的意见对用人单位没有强制约束力,但预先通知,使职工对再就业有所准备。

二是用人单位裁减人员方案必须向劳动行政部门报告后才能进行。这是为了方便劳动行政部门对用人单位的裁减行为进行审查,若用人单位不符合裁减人员的条件或事先未通知工会或职工,劳动行政部门可以责令用人单位停止实施裁减行为或对用人单位进行处罚。

《劳动合同法》还规定了对被裁减员工的保护。裁减人员时,应当优先留用下列人员:1)与本单位订立较长期限的固定期限劳动合同的;2)与本单位订立无固定期限劳动合同的;3)家庭无其他就业人员,有需要扶养的老人或者未成年人的。用人单位裁减人员,在六个月内重新招用人员的,应当通知被裁减的人员,并在同等条件下优先招用被裁减的人员。

2. 劳动者单方面解除劳动合同

(1)劳动者主动辞职。《劳动合同法》第三十七条规定,劳动者提前三十日以书面形式通知用人单位,可以解除劳动合同。劳动者在试用期内提前三日通知用人单位,可以解除劳动合同。劳动者有单方面解除劳动合同的权利,但是必须提前通知用人单位,以使用人单位进行必要的调整和准备。这是对劳动者择业权利的肯定和具体化,一方面充分考虑了劳动合同双方当事人订立劳动合同的自愿原则,另一方面充分考虑了双方当事人的权益。

(2)劳动者被动辞职。被动辞职是指劳动者提出辞职的原因是用人单位存在过错。《劳动合同法》第三十八条规定用人单位有以下情形时,劳动者可以解除劳动合同。

1)未按照劳动合同约定提供劳动保护或者劳动条件的。劳动条件(包括劳动保护条件)

是劳动者在保证生命安全的情况下，从事生产劳动必不可少的条件。不提供劳动条件，劳动就无法正常进行，劳动者的安全就得不到保障。所以为了保护职工的合法权益，对用人单位未按劳动合同提供劳动保护或劳动条件的，劳动者有权随时解除劳动合同。对因此而造成严重后果的，还要追究有关责任人员的行政或刑事责任。

2）未及时足额支付劳动报酬的。主要指用人单位未在劳动合同约定和国家规定的时间，按照劳动合同约定和国家规定支付劳动者应得的劳动报酬。

3）未依法为劳动者缴纳社会保险费的。根据有关社会保险的法律法规规定，企业有为劳动者缴纳社会保险费的义务，未依法缴纳社会保险费用，劳动者有权解除劳动合同。

4）用人单位的规章制度违反法律、法规的规定，损害劳动者权益的。《劳动合同法》第四条规定，用人单位应当依法建立和完善劳动规章制度，保障劳动者享有劳动权利、履行劳动义务。而如果用人单位规章制度的内容违反法律法规的规定，损害劳动者权益，则劳动者有权解除劳动合同。

5）因《劳动合同法》第二十六条第一款规定的情形致使劳动合同无效的，以及法律、行政法规规定劳动者可以解除劳动合同的其他情形。

用人单位以暴力、威胁或者非法限制人身自由的手段强迫劳动者劳动的，或者用人单位违章指挥、强令冒险作业危及劳动者人身安全的，劳动者可以立即解除劳动合同，不需事先告知用人单位。

3. 用人单位不得解除劳动合同的情形

《劳动合同法》第四十二条规定，即使在许可辞退的情形下也不得辞退的情形，即劳动者有下列情形之一，用人单位不得解除劳动合同。

（1）从事接触职业病危害作业的劳动者未进行离岗前职业健康检查，或者疑似职业病病人在诊断或者医学观察期间的。

（2）在本单位患职业病或者因工负伤并被确认丧失或者部分丧失劳动能力的。职业病和工伤都是劳动过程中所致的，用人单位对由此而丧失或部分丧失劳动能力的劳动者负有保障其生活和劳动权利的义务。

（3）患病或者非因工负伤，在规定的医疗期内的。患病是指劳动者患职业病以外的疾病。此时，因劳动者身体还未康复，尚在规定的医疗期内，无法重新寻找工作，如用人单位解除劳动合同，就会影响劳动者的康复和生活状况，所以规定不能解除劳动合同。

（4）女职工在孕期、产期、哺乳期的。为了充分保护妇女的合法权益，保护下一代的身体健康，即使具备了解除合同的条件，用人单位也不得解除劳动合同；即使劳动合同期限届满，用人单位也必须在女职工的孕期、产期或哺乳期届满后才能终止劳动合同。

(5) 在本单位连续工作满十五年,且距法定退休年龄不足五年的。
(6) 法律、行政法规规定的其他情形。

二、劳动合同的终止

劳动合同的终止是指因相关法定事由的出现而导致劳动合同所确定的法律关系依法归于消灭的情形。它不同于劳动合同解除,终止是义务履行完毕后结束劳动关系,而不是履行过程中中断劳动关系。《劳动法》第二十三条规定,劳动合同期满或当事人约定的劳动合同终止条件出现,劳动合同即行终止。

《劳动合同法》第四十四条规定了劳动合同终止的情形。

一是劳动合同期满的。双方当事人不再续订劳动合同,劳动合同终止。

二是劳动者开始依法享受基本养老保险待遇的。劳动者都有一定的工作年限,考虑劳动者体力变化的自然规律、保证劳动者年老时有充分的时间休息,国家制定了劳动者的退休制度。劳动者退休时,劳动合同自然终止。

三是劳动者死亡,或者被人民法院宣告死亡或者宣告失踪的。订立劳动合同的目的是劳动者以劳动换取报酬。在劳动者死亡或失踪的情况下,劳动力消失,劳动合同随即终止。

四是用人单位被依法宣告破产的。如用人单位破产,则原来订立的劳动合同自然终止。但对因企业合并、分立而导致原用人单位不存继时,劳动合同是否终止要根据具体情况决定。

五是用人单位被吊销营业执照、责令关闭、撤销或者用人单位决定提前解散的。这属于经营主体资格消灭的情形,而用人单位资格以经营主体资格为基础,经营主体资格消灭,劳动合同终止。

六是法律、行政法规规定的其他情形。

劳动合同的逾期终止,即劳动合同期满因存在法定的情形,劳动合同应当延续至相应的情形消失时终止。《劳动合同法》第四十五条规定了逾期终止的事由,即劳动合同期满,有该法第四十二条规定情形之一的,劳动合同应当续延至相应的情形消失时终止。但是,《劳动合同法》第四十二条第二项规定丧失或者部分丧失劳动能力劳动者的劳动合同的终止,按照国家有关工伤保险的规定执行。

三、解除或终止劳动合同是否支付经济补偿

《劳动合同法》第四十六条规定,劳动合同解除或终止的经济补偿事由包括:1)劳动者依照本法第三十八条规定解除劳动合同的;2)用人单位依照本法第三十六条规

定向劳动者提出解除劳动合同并与劳动者协商一致解除劳动合同的；3）用人单位依照本法第四十条规定解除劳动合同的；4）用人单位依照本法第四十一条第一款规定解除劳动合同的；5）除用人单位维持或者提高劳动合同约定条件续订劳动合同，劳动者不同意续订的情形外，依照本法第四十四条第一项规定终止固定期限劳动合同的；6）依照本法第四十四条第四项、第五项规定终止劳动合同的；7）法律、行政法规规定的其他情形。

经济补偿按劳动者在本单位工作的年限，每满一年支付一个月工资的标准向劳动者支付。六个月以上不满一年的，按一年计算；不满六个月的，向劳动者支付半个月工资的经济补偿。劳动者月工资高于用人单位所在直辖市、设区的市级人民政府公布的本地区上年度职工月平均工资三倍的，向其支付经济补偿的标准按职工月平均工资三倍的数额支付，向其支付经济补偿的年限最高不超过十二年。本条所称月工资是指劳动者在劳动合同解除或者终止前十二个月的平均工资。

第三节 劳动合同的管理

一、劳动合同的签订与变更手续

1. 劳动合同的签订手续

劳动合同草案一般由用人单位提出、征求应招员工的意见；也可以由被招员工与企业的行政代表（如经理、人事处长等）直接协商，共同起草。

签订劳动合同前，用人单位应向被招员工如实介绍本单位的情况，被招员工有权提出自己的意见和要求，双方经充分协商，达成一致意见后，填写劳动合同书，并签名盖章。

以上海为例，用人单位应自招用之日起30日内，向用人单位注册或经营所在地的区劳动保障部门所属就业服务机构办妥招工备案手续。备案手续可以在上海市人民政府网直接办理。

2. 劳动合同的变更手续

（1）用人单位向劳动者提出变更劳动合同的书面要求，告知劳动者劳动合同变更的理由和内容。

（2）在一定的期限内双方进行协商。

（3）签订变更协议，载明变更的具体内容、变更的时间。协议必须采用书面形式，这对确认和证明劳动合同内容及法律关系发生变更的事实，有着重要的意义。

二、劳动合同的文档管理

1. 合同档案的管理原则

（1）合同档案应由专门机构进行统一归档管理，企业中一般由人力资源部门进行管理。

（2）企业应该制定相应的文档管理办法，如分类、保存、借阅、统计等方法，确保档案完整、安全。

（3）合同文档的密级为机密，任何人不得擅自将合同对外公开，违者视情节轻重予以处罚。

2. 合同文档的管理办法

（1）合同文档以年代结合项目性质进行分类编号。

（2）保存的合同文档每年清理核对一次，如有遗失、损毁，要查明原因，及时处理，并追究相关人员责任；对超过两年以上（包含两年）的已履行完毕的合同协议，由办公室甄别，并予以销毁。

（3）办公室要加强对合同档案的统计工作，要以原始记录为依据，编制合同统计清单。

（4）各部门员工可在人力资源部门或办公室查阅合同文档，如需要借出查阅，须经总经理签字同意后，方可在合同管理部门办理相关借阅手续，以影印件借出。合同原件无特殊情况不得外借。

（5）借阅人不得涂改、伪造、撕毁合同档案材料，违者视情节轻重予以处罚。

三、劳动合同的解除与终止手续

在劳动者履行了终止、解除劳动合同的有关义务时，用人单位应当出具终止、解除劳动合同证明书，作为该劳动者按规定享受失业保险待遇和失业登记、求职登记的凭证。证明书应写明劳动合同期限、终止或者解除日期、所担任的工作等。如果劳动者要求，用人单位可在证明书中客观说明解除劳动合同的原因。除此之外，还应履行其他的一些相关手续，如工资、经济补偿金的结算，工作、业务的交接，档案和社会保险关系的接转，有债权债务关系的也要进行清理。

学习案例

某公司系全球性跨国企业，总部设在美国，下设多家子公司。2004年12月，该企业新加坡分公司向李某发出聘用函，李某于同月签署该函并发给该公司，表示接受聘用条件。2005年1月至2012年5月间，李某作为新加坡分公司的销售经理，为该公司提供了劳动；该公司向李某支付了工资、佣金、股票期权奖励等报酬，且双方均依法缴纳了李某的社会保险费用；其间，新加坡分公司就李某的收入向新加坡税务局申报了其所得。

于上述期间内，2006年新西兰分公司在上海设立代表处；美国总部任命李某兼任其首席代表。2007年上海分公司成立；美国总部指派其以兼任上海分公司总经理的方式监督上海分公司的运营。此后李某依总部指示不定期地到上海分公司履行职责，并向亚洲区总裁汇报工作，对美国总部负责。上述期间，李某的报酬虽然由境外公司发放，但因其兼任上海公司总经理，且上海公司承担其部分工资等费用，依照中国税法规定，李某应在沪缴纳个人所得税。美国总部和新加坡分公司委托上海分公司协助其办理纳税事宜，故上海分公司多次为其在沪办理了缴纳个人所得税事宜。

2013年5月，新加坡分公司向李某发出解聘函，李某依照该函结束了其在新加坡分公司的工作，同时结束了其在该公司集团各分支机构的任职。2013年6月，李某以其自2006年起与上海分公司存在劳动关系并任总经理，该公司解除劳动关系不合法为由，对该公司提起劳动争议仲裁，要求支付1个月工资的代通知金、相当于7个月工资的经济补偿金和50%的额外经济补偿金。

讨论题

1. 李某与哪家公司存在劳动关系？
2. 李某的主张是否合理？

本章思考题

1. 简述劳动法的主要内容和原则。
2. 简述劳动合同的类型与内容。
3. 简述劳动合同订立的原则。
4. 简述劳动合同管理的相关内容。

第十八章

职业安全卫生

 引导案例

海鑫公司是一家中小企业，2010年曾因员工操作不当，引发过一场火灾，之后领导们对火灾事故的预防格外重视。

2013年上级主管部门下发了《国务院安委会安全生产大检查工作实施方案》。该方案要求各地区、各有关部门认真贯彻落实党中央、国务院的决策部署，全力组织开展彻底的安全生产大检查，切实提高安全生产保障水平，促进安全生产形势的明显好转。方案强调应切实加强对安全生产大检查工作的组织领导，抓紧制订细化实施方案，广泛学习宣传发动，强化督导、督查、检查，严格检查落实整改，建立健全工作制度。

因为公司没有专门管理安全生产的部门，公司董事长直接将下发的方案交给了公司人力资源部门经理，要求她落实。人力资源部门经理觉得企业安全生产是生产车间的事，与人力资源部门关系不大。

案例思考

1. 人力资源部门在职业安全卫生领域承担什么职能？
2. 人力资源部门应如何落实通知的要求？

第一节 职业安全卫生概述

一、职业安全卫生的概念

1. 职业安全卫生的含义

职业安全卫生又称职业安全健康,传统上也称劳动保护,其主要任务就是保护劳动者的生命与健康。职业安全卫生是指劳动者在劳动过程中的安全卫生条件和状态。在现有条件下,劳动者在劳动过程中难以完全避免不安全(危险)和不卫生(肮脏)因素,职业安全卫生作为劳动法的一项重要内容,就是要最大限度地消除劳动过程中的不安全和不卫生因素,保障劳动者的安全和健康。

我国劳动保护工作的方针是"安全第一、预防为主"。安全第一就是在生产与安全的关系中应该将安全放在第一位,在优先满足安全的条件下才允许生产。预防为主是指防重于治,在处理职业伤害时要将重点放在防患于未然,采用安全技术,使用无害化设备与工艺,提供有效的劳动保护装备,而不是在职业伤害形成后才进行治理和补救。

2. 职业安全卫生的内容

(1)劳动安全。劳动安全是针对劳动过程中的不安全因素,防止中毒、触电、机械外伤、车祸、坠落、塌陷、爆炸等危及劳动者人身安全的事故。在劳动过程中,确实存在发生上述事故的可能性,稍有不慎就会发生伤亡事故。所以劳动法律法规必须对劳动安全做出规定,切实保障劳动者的劳动安全。

(2)劳动卫生。劳动卫生也称生产卫生、工业卫生,鉴别、评定、控制和消除生产过程和劳动环境中的有害因素,使职工的劳动条件符合卫生要求,以保护劳动者的身体健康。相对于劳动安全而言,劳动卫生容易被忽视。因为不安全因素造成的伤亡事故具有明显、恶性的后果,而不卫生因素对身体的伤害往往比较渐进,症状在开始时并不明显,所以人们往往忽略对不卫生因素的防范治理。事实上,不卫生因素对劳动者及其家属带来的危害是极为严重的,如尘肺病。

3. 劳动保护与职业安全卫生的关系

广义上说,劳动保护泛指保护劳动者的所有法律规范,它不仅包括劳动法,而且包括民法、行政法中的有关内容;中义上说,劳动保护是指保护劳动者在劳动关系存续期间及其结束之后有关权利的法律规范,包括就业保障、工资保障、休息休假保障、劳动过程中安全卫生保障、社会保险和福利等内容,几乎包含劳动法的全部内容;狭义上说,劳动保护仅指保护劳动者在劳动场所实现劳动过程中的安全和健康的法律规范。本章的"职业安全卫生"指狭义的劳动保护。

二、职业安全卫生立法概况

1. 职业安全卫生法律体系

职业安全卫生法律以宪法为基础,宪法确立了劳动保护原则,《劳动法》第五十二条至五十七条对"职业安全卫生"做了规定,主要内容是明确用人单位的义务,赋予劳动者自我保护的权利。职业安全卫生保护由《安全生产法》和《职业病防治法》直接规范。

由于各行业、各企业面临不同的职业安全卫生要求,劳动法不可能对职业安全卫生做出具体的规范要求。因此,涉及大量技术标准、操作流程的劳动保护规定主要由单行法规和相应标准进行规范。这些劳动保护法规可分为劳动安全技术规范、劳动卫生技术规范、劳动保护管理规范、特殊主体保护规范和劳动保护监察规范五大类。

(1)劳动安全技术规范。劳动安全技术规范具有法律效力,包括矿山安全、特种设备安全、建筑安装工程安全、危险性产品和材料安全、特定劳动场所安全规定,如建筑安装安全技术规程、电气安全技术规程、机械安全技术规程、矿山安全技术规程、锅炉压力容器安全技术规程、防火防爆安全技术规程、高处作业安全技术规程、其他安全技术规程。

(2)劳动卫生技术规范。劳动卫生技术规范具有法律效力,包括生产性粉尘防护规程、职业性接触毒物防护规程、工业噪声防护规程、放射性卫生防护规程、高温作业防护规程、体力劳动强度分级规程、其他卫生防护技术规程。

(3)劳动保护管理规范。该规范包括劳动保护综合管理与劳动保护专项管理两部分,包括安全卫生检查规范、安全卫生教育规定、劳动保护论证和考评、安全卫生措施计划规范、安全卫生设施"三同时"规范、伤亡事故和职业病报告及处理规范等。

(4)特殊主体保护规范。该规范主要是指女职工特殊劳动保护和未成年工特殊保护。

(5)劳动保护监察规范。该规范包括矿山安全监察、特种设备安全监察和其他劳动保护监察。

2. 我国职业安全卫生立法的主要内容

(1)政府的劳动保护职责。政府及其相关部门对劳动者的安全和健康负有保护职责。政府的主要职责是制定劳动保护法规和劳动安全卫生标准,组织劳动保护科研工作,推动其成果应用。政府通过日常的审批、鉴定、考核、论证、事故调查处理等职能,监督用人单位的劳动保护情况，也通过劳动保护监察活动，监督、检查用人单位遵守劳动法，制止、纠正并制裁劳动保护中的违法行为。

（2）用人单位的劳动保护义务。用人单位有义务保护劳动者的安全健康。根据法律要求建设和提供符合劳动安全卫生标准的劳动条件，不断改善劳动条件。建立和实施劳动保护管理制度，对劳动者进行劳动保护教育和劳动保护技术培训，提供劳动保护用具，保障劳动者休息权，为女职工和未成年工提供特殊劳动保护，接受政府、公众和劳动者的监督。

（3）劳动者劳动保护的权利与义务。劳动者是劳动保护的对象，但是劳动者有义务遵守劳动纪律、安全生产规程，保护自己的安全与健康。劳动者权利包括：要求用人单位提供符合标准的劳动条件，获得劳动防护用品；获得岗位安全卫生知识、技术的学习和培训；获得休息休假的权利；有权拒绝用人单位提出的违章操作命令，在劳动条件恶劣、隐患严重的情况下，有权拒绝作业和主动撤离现场；监督用人单位执行劳动保护法的情况，并提出投诉和建议。

第二节　劳动安全卫生技术规程

一、劳动安全技术规程

劳动安全技术规程是指以防止和消除伤亡事故的技术规则为基本内容，旨在保护劳动者安全的法律规范。针对不同行业，我国曾制定大量单独的劳动安全技术规程。随着劳动保护立法的日趋完善，有些劳动安全技术规程的内容被安全生产法、职业病防治法、消防法等吸收，有些规程的内容则成为安全标准。

1. 工厂安全技术规程

（1）建筑物和通道的安全。建筑物必须坚固，以防垮塌；动力间、锅炉房、瓦斯发生室应与其他工作间隔开，其屋顶要求轻便，楼房应设置安全梯和其他便于脱险的设备等。

（2）工作场所的安全。机器和工作台等设备的布置，必须科学、合理，便于安全操作；原材料、成品、半成品和废料的堆放不得妨碍通行和装卸时候的便利安全；工作地点局部照明的照度应该符合操作要求等。

（3）生产设备的安全。设备的设计、制造、安装必须符合劳动安全法等相关要求；所有对人体有危害的设备，应采取有效防护措施；容易发生危险的特种设备，必须严格管理；操作人员应经过专门培训考核，持证上岗操作。

（4）个人防护品的安全。企业必须向可能危害劳动者安全的岗位上的劳动者提供安全帽等有效防护用品，应定期检验和鉴定特种劳动防护用品的功能，并按规定进行报废和更新。

2. 建筑安装工程安全技术规程

（1）施工的一般安全要求。凡是不了解本规程的工程技术人员和未受过安全技术教育的工人，都不许参加施工。对从事高空作业的职工必须进行身体检查，患有高血压、心脏病、癫痫病的人员和其他不适于高空作业的人员不得从事高空作业。上下两层同时进行工作的，两层间必须设有专用的防护棚或其他隔离设施，否则不许工人在同一垂直线工作。遇有六级以上强风时，禁止露天进行起重工作和高空作业。

（2）施工现场。在施工现场周围和陡坎处所，应该用篱笆、木板、铁丝网等围设栅栏。施工现场要有交通指示标志，危险地区应该悬挂"危险"或"禁止通行"等明显标志，夜间应该设红灯警示。工地内的沟、坑应该填平，或者设围栏、盖板。

（3）防护用品等其他方面的安全要求。

3. 矿山安全技术规程

（1）矿山建设的安全。矿山建设工程的设计文件必须符合矿山安全规程和行业技术规范。每个矿井必须有两个以上能让人通行的安全出口，出口之间的水平距离必须符合矿山规程和行业技术规范。

（2）矿山开采的安全。矿山开采必须具备保障安全生产的条件，应按开采的矿种类别分别遵守相应的矿山安全规程和行业技术规程。

二、劳动卫生技术规程

除工厂安全卫生规程中对劳动卫生做了一般要求外，针对特殊的劳动卫生问题，还有许多专门的规定，如《工作场所防止职业中毒卫生工程防护措施规范》《高毒物品作业岗位职业病危害告知规范》《高毒物品作业岗位职业病危害信息指南》《呼吸防护用品的选择、使用与维护》《工业企业噪声控制设计规范》《工业企业设计卫生标准》等规定。以下简要介绍一些基本规定。

1. 防止粉尘危害

（1）厂矿企业应采取措施，将车间或工作地点每立方米所含游离二氧化矽 10% 以上的粉尘含量降低到两毫克以下。

（2）对接触矽尘的工人，应根据需要发放有效的防尘口罩、防尘工作服和保健食品，并定期进行健康检查；对矽肺患者要予以治疗并调动工作。

（3）厂矿企业的粉尘作业或扬尘点，必须采取密闭、除尘等综合防尘措施或实行湿式作业，严禁在没有防尘措施的情况下进行干法生产、干式凿岩等。

2. 防止有毒有害物质危害

（1）对有毒有害的废气、废液，要进行综合利用和净化处理。

（2）对接触有毒有害气体和液体的职工，应分别提供有效的个人防护用品；患有职业病者要予以治疗或调动工作。

3. 防止噪声和强光刺激

（1）产生强烈噪声的生产，应尽可能在设有消音设备的单独工作房中进行。

（2）在有噪声、强光、辐射热和飞溅火花、碎片、刨屑场所操作的工人，应分别供给护耳器、防护眼镜、面具、护盔等。

4. 通风和照明

（1）建筑物的方位应保证室内有良好的自然采光、自然通风，并应防止过度日晒。

（2）通风装置必须有专职或兼职人员管理，定期检修和清扫。

（3）通道应有足够照明，工作场所的光线应该充足。

5. 防暑降温和防冻取暖

（1）室内工作地点的温度高于35℃时，应该采取降温措施；低于5℃时，应该设置取暖设备。

（2）对经常在寒冷气候下进行露天操作的工人，应该设置有取暖设备的休息场所；对在高温条件下操作的工人，应该供给清凉饮料。

6. 个人防护用品和生产辅助设施

对从事各工种的工人应发放的防护用品和生产辅助设施根据相关规定执行。

第三节　劳动保护管理制度

劳动保护管理制度是指为保护劳动者在劳动生产过程中的健康安全，法律所规定或确认的国家和用人单位实行的各项管理措施的统称。

一、安全生产责任制度

安全生产责任制度是根据我国"安全生产管理，坚持安全第一、预防为主、综合治理"的方针，以及安全生产法律法规为基础，由企业各级领导、各职能部门和特定岗位的员工对安全生产工作应负责任的一种制度。安全生产责任制是企业岗位责任制的一个组成部分，是企业中最基本的一项安全制度，也是企业安全生产、劳动保护管理制度的核心。生产经营单位必须遵守有关安全生产的法律法规，加强安全生产管理，建立、健全安全生产责任制度，完善安全生产条件，确保安全生产。

企业的主要负责人对本单位安全生产工作负有责任，应当建立、健全本单位安全生产责任制；组织制定本单位安全生产规章制度和操作规程；保证本单位安全生产投入的有效实施；督促、检查本单位的安全生产工作，及时消除生产安全事故隐患；组织制订并实施本单位的生产安全事故应急救援预案；及时、如实报告生产安全事故。

实践证明，凡是建立、健全了安全生产责任制的企业，各级领导重视安全生产、劳动保护工作，切实贯彻执行安全生产、劳动保护方针政策和安全生产、劳动保护法规，在认真负责组织生产的同时，积极采取措施，改善劳动条件，能够有效降低工伤事故和职业性疾病的发生率。

二、安全生产监督管理制度

安全生产监督制度是指负有安全生产监督职责的部门依照法律法规和法定劳动安全指标，对涉及安全生产的事项以批准、核准、许可、注册、认证、颁发证照等方式进行审查批准或者验收的制度。

负有安全生产监督管理职责的部门必须严格依照有关法律法规和国家标准（或行业标准）规定的安全生产条件和程序进行审查；不符合有关法律法规和国家标准（或行业标准）规定的安全生产条件的，不得批准或者验收通过。

对未依法取得批准或者验收合格的单位擅自从事有关活动的，负责行政审批的部门发现或者接到举报后应当立即予以取缔，并依法予以处理。对已经依法取得批准的单位，负责行政审批的部门发现其不再具备安全生产条件的，应当撤销原批准。

负有安全生产监督管理职责的部门对涉及安全生产的事项进行审查、验收，不得收取费用；不得要求接受审查、验收的单位购买其指定品牌或者指定生产、销售单位的安全设备、器材或者其他产品。

三、安全生产检查制度

1.安全生产检查制度是指通过监督检查企业遵守有关安全生产的法律法规和国家标准（或行业标准）的情况，总结安全生产经验，披露和消除事故隐患，积极推动劳动保护的工作制度。负有安全生产监督管理职责的部门依法对生产经营单位执行有关安全生产的法律法规和国家标准（或行业标准）进行监督检查，行使以下职权。

（1）进入生产经营单位进行检查，调阅有关资料，向有关单位和人员了解情况。

（2）对检查中发现的安全生产违法行为，当场予以纠正或者要求限期改正；对依法应当给予行政处罚的行为，依照有关法律、行政法规的规定做出行政处罚决定。

（3）对检查中发现的事故隐患，应当责令立即排除；重大事故隐患排除前或者排除过程中无法保证安全的，应当责令从危险区域内撤出作业人员，责令暂时停产停业或者停止使用；重大事故隐患排除后，经审查同意，方可恢复生产经营和使用。

（4）对有根据认为不符合保障安全生产的国家标准或者行业标准的设施、设备、器材以及违法生产、储存、使用、经营、运输的危险物品予以查封或者扣押，对违法生产、储存、使用、经营危险物品的作业场所予以查封，并依法做出处理决定。

2. 负有安全生产监督管理职责部门的监督检查人员依法履行监督检查职责时，生产经营单位应当予以配合，不得拒绝、阻挠。

3. 监督检查不得影响被检查单位的正常生产经营活动。负有安全生产监督管理职责的部门在监督检查中，应当互相配合，实行联合检查；确需分别进行检查的，应当互通情况，发现存在的安全问题应当由其他有关部门进行处理的，应及时移送其他有关部门并形成记录备查，接受移送的部门应当及时进行处理。

4. 安全生产监督检查人员应当忠于职守，坚持原则，秉公执法；监督检查人员执行监督检查任务时，必须出示有效的监督执法证件；涉及被检查单位技术秘密和业务秘密的，应当为其保密；监督检查人员应当将检查的时间、地点、内容、发现的问题及其处理情况，做出书面记录，并由检查人员和被检查单位的负责人签字；被检查单位的负责人拒绝签字的，检查人员应当将情况记录在案，并向负有安全生产监督管理职责的部门报告。

四、安全生产举报制度

安全生产举报制度是指各单位和个人对生产经营单位存在的安全生产问题向有关部门举报或报告，以加强安全生产监督管理为目的的制度。

负有安全生产监督管理职责的部门应当建立举报制度，公开举报电话、信箱或者电子邮箱，受理有关安全生产的举报；受理的举报事项经调查核实后，应当形成书面材料；需要落实整改措施的，报经有关负责人签字并督促落实。任何单位或者个人对事故隐患、安全生产违法行为，均有权向负有安全生产监督管理职责的部门举报或报告。

五、生产安全事故应急救援制度

生产安全事故应急救援制度是指发生安全生产事故时，政府、相关部门、有关单位和个人采取应急救援措施的制度。县级以上地方各级人民政府应当组织有关部门制定本行政区域内特大生产安全事故应急救援预案，建立应急救援体系。

危险物品的生产、经营、储存单位以及矿山、建筑施工单位应当建立应急救援组织；生产经营规模较小，可以不建立应急救援组织的，应当指定兼职的应急救援人员；应当配备必要的应急救援器材、设备，并进行经常性维护、保养，保证其正常运转。

生产经营单位发生生产安全事故后，事故现场有关人员应当立即报告本单位负责人；单位负责人接到事故报告后，应当迅速采取有效措施，组织抢救，防止事故扩大，减少人员伤亡和财产损失，并按照国家有关规定立即如实报告当地负有安全生产监督管理职责的部门，不得隐瞒不报、谎报或者拖延不报，不得故意破坏事故现场，毁灭有关证据。

六、生产安全事故调查处理制度

生产安全事故调查处理制度是指安全生产事故发生后，有关部门和单位依照法定的权限和程序，调查事故的前因后果并对责任单位和个人依法进行查处的制度。

事故调查处理应当按照实事求是、尊重科学的原则，及时、准确查清事故原因，查明事故性质和责任，总结事故教训，提出整改措施，并向事故责任者提出处理意见；事故调查和处理的具体办法由国务院制定。

生产经营单位发生生产安全事故，经调查确定为责任事故的，除了应当查明事故单位的责任并依法予以追究外，还应当查明对安全生产的有关事项负有审查批准和监督职责的行政部门的责任，对有失职、渎职行为的，依照《安全生产法》第八十七条的规定追究其法律责任。

第四节　职业病防治管理制度

一、职业病危害预防制度

职业病是指企业、事业单位、个体经济组织等用人单位的劳动者在职业活动中，因接触粉尘、放射性物质和其他有毒、有害因素而引起的疾病。职业病危害是指对从事职业活动的劳动者可能导致职业病的各种危害。

职业病危害因素包括：职业活动中存在的各种有害的化学、物理、生物因素，以及在作业过程中产生的其他职业有害因素。职业病的分类和目录由国务院卫生行政部门会同国务院劳动保障部门制定、调整并公布。《职业病防治法》第十六条规定，用人单位工作场所存在职业病目录所列职业病的危害因素的，应当及时、如实向所在地卫生行政部门申报危害项目，接受监督。

二、病危害监测、检测和评价制度

职业病危害的监测是通过建立一套完整的监测系统，对工作场所存在的职业病危害因素进行监测，以便及时了解有害因素产生、扩散、变化的规律，为采取防护措施提供有效依据。

检测、评价结果应存入用人单位职业卫生档案，定期向所在地卫生行政部门报告并向劳动者公布。职业病危害因素检测、评价由依法设立的取得国务院卫生行政部门或者设区的市级以上地方人民政府卫生行政部门按照职责分工给予资质认可的职业卫生技术服务机构进行。职业卫生技术服务机构所做的检测、评价应当客观、真实。

用人单位应该采用有效的职业病防护设施，并为劳动者提供个人使用的、符合防治职业病要求的防护用品；不符合要求的，不得使用。发生或者可能发生急性职业病危害事故时，用人单位应当立即采取应急救援和控制措施，并及时报告所在地卫生行政部门和有关部门。卫生行政部门接到报告后，应当及时会同有关部门组织调查处理；必要时，可以采取临时控制措施。卫生行政部门应当组织做好医疗救治工作。

三、职业病危害告知制度

职业病危害告知制度是指用人单位或其他单位，对可能产生职业病危害的作业场所或者设备、材料，应履行如实告知义务，以保障劳动者的知情权。

1. 工作场所危害告知

产生职业病危害的用人单位，应当在醒目位置设置公告栏，公布有关职业病防治的规章制度、操作规程、职业病危害事故应急救援措施和工作场所职业病危害因素检测结果；对产生严重职业病危害的作业岗位，应当在其醒目位置，设置警示标志和中文警示说明。警示说明应当载明产生职业病危害的种类、后果、预防、应急救治措施等内容；对可能发生急性职业损伤的有毒、有害工作场所，用人单位应当设置报警装置，配置现场急救用品、冲洗设备、应急撤离通道和必要的泄险区。

2. 设备、材料危害告知

向用人单位提供可能产生职业病危害的设备的，应当提供中文说明书，并在设备的醒目位置设置警示标志和中文警示说明。警示说明应当载明设备性能、可能产生的职业病危害、安全操作和维护注意事项、职业病防护、应急救治措施等内容。

向用人单位提供可能产生职业病危害的化学品、放射性同位素和含有放射性物质的材料的，应当提供中文说明书。说明书应当载明产品特性、主要成分、存在的有害因素、可能产生的危害后果、安全使用注意事项、职业病防护、应急救治措施等内容。产品包装应当有醒目的警示标志和中文警示说明。

储存上述材料的场所应当在规定的部位设置危险物品标志或者放射性警示标志。

3. 劳动合同告知

用人单位对采用的技术、工艺、设备、材料,应当知悉其产生的职业病危害。用人单位与劳动者订立劳动合同(含聘用合同,下同)时,应当将工作过程中可能产生的职业病危害及其后果、职业病防护措施和待遇等如实告知劳动者,并在劳动合同中写明,不得隐瞒或者欺骗。劳动者在已订立劳动合同期间因工作岗位或者工作内容变更,从事与所订立劳动合同中未告知的存在职业病危害的作业时,用人单位应当依照前款规定,向劳动者履行如实告知的义务,并协商变更原劳动合同相关条款。用人单位违反前两款规定的,劳动者有权拒绝从事存在职业病危害的作业,用人单位不得因此解除与劳动者订立的劳动合同。

四、职业病健康监护制度

及时发现劳动者的职业性健康损害,根据劳动者的职业情况,对劳动者进行有针对性的定期或不定期的健康检查和连续、动态的医学观察,记录职业病接触史及健康情况,分析研究劳动者健康与职业病危害因素之间的关系。

对从事接触职业病危害作业的劳动者,用人单位应当按照国务院卫生行政部门的规定组织上岗前、在岗期间和离岗时的职业健康检查,并将检查结果书面告知劳动者。职业健康检查费用由用人单位承担。

用人单位不得安排未经上岗前职业健康检查的劳动者从事接触职业病危害的作业;不得安排有职业禁忌的劳动者从事其所禁忌的作业;对在职业健康检查中发现有与所从事职业相关的健康损害的劳动者,应当调离原工作岗位,并妥善安置;对未进行离岗前职业健康检查的劳动者,不得解除或者终止与其订立的劳动合同。

用人单位应当为劳动者建立职业健康监护档案,并按照规定的期限妥善保存;职业健康监护档案应当包括劳动者的职业史、职业病危害接触史、职业健康检查结果、职业病诊疗等有关个人健康资料;劳动者离开用人单位时,有权索取本人职业健康监护档案复印件,用人单位应当如实、无偿提供,并在提供的复印件上盖章。

五、职业病危害事故的救援制度

如果在劳动过程中发生急性职业病危害事故,用人单位应当立即采取应急救援和控制措施,控制危害事故的发生,防止危害再次扩散;对于尚未发生但可能发生的事故也要积极采取有效措施,避免危害事故的发生。

第五节 女职工和未成年工特殊劳动保护

一、女职工的特殊劳动保护

女职工特殊劳动保护制度是针对女职工生理特点的需要，对女职工在劳动过程中的安全和健康依法加以保护。目前，我国关于女职工特殊劳动保护的法律法规主要有《劳动法》《中华人民共和国妇女权益保障法》《女职工劳动保护特别规定》《女职工禁忌劳动范围的规定》等。女职工依法享有平等就业的权利，同工同薪。凡适合妇女从事劳动的单位，不得拒绝招收女职工；用人单位不得在女职工怀孕、产期、哺乳期降低其基本工资或者解除劳动合同。

1. 女职工禁忌劳动范围

（1）女职工一般禁忌从事的劳动范围

1）矿山井下作业。

2）体力劳动强度分级标准中规定的第四级体力劳动强度的作业。

3）每小时负重六次以上、每次负重超过二十公斤的作业，或者间断负重、每次负重超过二十五公斤的作业。

（2）女职工在经期禁忌从事的劳动范围

1）冷水作业分级标准中规定的第二级、第三级、第四级冷水作业。

2）低温作业分级标准中规定的第二级、第三级、第四级低温作业。

3）体力劳动强度分级标准中规定的第三级、第四级体力劳动强度的作业。

4）高处作业分级标准中规定的第三级、第四级高处作业。

（3）女职工在孕期禁忌从事的劳动范围

1）作业场所空气中铅及其化合物、汞及其化合物、苯、镉、铍、砷、氰化物、氮氧化物、一氧化碳、二硫化碳、氯、己内酰胺、氯丁二烯、氯乙烯、环氧乙烷、苯胺、甲醛等有毒物质浓度超过国家职业卫生标准的作业。

2）从事抗癌药物、己烯雌酚生产，接触麻醉剂气体等的作业。

3）非密封源放射性物质的操作，核事故与放射事故的应急处置。

4）高处作业分级标准中规定的高处作业。

5）冷水作业分级标准中规定的冷水作业。

6）低温作业分级标准中规定的低温作业。

7）高温作业分级标准中规定的第三级、第四级的作业。

8）噪声作业分级标准中规定的第三级、第四级的作业。

9）体力劳动强度分级标准中规定的第三级、第四级体力劳动强度的作业。

10）在密闭空间、高压室作业或者潜水作业，伴有强烈振动的作业，或者需要频繁弯腰、攀高、下蹲的作业。

（4）女职工在哺乳期禁忌从事的劳动范围

1）孕期禁忌从事的劳动范围的第一项、第三项、第九项。

2）作业场所空气中锰、氟、溴、甲醇、有机磷化合物、有机氯化合物等有毒物质浓度超过国家职业卫生标准的作业。

2. 产假与生育津贴

职工生育享受98天产假，其中产前可以休假15天；难产的，增加产假15天；生育多胞胎的，每多生育1个婴儿，增加产假15天。女职工怀孕未满4个月流产的，享受15天产假；怀孕满4个月流产的，享受42天产假。

职工产假期间的生育津贴，对已经参加生育保险的，按照用人单位上年度职工月平均工资的标准由生育保险基金支付；对未参加生育保险的，按照女职工产假前工资的标准由用人单位支付。女职工生育或者流产的医疗费用，按照生育保险规定的项目和标准，对已经参加生育保险的，由生育保险基金支付；对未参加生育保险的，由用人单位支付。

二、未成年工特殊劳动保护

未成年工是指年满16周岁、未满18周岁的劳动者。未成年工特殊劳动保护制度是针对未成年人生长发育期的特点以及接受义务教育的需要，依法采取的特殊劳动保护措施。目前，我国关于未成年工特殊劳动保护的法律法规主要有《劳动法》《中华人民共和国未成年人保护法》《未成年工特殊保护规定》。

1. 未成年工禁忌劳动范围

《劳动法》第六十四条规定，不得安排未成年工从事矿山井下、有毒有害、国家规定的第四级体力劳动强度的劳动和其他禁忌从事的劳动。《未成年工特殊保护规定》明确规定：用人单位不得安排未成年工从事国家标准中一级以上的接尘作业、有毒作业，第二级以上的高处作业、冷水作业，第三级以上的高温作业、低温作业；不得安排矿山井下及矿山地面采石作业，森林业中的伐木、流放及守林作业，工作场所接触放射性物质的作业，有易燃易爆、化学性烧伤和热烧伤等危险性大的作业，地质勘探和资源勘探的野外作业；不得安排潜水、涵洞、涵道作业和海拔三千米以上的高原作业（不包括世居高原者），连续负重每小时在六次以上并每次超过二十公斤，间断负重每次超过二十五公斤的作业；不得安排使用凿岩机、捣固机、气镐、气铲、铆钉机、电锤的作业，工作中需要长时间保持低头、弯腰、上举、下蹲等强迫体位和动作频率每分钟大于五十次的流水线作业等。

2. 未成年工定期健康检查制度

《劳动法》第六十五条规定，用人单位应当对未成年工定期进行健康检查。用人单位应当在未成年工安排工作岗位之前、工作满一年、年满18周岁距前一次体检时间已超过半年时进行健康检查。用人单位应根据未成年工的健康检查结果安排其从事适合的劳动，对不能胜任原劳动岗位的，应根据医务部门的证明，予以减轻劳动量或安排其他劳动。

3. 未成年工使用和特殊保护登记制度

未成年工的使用和特殊保护实行登记制度。用人单位招收使用未成年工，除符合一般用工要求外，还须向所在地的县级以上劳动行政部门办理登记。劳动行政部门根据"未成年工健康检查表""未成年工登记表"，核发"未成年工登记证"。未成年工须持"未成年工登记证"上岗。未成年工体检和登记由用人单位统一办理并承担相关费用。

学习案例

某日7时20分，起重工李某、焊工张某、吊车司机王某三人按班长钱某的分工，进行吊装钢板作业，将一块8 600毫米×1 870毫米×10毫米的钢板从存入处吊至钢结构加工场地。8时20分开始作业，由于吊车的位置距钢板存放位置较远，准备先用吊车副钩将钢板拉到吊车有效范围内再进行调运。张某去39米栈桥处卸下一个钢制固定卡，卡在钢板一边的中间位置。紧固后，李某、张某两人共同将钢丝绳挂在固定卡上。之后，李某便让张某离开，自己指挥吊车拖动钢板，当钢板拖到离吊车4米远的时候，其指挥吊车停止拖动，此时李某站在钢板尾部，张某站在钢板前端，时间约为8时50分，李某找了个木方垫在钢板下方准备穿钢丝绳，这时张某突然从吊车西侧穿过起重臂向左侧跑动，李某见状大喊"不要命了"，这时悬停的钢板突然落下，将正跑在钢板左下方的张某砸倒，张某被压在钢板下。听到响声后，在附近作业的班长钱某、另外两名班员迅速跑到事故现场，三人共同将钢板抬起，救出张某，将张某送往职工医院抢救，张某经抢救无效于9时40分死亡。

调查结论，事故的直接原因是：1）吊车司机王某违章作业导致起吊物坠落；2）事故受害人违规从起吊物下方穿行。间接原因是：1）指挥不当，吊装作业安排不规范；2）作业班前交代不细；3）监督检查不到位；4）安全教育、培训不够，对违规作业制止不力。

讨论题
1. 人力资源部门应该如何防范安全事故的发生？
2. 该事故责任的认定是否合理？为什么？

本章思考题

1. 简述职业安全卫生的含义和内容。
2. 简述劳动保护管理制度的内容。
3. 简述职业病防治管理制度的内容。
4. 简述未成年工劳动保护的内容。

参考文献

[1] 安鸿章,孙义敏. 劳动定额标准化导论[M]. 北京:中国劳动出版社,1995.

[2] 安鸿章,余刘军. 现代劳动定额学[M]. 北京:首都经济贸易大学出版社,1996.

[3] 边文霞. 岗位分析与岗位评价:实务、案例、游戏[M]. 北京:首都经济贸易大学出版社,2011.

[4] 曹荣,孙宗虎. 员工培训与开发管理:至尊企业至尊人力资源第二分册[M]. 北京:世界知识出版社,2003.

[5] 常凯. 劳动法[M]. 北京:高等教育出版社,2011.

[6] 陈芳. 绩效管理[M]. 深圳:海天出版社,2002.

[7] 陈关聚. 人力资源管理信息化全攻略[M]. 北京:中国经济出版社,2008.

[8] 陈庆. 岗位分析与岗位评价[M]. 2版. 北京:机械工业出版社,2011.

[9] 陈胜军. 培训与开发:提高·融合·绩效·发展[M]. 北京:中国市场出版社,2010.

[10] 陈玉洁. 企业成本核算与费用控制全书[M]. 北京:经济科学出版社,2013.

[11] 池永明等. 绩效考核与管理——理论、方法、工具、实务[M]. 北京:人民邮电出版社,2014.

[12] 杜勇,杜军. 人力资源管理:理论、方法与案例[M]. 重庆:西南师范大学出版社,2011.

[13] 付亚和,许玉林. 绩效管理[M]. 2版. 上海:复旦大学出版社,2008.

[14] 葛秋萍. 现代人力资源管理与发展[M]. 北京:北京大学出版社,2012.

[15] 顾英伟,杨春晖. 人力资源培训与开发[M]. 北京:电子工业出版社,2007.

[16] 顾铮铮,严庆怡. 人事规划与实务[M]. 上海:华东理工大学出版社,2010.

[17] 郭捷. 劳动法与社会保障法[M]. 3版. 北京:法律出版社,2016.

[18] 何承金. 劳动经济学[M]. 大连:东北财经大学出版社,2002.

[19] 何娟. 人力资源管理[M]. 天津:天津大学出版社,2002.

[20] 贺小刚. 绩效管理[M]. 上海:上海财经大学出版社,2008.

［21］侯光明. 人力资源管理［M］. 北京：高等教育出版社，2009.

［22］胡八一. 人力成本分析与控制方法［M］. 北京：电子工业出版社，2013.

［23］胡君辰，杨林锋. 企业人力资源管理［M］. 上海：格致出版社，2011.

［24］加里·德斯. 人力资源管理［M］. 14版. 刘昕，译. 北京：中国人民大学出版社，2017.

［25］赵曙明. 人员培训与开发——理论、方法、工具、实务［M］. 北京：人民邮电出版社，2014.

［26］康至军. HR转型突破：跳出专业深井成为业务伙伴［M］. 北京：机械工业出版社，2013.

［27］雷蒙德·A. 诺伊，等. 人力资源管理赢得竞争优势［M］. 9版. 刘昕，柴茂昌，译. 北京：中国人民大学出版，2001.

［28］黎建飞. 劳动与社会保障法教程［M］. 3版. 北京：中国人民大学出版社，2013.

［29］李宝元. 人力资源管理通要［M］. 北京：人民邮电出版社，2010.

［30］李长江. 人力资源管理：理论、实务与艺术［M］. 北京：北京大学出版社，中国农业大学出版社，2011.

［31］李成彦. 人力资源管理［M］. 北京：北京大学出版社，2011.

［32］李秋香. 劳动政策与分析［M］. 上海：华东理工大学出版社，2010.

［33］李旭旦，吴文艳. 员工招聘与甄选［M］. 2版. 上海：华东理工大学出版社，2014.

［34］李艳，赵淑芳. 员工关系管理实务手册［M］. 北京：人民邮电出版社，2009.

［35］李作学. 培训管理工作细化执行与模板［M］. 北京：人民邮电出版社，2011.

［36］理查德·L. 达夫特. 组织理论与设计精要［M］. 2版. 李维安，等译. 北京：机械工业出版社，2008.

［37］廖泉文. 人力资源管理［M］. 北京：高等教育出版社，2003.

［38］林泽炎. 绩效考核操作实务［M］. 广州：广东经济出版社，2003.

［39］林泽炎. 员工职业生涯设计与管理［M］. 广州：广东经济出版社，2003.

［40］刘安鑫. 人力资源管理实务［M］. 北京：北京理工大学出版社，2006.

［41］刘仲文. 人力资源会计学［M］. 北京：中国劳动社会保障出版社，2007.

［42］达娜·盖恩斯·罗宾逊，詹姆斯·C. 罗宾逊. 人力资源成为战略性业务伙伴［M］. 孙贺影，姚兰，周宇，译. 北京：机械工业出版社，2011.

［43］罗振军. 七步打造完备的绩效管理体系［M］. 哈尔滨：哈尔滨出版社，2006.

［44］马军. 人力资源管理实用文案［M］. 北京：电子工业出版社，2006.

［45］马国辉，张燕娣. 工作分析与应用［M］. 2版. 上海：华东理工大学出版社，2012.

［46］苗海荣. 七步打造完备的培训管理体系［M］. 哈尔滨：哈尔滨出版社，2006.

［47］莫寰，延平，王满四. 人力资源管理：原理、技巧与应用［M］. 北京：清华大学出版社，2007.

［48］裴宏森. 绩效考核实务［M］. 2版. 北京：机械工业出版社，2011.

［49］彭剑锋. 人力资源管理概论［M］. 2版. 上海：复旦大学出版社，2011.

［50］任正臣. 员工关系管理［M］. 南京：江苏科学技术出版社，2013.

［51］施振荣. 再造宏碁：开创、成长与挑战［M］. 北京：中信出版社，2005.

［52］石金涛，唐宁玉，顾琴轩. 培训与开发［M］. 2版. 北京：中国人民大学出版社，2009.

［53］石金涛. 绩效管理［M］. 北京：北京师范大学出版社，2007.

［54］宋培林. 企业员工战略性培训与开发——基于胜任力提升的视角［M］. 厦门：厦门大学出版社，2011.

［55］孙宗虎. 职业生涯规划管理实务手册［M］. 2版. 北京：人民邮电出版社，2012.

［56］汪雯. 工资差别的形成机制：中国不同所有制企业的实证分析［M］. 北京：中国经济出版社，2008.

［57］汪玉弟. 企业战略与HR规划［M］. 上海：华东理工大学出版社，2008.

［58］王静. 劳动与社会保障统计学［M］. 2版. 北京：中国劳动社会保障出版社，2012.

［59］王海燕，姚小远. 绩效管理［M］. 北京：清华大学出版社，2012.

［60］王小刚. 企业薪酬管理最佳实践［M］. 北京：中国经济出版社，2010.

［61］王逸. 薪酬预算与薪酬总额管理［M］. 北京：中国时代经济出版社，2014.

［62］吴国存. 企业人力资本投资［M］. 北京：经济管理出版社，1999.

［63］武欣. 绩效管理实务手册［M］. 北京：机械工业出版社，2001.

［64］萧鸣政. 工作分析的方法与技术［M］. 4版. 北京：中国人民大学出版社，2014.

［65］相正求，花军刚. 薪酬设计与实施［M］. 2版. 上海：华东理工大学出版社，2008.

［66］忻榕. 人才发展五星模型［M］. 北京：机械工业出版社，2014.

［67］许丽娟. 员工培训与发展［M］. 2版. 上海：华东理工大学出版社，2012.

［68］颜士梅. 战略人力资源管理［M］. 北京：经济管理出版社，2003.

［69］杨国安. 组织能力的"杨三角"：企业持续成功的秘诀［M］. 北京：机械工业出版社，2010.

［70］杨瑚. 绩效考核与薪酬管理理论与应用［M］. 兰州：甘肃人民出版社，2010.

［71］杨蓉. 人力资源管理［M］. 大连：东北财经大学出版社，2002.

［72］杨生斌，肖平，高恺元. 培训与开发［M］. 西安：西安交通大学出版社，2006.

［73］杨燕绥. 社会保障法［M］. 北京：人民出版社，2012.
［74］曾湘泉. 中国劳动问题研究［M］. 北京：中国劳动社会保障出版社，2006.
［75］张培德. 现代人力资源管理［M］. 2版. 北京：科学出版社，2010.
［76］张培德，李刚. 绩效考核与管理［M］. 上海：华东理工大学出版社，2009.
［77］张文贤. 人力资源会计［M］. 北京：科学出版社，2010.
［78］张文贤. 人力资源总监：人力资源创新［M］. 2版. 上海：复旦大学出版社，2012.
［79］张雪飞，肖利哲，王亚男. 人力资源开发与管理［M］. 北京：科学出版社，2011.
［80］张艳. 企业人力资源会计研究［M］. 北京：社会科学文献出版社，2008.
［81］赵国军. 薪酬管理方案设计与实施［M］. 北京：化学工业出版社，2009.
［82］赵曙明. 人力资源战略与规划［M］. 3版. 北京：中国人民大学出版社，2012.
［83］赵永乐等. 人力资源规划［M］. 北京：电子工业出版社，2010.
［84］郑尚元. 劳动法与社会保障法前沿问题［M］. 北京：清华大学出版社，2011.
［85］中华人民共和国劳动法［M］. 北京：中国法制出版社，2012.
［86］朱国勇. 信息化人力资源管理［M］. 北京：中国劳动社会保障出版社，2006.
［87］曹艳春. 我国城市居民最低生活保障标准的影响因素与效应研究［J］. 当代经济科学，2007，29（2）.
［88］陈万思，姚圣娟，丁珏. 战略人力资源管理效能、组织学习与创新［J］. 华东经济管理，2013（2）.
［89］韩琳. 上海市最低工资标准调整机制研究［J］. 上海工程技术大学学报，2008（4）.
［90］何薇. 人力资源的新投资回报率——无形收益［J］. 科教导刊（中旬刊），2010（3）.
［91］胡劼. HRBP（人力资源业务伙伴）：概念化时代的新名词还是管理新模式［J］. 人力资本管理，2012（11）.
［92］贾洪波. 中国补充医疗保险发展：成效、问题与出路［J］. 中国软科学，2013（1）.
［93］李圆. 大客户的人力资源服务发展趋势——基于人力资源共享服务中心的角度［J］. 现代企业文化，2010（33）.
［94］梁土坤. 残疾人就业保障金政策的制度创新、现实困境及其发展方向［J］. 理论月刊，2016（5）.
［95］林盼. 计件工资制度的工具取向与价值取向——一项比较研究［J］. 齐鲁学刊，2018（1）.
［96］林清快，钱进. 共享服务模式：集团性管理的有效手段［J］. 人力资源管理，2010（2）.
［97］凌泽华. 专业技术人员的薪酬激励设计初探［J］. 现代商业，2009（5）.
［98］刘崇瑞. 基于组织形态变迁的战略人力资源管理发展研究［J］. 商业时代，2013（3）.

[99] 刘宁，施春燕. 宽带薪酬的应用条件与体系设计［J］. 企业改革与管理，2012（3）.

[100] 刘烜，蒋乐平. 西方人力资源审计流程设计及其对我国的启示［J］. 商业会计，2010（2）.

[101] 楼华勇. 绩效薪酬制度的缺点和难点探讨［J］. 现代商业，2009（26）.

[102] 吕晓彬. 薪酬管理信息系统在唐钢的应用与思考［J］. 企业管理，2011（7）.

[103] 马晓静. 论人力资源管理和企业战略的匹配［J］. 经济论坛，2005（11）.

[104] 明叔亮等. 华为股票虚实［J］. 财经，2012（16）.

[105] 穆胜. 云式薪酬：员工激励的新引擎［J］. 销售与管理，2012（9）.

[106] 彭剑锋. 战略性人力资源管理［J］. 企业管理，2003（6）.

[107] 陕西汽车集团有限责任公司. 实现充分激励的结构薪酬［J］. 企业管理，2012（4）.

[108] 王小刚. 八步赶蝉轻松搞定绩效加薪［J］. 培训，2009（1）.

[109] 王愚庸. 中海油薪酬虚实［J］. 财经国家周刊，2011（11）.

[110] 王玉红. 企业提升人力资源管理的窍门——推行共享服务［J］. 科技资讯，2009（1）.

[111] 张庆莲. 论企业薪酬设计的影响因素［J］. 中国管理信息化，2011（20）.

[112] 张艳，李正龙，王阳. 上海市最低工资与社会平均工资增长的衔接性研究［J］. 劳动保障世界，2009（5）.

[113] 张正堂，刘宁. 战略性人力资源管理及其理论基础［J］. 财经问题研究，2005（1）.

[114] 赵静. 密薪只是一个传说［J］. 人力资源管理，2010（4）.

[115] 朱立君. 企业薪酬设计模式分析［J］. 企业家天地下半月刊（理论版），2009（1）.

[116] 符纯洁. 企业知识型员工非经济报酬与工作满意关系的实证研究[D]. 湘潭大学，2011.

[117] 郭翔. 集体混合计件工资制在装配企业中的应用［D］. 2010.